工信学术出版基金
Industry and Information Technology
Academic Publishing Fund

触力觉
人机交互导论

王党校　张玉茹　主编

U0234253

人民邮电出版社
北　京

图书在版编目（CIP）数据

触力觉人机交互导论 / 王党校，张玉茹主编. -- 北
京：人民邮电出版社，2022.4
ISBN 978-7-115-57217-2

Ⅰ.①触… Ⅱ.①王… ②张… Ⅲ.①接触应力－力
学－应用－人-机系统－研究 Ⅳ.①TP18

中国版本图书馆CIP数据核字(2022)第025772号

内 容 提 要

本书的总体目标是介绍触力觉人机交互的现状、发展趋势和重要应用，为读者在机器人、虚拟现实、生物工程、认知科学等领域开展跨学科研究和进行技术开发提供参考。全书共8章，主要内容包括触力觉人机交互概述、人体触力觉感知和运动控制的生理基础、桌面式力觉交互设备、力觉合成方法、桌面式力觉交互系统、振动触觉交互、纹理触觉交互、触力觉人机交互前沿等。通过本书的学习，读者可以了解触力觉感知的生理基础知识，学习如何研制和使用触力觉交互设备、如何设计实现触力觉合成算法、如何开发触力觉人机交互仿真系统。

本书既可作为机械工程、计算机科学与技术、电子信息工程、自动化、虚拟现实技术、机器人工程、生物医学工程等专业研究生和高年级本科生的教材，也可作为相关行业科研人员的参考书。

◆ 主　　编　王党校　张玉茹
责任编辑　刘盛平
责任印制　焦志炜

◆ 人民邮电出版社出版发行　　北京市丰台区成寿寺路 11 号
邮编　100164　电子邮件　315@ptpress.com.cn
网址　https://www.ptpress.com.cn
北京盛通印刷股份有限公司印刷

◆ 开本：787×1092　1/16
印张：16.5　　　　　　　　2022 年 4 月第 1 版
字数：303 千字　　　　　　2022 年 4 月北京第 1 次印刷

定价：118.00 元

读者服务热线：(010)81055552　印装质量热线：(010)81055316
反盗版热线：(010)81055315
广告经营许可证：京东市监广登字 20170147 号

推荐序一

　　模拟真实世界中的对象，为人类生产生活所用，是推动人类社会进步的一种重要方式。比如，"草船借箭"就是我国古人进行的简单实物仿真。现代科学技术的发展，将人类的这一追求不断推向新的阶段和高度，如机电类仿真（早期的车辆驾驶仿真）、计算机数字仿真（早期的飞行模拟器）等。随着高性能计算、图形图像处理、人机交互等计算技术的发展，基于虚拟现实和增强现实技术，构造一个平行于物理世界的数字世界成为人类模拟现实世界所期望达到的理想境界。

　　虚拟现实是以计算机技术为核心，结合相关科学技术，生成与一定范围真实/假想环境在视觉、听觉、触觉等方面高度近似的数字化环境，用户借助必要的装备与数字化环境中的对象进行交互、相互影响，进而产生亲临真实环境的感受和体验。增强现实是将计算机生成的数字化对象或环境叠加在用户感知到的现实对象或环境之上，向用户呈现出一种虚实混合的新环境。

　　虚拟现实和增强现实正在成为信息领域的一项核心关键技术，在航空航天、装备制造、医疗健康、文化教育等重要领域具有不可替代的作用。我国已将虚拟现实和增强现实列入"十四五"规划数字经济重点产业，虚拟现实、增强现实及延伸的数字孪生技术和产业，将迎来一个快速发展的爆发期。2021年，美国知名社交媒体公司Facebook改名为Meta，并宣布重金投入虚拟现实和增强现实研发。国内也出现了10余起亿元级别的虚拟现实行业的投资和并购，例如字节跳动以90亿元收购虚拟现实软硬件制造商Pico。

　　目前的虚拟现实和增强现实系统已经具备了较为逼真的3D视觉和听觉体验，逼真触力觉反馈体验的缺乏成为制约沉浸感和交互性的瓶颈，触力觉人机交互因此受到越来越广泛的关注。

　　触力觉人机交互是利用人体的触觉和力觉感知功能进行信息传递、处理和利用的技术。作为人机交互领域的新兴技术，触力觉人机交互能够有效促进人与计算机、机器人的信息交流，提供更加自然、逼真、方便和可靠的交互方式。触力觉人机交互在航空航天装备虚拟制造、医疗外科手术模拟、国防安全人员操作技能培训、机器人遥操作临场感再现等方面具有重要应用价值。

　　触力觉人机交互研究需要机械、电子、计算机、材料、心理学、脑科学等多学科的交叉融合创新。在基础研究层面，需要理解人体皮肤和肌肉的生理感知特性，揭示触力觉信息感知、认知和反馈控制的生理、心理耦合作用机制。在关键技术层面，为实现自然逼真的触力觉人机交互体验，需要研制高精度触力觉反馈硬件设备，以及高精度触力觉交互控制和实时合成的理论与方法。由于交叉学科的研究特性及问题自身的复杂程度，触力觉人机交互研究极具挑战性。

本书作者团队二十余年来在国家自然科学基金、国家高技术研究发展计划（863 计划）、国家重点研发计划等项目的支持下，针对触力觉交互装置、触力觉合成算法、触力觉反馈应用系统等方面进行了深入研究，取得的创新性研究成果多发表于 *IEEE Transactions on Haptics*、*IEEE Transactions on Industrial Electronics*、《中国科学》等国际国内知名期刊，得到国际国内相关领域同行的认可。团队研发的视听触融合反馈的虚拟现实口腔手术模拟系统，基于力反馈技术进行精细操作手术技能培训和触感模拟教学，已经应用于口腔医学院校。

人才短缺是我国虚拟现实和增强现实发展亟待解决的瓶颈问题。为满足虚拟现实和增强现实行业应用和产业发展的需求，我国急需建立多层次、多类型的专业人才培养体系，急需出版介绍各类虚拟现实和增强现实技术的书籍。本书的出版对推动我国人机交互的发展将发挥积极作用。本书内容基于作者团队取得的研究成果，选材前沿、内容丰富、体系完整，可为读者在机器人、虚拟现实、生物工程、认知科学等领域开展跨学科研究和技术开发提供重要参考。

中国工程院院士

2021 年 12 月

推荐序二

　　人机交互是伴随计算机的诞生而自然产生的研究领域，它的科学起源可以追溯到 1960 年约瑟夫·利克莱德 (J.C.R. Licklider) 发表的一篇名为《人机共生》(Man-Computer Symbiosis) 的文章，其中提到人应与计算机进行交互并协作完成任务。从键盘、鼠标，到触摸板、触摸屏，人机交互的范式不断发生变化。虚拟现实的出现实现了由二维界面到三维空间界面的变迁，它在给用户提供全新的视听觉沉浸式体验的同时，也面临新的问题：能否实现"可触摸"的虚拟现实环境？

　　触觉被称为人类感觉之母，人在感知物理环境时须臾离不开触觉。但目前虚拟现实系统给人提供的交互体验主要依赖视听觉感官通道，触力觉体验极为贫乏。触力觉反馈和视听觉沉浸式虚拟现实环境结合，有望打开人类与虚拟世界交流的新通道，实现真正的沉浸感，推动人机交互模式从听觉 + 视觉，发展到听觉 + 视觉 + 触力觉三维融合的崭新阶段，实现人机物三元空间的融合。

　　为实现逼真触力觉人机交互的目标，首先需要认识人体触力觉感知生理机制，包括皮肤的触力觉感觉阈限。其次，需要构建高精度的触力觉交互硬件设备和控制算法。人体触力觉感受器对于动态信号极为敏感，相比于视觉连续画面呈现所需的每秒 30 ~ 60 帧的刷新率，触力觉呈现则需要每秒 1000 帧的刷新率，即要求人机交互闭环回路触力觉硬件和软件算法的端到端累积时延小于 1 ms，甚至更短，才能达到逼真的体验效果。而且，由于触力觉交互系统是典型的"人在回路（human-in-the-loop）"机电耦合闭环控制系统，为保证"操作者 – 交互装置 – 虚拟环境"闭环回路的控制稳定性，触力觉交互装置和触力觉合成算法必须满足反向驱动性（模拟自由空间）和可变阻抗控制（模拟约束空间）的协同控制要求。

　　应对上述挑战，有赖于多学科交叉研究，包括机器人学、计算机数值仿真、机电控制工程、触力觉生理心理学、神经科学等多学科知识的深度交叉融合。本书作者团队从事触力觉人机交互的科研和教学有二十余年，针对触力觉感知交互的生理机制表征、触力觉交互装置控制稳定性、触力觉反馈计算效率等基础科学问题开展研究，取得了多元触力觉刺激耦合感知交互机制、交互状态自适应的变阻抗控制、复杂对象精细操作力觉合成等方面的理论方法创新，研制了桌面式、触屏式、穿戴式等 20 余套触力觉交互装置，开发了飞机发动机虚拟装配、多功能口腔手术模拟等触力觉交互技术应用系统，拓展了触觉、力觉、视觉融合感知交互的新方向。

　　本书系统地介绍了触力觉人机交互的基本概念、原理和研究方法，其内容反映了触力觉人机交互的现状、发展趋势和重要应用。读者通过阅读本书，可以了解到人体触力觉感知的生理基础和触力觉感知能力，以及如何设计和使用触力觉交互设备、如何设计和实现触力觉合成算法、如何开发触力觉交互仿真系统等。

　　触力觉人机交互是虚拟现实和人机交互领域的核心技术之一，本书的出版将有利于促进我国在这一技术领域的教学水平和科技水平。本书内容丰富、体系完整，可为读者在机器人、虚拟现实、生物工程、认知科学等领域开展跨学科研究和技术开发提供重要参考，也可作为机械工程、计算机科学与技术、电子信息工程、自动化、虚拟现实技术、机器人工程等专业研究生和高年级本科生的教材。

　　此为序。

中国科学院软件研究所原总工程师

2021 年 12 月

前言

　　触力觉人机交互是指利用人体的触觉和力觉感知功能进行信息感知、传递、处理和呈现的技术。作为人机交互领域的新技术，触力觉人机交互能够有效促进人与计算机、人与机器人的信息交流，提供更加自然、逼真、方便和可靠的交互方式。触力觉人机交互在航空航天装备虚拟制造、医疗外科手术模拟、国防安全人员操作技能培训、机器人遥操作临场感再现等领域具有重要的应用价值。

　　触力觉人机交互是机械、电子、计算机、材料、心理学、脑科学等多学科交叉领域的融合创新成果。由于交叉学科的复杂性，触力觉人机交互的研究呈现出困难多、进展慢、研究队伍缺乏的现状。为了促进触力觉人机交互的深入研究，并推动其行业应用，电气电子工程师学会（IEEE）下设的计算机学会和机器人与自动化学会联合成立了触力觉技术委员会（Technical Committee on Haptics），并在 2008 年创办了学术期刊 *IEEE Transactions on Haptics*。北美洲、欧洲和亚洲的学者分别创办了学术会议 Haptic Symposium、EuroHaptics、AsiaHaptics，并联合创办了两年一次的 IEEE World Haptics 会议。

　　为了与触力觉人机交互研究的人才培养需求相适应，国际上多所大学相继开设了以触力觉为主题的课程。其中，一些大学的课程侧重触力觉交互设备及其控制，如美国约翰斯·霍普金斯大学、西北大学、宾夕法尼亚大学等；一些大学的课程侧重触力觉合成软件，如美国斯坦福大学；还有一些大学的课程侧重触力觉心理学和人机接口设计，如美国普渡大学和加拿大不列颠哥伦比亚大学。

　　与国外触力觉人机交互教育的蓬勃发展相比，我国尚缺乏相应的课程和教材，这制约了本学科的人才培养。编者在国家自然科学基金（50275003、50575011、60605027、61170187、61572055、51775002）、863 计划（2007AA01Z310）、国家重点研发计划（2016YFB1001202、2017YFB1002803）等项目的资助下，持续多年开展触力觉人机交互研究，并研制了口腔手术模拟系统、飞机发动机虚拟装配系统等。自 2015 年以来，编者在北京航空航天大学开设了面向研究生和高年级本科生的触力觉人机交互课程。本书是根据课程讲义以及编者在触力觉人机交互研究工作中取得的成果，经过系统整理撰写而成的。

　　本书共 8 章：第 1 章是触力觉人机交互概述，介绍触力觉人机交互的基本概念、原理和研究方法；第 2 章介绍人体触力觉感知和运动控制的生理基础，包括人体皮肤/肌肉内部的触觉感受器生理结构和感知机理、触力觉信息传导通路和信息加工处理机制、人体运动控制和力控制的生理机制等；第 3 ～ 5 章介绍桌面式力觉交互的关键技术，包括桌面式力觉交互设备、力觉合成方法、桌面式力觉交互系统等；第 6 章介绍振动触觉交互，包括振动触觉感知机制、硬件装置、应用领域等；第 7 章介绍纹理触觉交互；第 8 章介绍触力觉人机交互前沿，包括穿戴式力觉交互、多元触觉交互等。最后，以附录的形式列出了相关研究课题库和视频素材，以促进读者开展实践能力和科研创新能力的训练。

我们期待本书的内容有助于虚拟现实技术、机器人工程、智能制造工程等新工科专业的复合型人才培养，并成为机械工程、自动化、计算机科学与技术、生物医学工程等专业研究生和高年级本科生的学习参考资料。

在本书的编写过程中，北京航空航天大学人机交互实验室历届研究生对课程讲义提出了大量改进建议，促进了本书内容和结构的不断优化。尤其要感谢田博皓、郭园、郭兴伟、罗虎、童倩倩、赵晓含、王子埼、郑一磊、张艳、魏文萱等同学在全书成稿阶段的内容检查和修订工作。此外，衷心感谢人民邮电出版社的刘盛平编辑在书稿撰写过程中提出的宝贵意见和建议。

由于作者水平有限，书中难免会有疏漏和不足之处，敬请读者批评指正。

编者

2021 年 6 月

目录

01 CHAPTER 第1章 触力觉人机交互概述

02 CHAPTER 第2章 人体触力觉感知和运动控制的生理基础

03
CHAPTER
第3章　桌面式力觉交互设备

04
CHAPTER
第 4 章　力觉合成方法

05 CHAPTER　第5章　桌面式力觉交互系统

06 CHAPTER 第 6 章 振动触觉交互

07 CHAPTER 第 7 章 纹理触觉交互

08 CHAPTER　第8章　触力觉人机交互前沿

附录

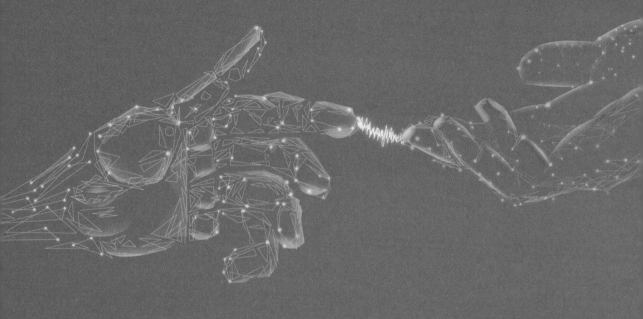

CHAPTER **01**

第 1 章

触力觉人机交互概述

本章从触力觉人机交互的研究背景出发，介绍了触力觉人机交互的基本概念、研究分支和挑战、发展历史、研究意义等。

1.1 触力觉人机交互的研究背景

1.1.1 人与外界环境的触力觉交互

人在与外界环境交互时，主要通过视觉、触力觉、听觉等感觉通道感知环境的信息，大脑对这些信息进行加工处理后，向肌肉发出指令，控制身体运动以及操作环境中的物体。相比于视觉和听觉，触力觉是人类与外界交流的最重要的感觉通道，其原因有以下三个。

（1）人类区别于动物的本质在于人类能发明工具和完成精细的手部运动 [见图 1-1(a)]。在各种人与外界环境的交互中，最主要的方式是通过手感知和操作外界环境。当人与自然界的物体进行交互时，触力觉时时刻刻都在发挥作用，物体的软硬、冷暖等信息必须通过触摸来感知。

（2）触力觉对于视觉、听觉任务具有支撑作用。例如，看不同距离和位置的物体时离不开眼部肌肉对瞳孔大小的调节，同时离不开转动头部调整视线的方向；人类的语言交流离不开对舌头和唇部肌肉的精细控制；人类之间交流的面部表情离不开对眼角肌肉和脸部肌肉的精细控制。

（3）触力觉在情感交流中占据不可替代的地位 [见图 1-1(b)]。例如，在亲子、恋人、病人护理等交流场合中，人类复杂的情感交流可以通过触摸来实现。

(a) 发明工具和完成精细的手部运动

图 1-1　触力觉在人与外界环境交互中的基础性作用

(b)　通过触力觉实现情感交流

图 1-1　触力觉在人与外界环境交互中的基础性作用（续）

　　触力觉感知和运动能力的缺失或障碍会给人的生活带来颠覆性和灾难性的影响，这充分体现了触力觉对于人与环境交互的重要性。运动神经元受损、脊髓损伤的高位截瘫病人会丧失身体对触力觉刺激的感知能力，以及肌肉的运动能力。例如，斯蒂芬·霍金 [见图 1-2(a)] 在剑桥大学读书时患肌肉萎缩性侧索硬化症，全身瘫痪，也不能说话，全身唯一能动的地方只有两只眼睛和三根手指。霍金的幸运在于有高科技设备辅助他与外界交流，而大多数有触力觉感知和运动能力障碍的患者则几乎丧失了独立生活的能力。

　　与此相比，缺失了视觉和听觉的患者还能够依赖触力觉交互基本实现自主生活，并为社会做出贡献。例如，美国著名女作家海伦·凯勒 [见图 1-2(b)] 在 19 个月大时因患急性胃充血、脑充血而丧失视力和听力。在"纯触力觉"的世界中，海伦·凯勒开创了自己的一番事业，她一生致力于为残疾人造福，建立了许多慈善机构，创作了《假如给我三天光明》《我的生活》等 14 本著作。

　　据统计，仅在英国就有 39 万名聋盲人，这些聋盲人只能依靠触力觉"语言"进行交流。Reed 等 [1] 介绍了一种聋盲人触力觉交流语言，如图 1-2(c) 所示，"收听者"将其双手放置在说话者的脸部，依靠嘴唇运动、下颌运动、口部气流、口腔振动等触力觉信息，可以达到很高的交流效率，数据传输速率达到 12 bit/s。

(a)　斯蒂芬·霍金　　　(b)　海伦·凯勒　　　(c)　聋盲人依靠触力觉"语言"交流

图 1-2　触力觉、视觉、听觉等的缺失给人的生活带来不便

　　基于上述事实可知，在人与物理世界的环境交互中，触力觉扮演着不可替代的角色。

在信息世界的人机交互中，人类触力觉的开发和利用还远远不够。例如，在人与计算机交互时，触力觉交互仍然处在萌芽期。计算机通过显示器、头盔、立体声耳机等设备可以给人呈现逼真的视觉体验和听觉体验，但在交互过程中用户能够获得的触力觉体验却极为缺乏。机器人与人交互时，主要通过语音识别、机器视觉等方式来获取人的交互意图，通过声音、动作等非接触方式与人互动，但机器人和人直接接触的触力觉体验极度缺乏。

1.1.2 人与计算机的触力觉交互

触力觉交互设备是一种融合了传感器、驱动器、控制器、实时可变阻抗器，并与人体皮肤直接接触的特种机器人。借助触力觉交互设备，用户能够控制虚拟机器人与环境进行交互，身临其境地获得机器人与环境中各类物体接触的丰富的触力觉体验。

如图 1-3 所示，人与计算机的交互将能够为用户提供触摸虚拟物体的触力觉体验（接触力、柔软度、纹理、重量、振动、温度等），显著增强虚拟现实（virtual reality，VR）系统的交互体验。其应用领域包括虚拟手术触感训练、飞机装配触觉仿真、触觉电影体感交互等。

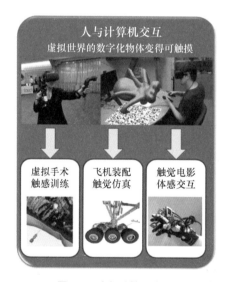

图 1-3　人与计算机交互

触力觉人机交互是人和新一代计算机交互的关键技术，将显著提高人机交互的自然性和沉浸感。计算机自问世以来，一直朝着便于人类使用的方向发展。从纸带输入、键盘输入到广泛使用的鼠标输入，人与计算机的交互朝着更自然、更高效的方向发展。当前，人与计算机的交互界面正从二维的图形用户界面（graphical user interface，GUI）向三维的沉浸式 VR 系统过渡。VR 系统应具有 3I 特征，即沉浸感（immersion）、想象性（imagination）和交互性（interaction），VR 技术的发展一直在朝着这三个特征努力。目前的 VR 系统大多具有很强的视听觉显示功能，但在触力觉方面的显示能力不足，导致系统的交互性不够。利用 VR 技术，计算机可以产生一个三维的、基于感知信息的临场环境，该环境可对用户的操作行为产生动态反应，并被用户的行为所控制。触力觉人机交互在保证 VR 系统的 3I 特征方面具有不可或缺的地位，其作用在于通过视觉、听觉、触觉多感觉融合增强沉浸感，通过人与虚拟环境的双向交流增强交互性，通过"所见即所触"提供更加丰富多彩的仿真应用。正如计算机图形学在 20 世纪 60 年代的孕育和发展一样，触力觉人机交互正在 VR 系统中扮演越来越重要的角色。触力觉交互设备和沉浸式 VR 环境相结合，有望打开人类与虚拟世界交流的新通道，给用户提供更加真实的沉浸感，推动人机交互模式从"听觉＋视觉"发展到"听觉＋视觉＋触力觉"的崭新阶段。

在 VR 交互环境下，要使计算机变得更有效，瓶颈不在于计算速度和图像显示，而在于和人交互的信息带宽，这只能通过先进的人机接口来实现。未来的计算机除了 GUI，还会产生触力觉用户界面（haptic user interface，HUI）、语音界面、眼动界面等。HUI 不同于 GUI 等传统人机交互方式的原因是人机之间不再是人—机信息的单向流动，而是双向的流动过程，用户将真正体会到和虚拟世界的交互。因此，触力觉人机交互的研究必将促进计算机体系结构、硬件和软件技术的发展。

触力觉人机交互将有望推动人类社交模式变革。2019 年，美国工程院院士 John Rogers 等发明了一种柔性触力觉交互电子皮肤，有望用于远程亲子情感交流的触摸互动体验。

触力觉人机交互还将有望革新医生教育和技能培训模式。由于医学伦理学的日益严格，传统的依赖病人练手的外科医生教学模式难以继续，哈佛医学院、北京协和医学院、四川大学华西口腔医学院等国内外著名医学院校已经开始尝试将基于力觉交互的手术模拟器用于口腔、腹腔镜、心血管手术等医生的教学和技能培训中。

1.1.3　人与机器人的触力觉交互

在人与机器人交互方面，触力觉人机交互将实现人机之间的密切接触，保证安全、柔顺的人机协作。人与机器人交互的典型应用场景如图 1-4 所示。例如，外骨骼机器人需要采用高精度的触力觉传感技术，实时感知人体和外骨骼之间的作用力，从而使外骨骼机器人能够顺应人的运动意图，实现外骨骼的安全、柔顺运动控制。在空间站机械臂力觉交互遥操作中，操作的成功与否和主端操作者的实时触力觉体验息息相关。

触力觉人机交互信息的缺失已经成为影响高端机器人系统性能的"卡脖子"问题。例如，医生在利用达芬奇手术机器人进行主从操作手术时，仅能通过摄像头获得被操作器官的三维视觉信息，缺乏来自从端机器人的操作力反馈。当由于器官变形等原因造成手术器械的视野被遮挡时，医生将难以进行正确决策，导致手术操作无法继续进行。如何将被操作器官的柔软度、黏性摩擦以及手术器械与器官的接触力等信息实时反馈给医生，进而提高手术精度和安全性，成为亟待解决的问题。

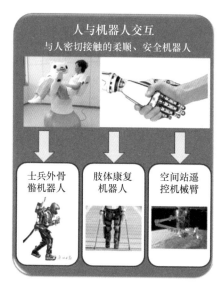

图 1-4　人与机器人交互

触力觉人机交互的研究将有助于保障人与机器人密切共存和安全协作。在人工智能时代，触力觉人机交互将作为人与机器人协作和融合的使能技术。计算机将人类的脑力加以延伸，互联网使人类的交流打破了空间界限，机器人将延长人类的手，使人类的体力超越空间的界限。随着机器人技术的发展，机器人将在各个领域中成为人类的帮手和"代理人"，机器人和互联网的结合使得人类的脑力和体力得到空前的增长，必将大大提高人类的生产效率和生活质量。触力觉人机交互对机器人应用的贡献将体现在下面两个方面。

（1）在机器人遥操作和主从式操作中，操作者要感受到"临场感"，对环境和操作对象的力觉和触觉感受与从视觉、听觉通道获取的信息和感受同样重要，力觉和触觉感受的实时获取是保证灵巧和精细的操作任务高效、高质量完成的必要条件，通过多通道的人机交互来实现机器人控制和操作是一个重要的研究方向。

（2）触力觉人机交互显示的逼真程度依赖力控制技术的进步，在未来家庭和医院服务机器人等人与机器人共存的环境中，机器人要具有感知人的存在的能力，其中关键的技术就是实现对机器人的柔顺控制，触力觉交互的研究必将促进触觉感知、柔顺控制、人机共融等理论和技术的发展。

1.2　触力觉人机交互的基本概念

触力觉人机交互是指利用人体的触觉和力觉感知功能进行信息感知、传递、处理和呈现的技术。其研究目标是通过触力觉交互设备和触力觉合成方法生成并提供高精度机械刺激作用在人体皮肤表面，以达到"欺骗"人体触力觉感受器官的效果，使操作者在通过虚拟机器人与环境交互时，能够获得与虚拟物体间接触交互的丰富力学属性（压力、硬度、摩擦、阻尼、振动等）和逼真实时的触力觉交互体验，促进机器人的智能化，提高人机交互的自然性。注意，本书在提到触力觉时是指包含人类浅层触觉（刺激人体皮肤浅层机械感受器引发的触觉感受，第6 章、第 7 章以及 8.2 节的振动触觉、纹理触觉等均属于浅层触觉，为狭义上的触觉）和力觉（刺激人体骨骼肌、关节等处感受器引发的运动和力的感受，是广义上的触觉）的两种具体感知觉。后面提到的触觉都是指不包含力觉的浅层触觉。

如图 1-5 所示，触力觉人机交互系统（haptic interaction system，HIS）由三部分组成：操作者、触力觉交互设备和虚拟环境。触力觉人机交互是操作者通过触力觉交互设备向虚拟环境输入力或运动信号，虚拟环境以视、听、力或运动信号的形式反馈给操作者的过程。操作者通过触力觉交互设备感知虚拟环境的力信息，如虚拟物体重量、惯性力和接触力等。触力觉合成方法是虚拟环境的核心技术，负责计算和生成虚拟工具（或称虚拟化身，如牙科手术器械）与虚拟物体交互的动力学行为 [2]，使操作者感受到在虚拟环境中与物体接触时产生的丰富多彩的触力觉体验。

本书重点介绍人与机器人的触力觉交互问题，即人通过触力觉交互设备与虚拟环境进行交互的问题。在人与机器人的交互系统中，图 1-5 所示的虚拟环境将被替换成物理环境，即机器人和被操作物体，安装在机器人末端的力传感器将实时测量末端手爪对物体的操作力，并将该力信号反馈给触力觉交互设备。

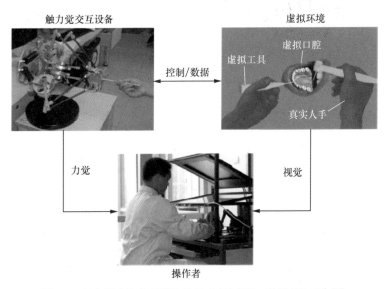

图 1-5　触力觉人机交互系统的组成（以虚拟口腔手术仿真为例）

为方便读者直观理解触力觉人机交互系统的概念，下面以图 1-6(a) 所示物理世界中剪刀与剪纸的交互过程为例进行说明。在剪纸过程中，用户通过皮肤和肌肉内部的触力觉感受器实时感知剪切过程的剪切力，以及纸张的软硬等触觉信息。信息通过神经纤维传导进入负责触力觉信息感知的大脑皮质，大脑相关脑网络进行实时加工处理和决策，并发出运动控制指令给手部的肌肉，实现剪切力的实时调整以及剪刀运行方向和角度的调整等，以剪出漂亮的窗花图案。在剪刀剪纸过程中，上述触力觉信息的"感知—认知加工—反馈控制"回路在周而复始地高速运行。

如图 1-6(b) 所示，触力觉人机交互系统可以在计算机营造的虚拟世界中复现上述剪切交互过程。用户手持一个真正的剪刀，其尖端连接到一个多关节机械臂的末端，该机械臂的每个关节内都有角度传感器。当用户推动剪刀运动时，通过机器人运动学算法能够基于角度传感器的信号测量剪刀在三维空间的位移和角度变化，从而基于这些运动信息控制虚拟环境的一个虚拟剪刀同步运动。在虚拟环境中，事先设定有给定厚度、给定材质、给定硬度的虚拟纸张，当虚拟剪刀与虚拟纸张发生接触时，通过力学模型驱动的算法来求解作用在剪刀上的剪切阻力。进一步，将该力信号发送给机器人的控制器，控制器将基于这些力信号来控制机械臂各关节内部的电动机输出相应力矩，这些力矩作用在剪刀的尖端，使用户体验到剪切过程的阻力。

（a）物理世界的触力觉交互过程

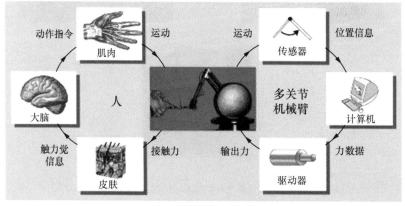

（b）虚拟世界的触力觉交互过程

图 1-6　剪刀与纸的触力觉人机交互实例

在上述虚拟环境的复现交互过程中，多关节机械臂称为触力觉交互设备。计算机内部的力学模型和仿真算法等称为触力觉合成模型。如果上述设备和模型足够精确，则有望使用户体会到栩栩如生的剪切触力觉交互体验。

1.3　触力觉人机交互的研究分支和挑战

自力觉交互设备 Phantom 于 1993 年问世以来，经过近 30 年的发展，触力觉人机交互的研究主要集中在人体触力觉学、触力觉交互设备和触力觉合成方法三个领域，如图 1-7 所示。

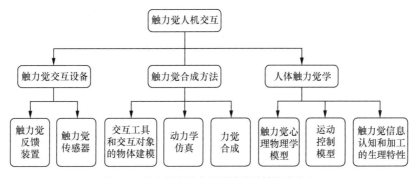

图 1-7　触力觉人机交互系统的关键技术分支

人体触力觉学主要研究人对触力觉信息的"感知—认知加工—反馈控制"闭环生理机制和规律，包括人的触力觉心理物理学模型、运动控制模型、触力觉信息认知和加工的生理特性等。理解人的触力觉感知系统的生理特性是开发有效的触力觉人机交互系统的前提。人的触力觉感觉包括浅层触觉（温度、粗糙度和振动等）和力觉信息。触力觉感受器包括位于皮肤真皮层和表皮层的触觉感受器（tactile receptor）和位于肌肉、关节和韧带等处的深层力觉感受器（kinesthetic receptor）。人体触力觉学最初用来描述人类如何用手感觉和操纵物体，其中感觉和操纵的关系是人类理解物理世界的关键。与之对应的专门研究领域——触力觉心理物理学，已经成为研究人体触力觉生理规律的重要手段，主要研究人类对触力觉刺激的感知规律，如对触力觉信号的分辨阈值、可感知触力觉信号的频率范围和触力觉记忆等。

在远程操作中采用触力觉交互设备可以给人提供感觉反馈，进而发展到直接利用计算机生成的信号激励特定的设备以便让操作者感受到在执行一项真正的任务。触力觉交互设备是连接操作者和虚拟环境的纽带，其性能的优劣决定了触力觉交互系统是否能够成功完成预期的仿真任务。触力觉交互设备的性能指标通常包括可模拟刚度、力反馈精度、位置分辨率及工作空间等，不同的应用环境会对设备的指标提出不同的需求。此外，触力觉交互设备需要采用高性能的触觉传感器，其目的是能够精确感知人与外界接触过程中的触力觉信息。

与人类触力觉细分为触觉感受器和运动觉／力觉感受器相对应，触力觉交互设备也分为两大类，前者对应的硬件设备称为表层触觉交互设备，后者对应的硬件设备称为力觉交互设备。

触力觉合成方法研究的是如何计算与虚拟环境中物体交互时产生的作用力，使操作者通过触力觉交互设备感受到稳定逼真的反馈力感受。对应于表层触觉和力觉这两类触觉体验，相应的合成方法分别称为触觉合成和力觉合成。触力觉合成方法是计算和生成人与虚拟物体交互力的过程，是触力觉人机交互的核心，是使操作者感受到虚拟环境丰富多彩的关键。触力觉合成方法具体研究的内容包括虚拟场景中交互工具和交互对象的物体建模、动力学仿真、力觉合成等。

与视听觉人机交互的广泛应用相比，触力觉人机交互尚处于基础研究和关键技术攻关阶段，大规模应用还很少。

在基础研究层面，需要理解人类触力觉感知和反馈的生物机理，研究人体皮肤和肌肉内部具有高密度异构触力觉感受器的生理感知特性，揭示触力觉信息"感知—认知加工—反馈控制"闭环的生理 - 心理耦合作用机制，只有这样，才能够为触力觉人机交互系统的设计提供定量化的生理依据。

在关键技术层面，需要开发新型触力觉交互设备和计算模型。为实现自然逼真的触力觉人机交互体验，需要研制高精度触力觉交互设备、研究触力觉交互控制和实时触力觉合成的理论和方法，这依赖于机械、电子、计算机、材料、心理学、脑科学等学科知识的深度交叉和融合创新。由于交叉学科的研究特性，导致过去 30 年来国内外触力觉人机交互的研究呈现出困难大、进展慢的现状。

从人机交互信息流动的视角来划分，触力觉人机交互存在触力觉信息感知、触力觉信息呈现、触力觉交互设备三个方面的研究课题。每个研究课题的难点介绍如下。

（1）在触力觉信息感知方面，难点在于机器如何准确感知人的交互动作和意图。由于触力觉人机交互系统的指令来自操作者的随机输入，难点是如何能够实时、准确地测量人与机器接触时的多维度作用力和力矩。

（2）在触力觉信息呈现方面，难点在于高实时性（刷新频率达 1 kHz）、高逼真性（建模和仿真误差小于人的触力觉感知阈值）地模拟再现机器与物体接触交互时的丰富力学属性（硬度、摩擦、阻尼、振动等）。

（3）在触力觉交互设备方面，难点在于触力觉交互设备属于多自由度特种机器人，存在反向驱动性和可变阻抗控制的双重需求，需要保证"操作者—触力觉交互设备—虚拟环境"闭环回路的控制稳定性，否则会导致交互感受失真甚至伤害操作者。

为实现自然逼真的触力觉人机交互，需要理解和借鉴人体触力觉感知生理机制，构建高精度的触力觉交互设备和控制算法。主要的挑战在于下面三个方面。

（1）"高精度"：人体皮肤内分布有高灵敏度、高密度的触力觉感受器，触力觉交互设备和触力觉合成方法生成的机械刺激的分辨率应该小于皮肤的触力觉感觉阈限，才能达到"以假乱真"的体验效果。

（2）"实时性"：人体触力觉感受器对于动态信号极为敏感，相比视觉连续画面呈现所需的 30 ～ 60 帧 / s 的刷新率，逼真的触力觉呈现需要 1000 帧 / s 的刷新率甚至更高，才能满足无延迟的细腻触力觉体验。因此，要求人机交互闭环回路中触力觉交互设备和软件算法的累积端到端时延小于 1 ms。

（3）"稳定性"：如图 1-5 所示，触力觉人机交互系统是一个"人在回路""离散环节和连续环节共存"的生机电混合闭环控制系统。为保证"操作者 - 触力觉交互设备 - 虚拟环境"闭环回路的控制稳定性，触力觉交互设备和触力觉合成方法必须满足阻抗匹配的原则。

1.4　触力觉人机交互的发展历史

1948 年，Raymond Goertz 开发了世界上第一台主从力反馈机械手，该设备成为触力觉交互设备的雏形，随着计算平台的不断发展，触力觉交互设备也不断迭代更新。一方面，计算平台需要一种有效的人机交互方式，从而提升用户的工作效率；另一方面，触力觉交互设备需要一个强大的计算平台，用于支持其功能和性能需求，两者相辅相成。

在过去的近 30 年中，计算平台的发展可以概括为个人计算机时代、移动计算机时代（移动互联网时代）以及穿戴式计算机时代三个阶段。如图 1-8 所示，与之对应的触力觉人机交互范式也可以分为三个阶段：桌面式触力觉人机交互、触屏式触力觉人机交互和穿戴式触力觉人机交互。

在桌面式触力觉人机交互中，用户通过握持触力觉交互设备的末端手柄控制虚拟工具（如手术刀、螺丝刀等）的运动，其可模拟的运动和力均为六个自由度（包括三个平移自动度和三个旋转自由度）。

在触屏式触力觉人机交互中，当用户的指尖沿着手机屏幕滑动时，可以感受到虚拟物体的纹理和形状信息，在此类反馈设备中，其可模拟的运动和力的自由度均为两个自由度。

在穿戴式触力觉人机交互中，用户穿戴触力觉手套控制虚拟环境中的虚拟手实现抓、捏、举等不同的动作类型。其中，运动自由度的数目为虚拟手的自由度（约 22 个自由度），而力的自由度则根据虚拟手和被操纵对象之间接触点的数量和拓扑结构动态改变。

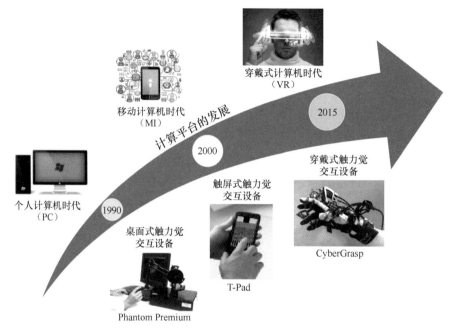

图 1-8　近 30 年触力觉人机交互的范式演变过程

1.4.1　桌面式触力觉人机交互

图 1-9 所示为桌面式触力觉人机交互的发展历程和典型设备。桌面式触力觉人机交互的需求来自 1950 年的核环境主从操作任务，该任务需要操作者通过主端机械臂控制隔壁房间的从端机械臂执行操作核辐射物体的任务。这种操作的特色是利用机械传动来直接实现位置的控制和操作力的反馈。1993 年，由于个人计算机的广泛应用和 GUI 的普及，麻省理工学院的 Salisbury 教授研发了力觉交互设备 Phantom，其目的是让用户可以通过手指触摸计算机屏幕上呈现的虚拟物体的形状、接触力等触力觉属性。该设备采用串联构型、阻抗控制原理，实现了优异的自由空间模拟效果，以及较好的约束空间模拟效果。该设备的商业化推动了力反馈技术在大学、科研院所的广泛研究。2006 年，洛桑联邦理工学院实验室毕业的学生 Conti 等创立了 Force Dimension 公司，发明了并联式力觉交互设备 Omega 等，推动了并联力反馈技术的发展。2008 年，Moog 公司发明了导纳控制力觉交互设备 Haptic Master，显著提升了约束空间的模拟性能。随着新材料和驱动技术的发展，各类新型驱动方法（如磁悬浮、磁流变、液压 / 气压驱动、形状记忆合金等）被用于力觉交互设备的设计中。例如，2010 年，卡内基梅隆大学的 Hollis 教授等发明了磁悬浮力觉交互设备，实现了优异的自由空间和大刚度的约束空间模拟效果。

总体来看，桌面式触力觉交互设备经历了从机械传动到电传动，从三自由度力反馈到六自由度力反馈，从串联构型到并联构型，从阻抗控制到导纳控制，从手部力反馈到全身力反馈（腿部、踝关节、足部基座固定式）的发展历程。详细的设计原理和典型的力觉交互设备将在第 3章和第 5 章介绍。时至今日，研究人员仍在针对行业应用的特殊指标需求，研发性能更加优异的力觉交互设备。例如，北京航空航天大学 2018 年研发的基于协同驱动原理的桌面式力觉交互设备 DentalTouch，融合了阻抗控制和导纳控制的优势，通过基于交互状态实现自适应控制，取得了自由空间小惯量和约束空间大刚度的效果，以满足口腔手术模拟中轻质金属手术器械和坚硬牙釉质接触的逼真力反馈模拟体验。

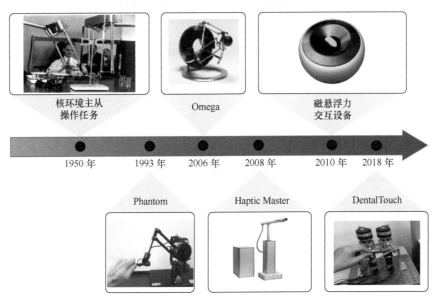

图 1-9　桌面式触力觉人机交互的发展历程及典型设备

1.4.2　触屏式触力觉人机交互

21 世纪以来，随着移动互联网和触屏式交互终端（手机、平板电脑、多人协同大屏幕触屏设备等）的发展，基于触摸屏的触力觉交互设备成为发展热点，其目的是让用户既能够看到手机、平板电脑等屏幕上显示的图像，又能够感受到图像的轮廓、摩擦力和纹理等触力觉体验。

Robles-De-La-Torre 等 [3] 的研究显示，通过调节手指与接触物体间的摩擦力可以产生"凹凸"形状的感觉。此研究奠定了基于调节表面摩擦力的触力觉纹理图案仿真方法的基础。目前调节手指与接触物体间摩擦力的工作原理有两种，分别是挤压空气膜效应和静电振动效应。

1995 年，日本的 Watanabe 和 Fukui 把挤压空气膜效应应用于生成表面触觉交互。2007 年至 2015 年，美国西北大学的 Colgate 等研制开发了 T-PaD、LATPaD 等基于挤压空气膜效应的系列纹理触觉交互设备，如图 1-10 所示。2012 年，法国里尔大学的 Giraud 等把挤压空气膜效应应用在透明玻璃上，在商用电子设备上实现了基于减少摩擦力的纹理触觉交互功能。

  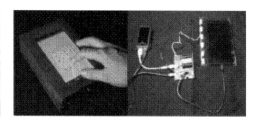

（a）T-PaD　　　　　　　　　（b）LATPaD　　　　　　　（c）T-PaD Fire 便携终端

图 1-10　纹理触觉交互设备

基于静电力的摩擦控制触力觉再现装置利用手指和触觉面板中的电极构成电容，在电极上施加激励信号的作用让手指感受到静电摩擦力，并进一步通过改变摩擦力呈现触觉。1953 年，Mallinckrodt 等[4] 发现了静电力触觉效应。2009 年，芬兰的 Linjama 等开发了 E-Sense 系统。2010 年，美国迪士尼研究中心的 Bau 等研制出了 TeslaTouch 终端，其静电力达 250 mN，如图 1-11（a）所示，两种设备均能在显示屏幕表面再现图像纹理。2012 年，诺基亚实验室与剑桥大学合作共同推出了图 1-11（b）所示的基于石墨烯的静电力表面触觉交互系统 ET，可以应用于可形变触摸屏上。2014 年，芬兰 Senseg 公司开发了图 1-11（c）所示的 Feelscreen 触觉感知系统，在 7 in（1 in 约等于 2.54 cm）平板电脑上实现了静电力触觉再现。该类装置能够呈现形状、纹理甚至柔软度，具有低功耗、重量轻的特点。

 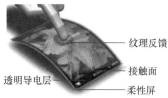 

纹理反馈

接触面

透明导电层

柔性屏

（a）TeslaTouch 终端　　　　　（b）表面触觉交互系统 ET　　　　　（c）Feelscreen 触觉感知系统

图 1-11　基于静电力的摩擦控制触觉再现装置

此外，还有通过机械振动来产生触屏式触觉交互的方法。振动式触觉再现装置通过控制线性电机、压电振动器等触觉致动器使装置振动，进而刺激操作者手指来呈现触感。2001 年，日本的 Fukumoto 等将音圈致动器用于移动电话和 PDA，通过单一频率振动产生触觉交互。2009 年，加拿大多伦多大学的 Yatani 等研制出了电机振动式触觉再现装置 SemFeel，如图 1-12（a）所示，通过嵌入手机后端的五个电机实现定位、单次、循环三种振动模式，帮助操作者区分不同的按钮操作。2010 年，韩国的 Yang 等将由 12 个振动嵌板组成的触觉显示板用于智能手机，如图 1-12（b）所示，提高了真实感，但存在体积大且与显示器脱离的缺点。

　　总体来看，现有的触屏式触力觉交互设备普遍存在触觉感受微弱、物理属性单一、维度受限、动态响应差、触觉再现真实感有待提高等缺点，而且现有的装置还无法满足在多媒体终端上应用所必需的成本低、功耗低、体积小、对显示效果影响小等要求，这有待通过新型驱动和控制原理的创新性研究来克服。

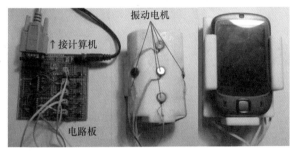

（a）触觉再现装置 SemFeel　　　　　　　　　　（b）T-mobile 振动触觉板

图 1-12　基于机械振动控制的触屏式触觉再现装置

1.4.3　穿戴式触力觉人机交互

　　VR 技术的迅猛发展，极大地推动了人机交互设备的研发与应用。在 VR 环境中，需要研发能够支持操作者通过自然手势与虚拟物体交互，以直观和直接的方式触摸和操纵虚拟物体，并获得实时力反馈体验的设备。穿戴式触力觉交互手套，可以真实模拟虚拟场景中的交互过程，感受手与虚拟物体交互带来的触力觉体验，让人具有身临其境的感觉。穿戴式触力觉人机交互在航空航天、医疗康复、工业制造、高危行业、游戏娱乐等领域的应用具有重要的前景。

　　传统的数据手套仅可以跟踪手部运动，用户无法感受到虚拟世界的力反馈。早期的力反馈手套大多采用电机、液压或气压驱动的刚性外骨骼机构实现指尖力反馈。1997 年，东京大学开发了一款力反馈手套 Sensor Glove II，该手套有 20 个自由度，每个接头通过绳与电机相连，以减轻重量。美国罗格斯大学研制的 RMII-ND（The Rutgers Master II-New Design）[见图 1-13（a）] 使用在手掌上分布的线性气动活塞缸提供手掌和手指之间的反馈力。1998 年面世的商用力反馈手套 CyberGrasp[见图 1-13（b）] 为安装在用户手背侧的外骨骼，通过电机和钢丝绳传动，可以提供高达 12 N 的指尖反馈力。近年来，为提高力反馈手套的穿戴舒适性、减轻手套重量以及降低用户的疲劳程度，新型驱动器和软体材料被用于触力觉交互手套的设计中。Zhang 等使用电活性聚合物致动器来设计可以在拇指和食指之间提供力的手套（DESR）[见图1-13（c）]，减轻了手套的重量。Choi等开发了一种被动式抱闸制动原理的力反馈手套Wolverine[见图1-13（d）]，可以在拇指和其余三根手指之间直接产生力量，相对精确地模拟了人手抓握的物体的状态。Wang等研发了基于纤维增强软体驱动器的刚软耦合结构力反馈手套 [见图1-13（e）]，以及基于层阻塞负压驱动原理的轻量级软体力反馈手套，通过气压驱动实时改变软体驱动器的刚度变化，实现了抓握虚拟物体的力反馈体验。

（a）RMII-ND   （b）CyberGrasp   （c）DESR   （d）Wolverine   （e）力反馈手套

图1-13　力反馈手套

随着VR技术的蓬勃发展，多个初创公司研发了面向大众消费者的便携式商用力反馈手套，包括H-glove、Dexmo、Haptx、Plexus和Vrgluv，如图1-14所示。这些手套的便携性较好，但普遍存在反馈力自由度较少、可模拟虚拟物体的阻抗范围有限、动态响应有待提高等不足。总体来看，穿戴式触力觉交互设备的研究呈现出从刚体结构到软体结构、从主动力反馈到主被动力反馈结合、从电机驱动到新材料驱动等发展趋势。为满足VR交互中的逼真触力觉体验要求，现有穿戴式触力觉交互设备的性能仍有待提高，这有赖于新型功能材料、微纳制造、驱动控制原理的深入研究。

（a）H-glove   （b）Dexmo   （c）Haptx

（d）Plexus   （e）Vrgluv

图1-14　便携式商用力反馈手套

1.5 触力觉人机交互的研究意义

触力觉人机交互是迈向视觉、听觉、触觉等多感觉融合的自然人机交互的关键技术，是机器人、虚拟现实／增强现实、人工智能等领域的基础性需求，有望推动航空航天、装备制造、医疗康复、国防建设等重大领域的技术变革。2008 年，一篇题为 *Big date：The next Google* 的文章列举了未来可能改变世界的十大技术，其中排在第二位的就是触力觉人机交互[5]。触力觉人机交互的研究将有助于提高 VR 系统的交互性、保障人与机器人的密切共存和安全协作。触力觉人机交互的典型应用领域包括 VR 交互接口、虚拟手术、航空航天产品设计和维护、肢体关节康复、遥操作和微纳机器人、娱乐和体感游戏、消费产品感性工学设计等。

触力觉人机交互的研究也具有重要的学术价值。触力觉的研究将促进对人类自身生理机制的认识和理解，促进心理学、认知科学、神经科学等交叉学科的理论进步。触力觉合成理论和技术的研究突破有赖于人类对触力觉感知机理的深入理解、新型触力觉交互设备的推动以及新型的触力觉人机交互应用的驱动。要真实模拟人所感受的力和触觉，必须了解人类的触觉和力觉感受机理。人的运动空间、身体各部分所能感受的力和力矩的范围和分辨率、人对于不同性质力信号的感知能力的差异、人的心理因素等都是与力觉和触觉交互密切相关的问题。因此，触力觉人机交互的研究必将促进对于人类自身的认识和理解。

相比于视听觉人机交互的蓬勃发展，触力觉人机交互的研究仍存在很多问题有待解决。触力觉研究进展缓慢的一个重要原因在于触力觉涵盖计算机科学、机械学、自动控制、心理学、认知神经科学等学科，研究难度大，经过 30 多年的研究，仍然存在很多难题有待解决。此外，高逼真性、可穿戴的舒适性触力觉交互设备的研发，有赖于新型功能材料、微纳制造、精密机械、柔性电子、自动控制、高性能嵌入式计算等领域的技术突破，对触力觉人机交互的研究将极大地推动这些学科的发展。从人类触力觉感知机理到触力觉人机交互，还有很多基础性的问题在探索之中，触力觉人机交互领域是有望诞生原创基础研究成果的新领域。

◢ 小 结 ◣

触力觉是人类的重要感觉通道，在人与物理世界的交互中，触力觉通道无时无刻不在被使用，但在人与机器（计算机、机器人）的交互中，触力觉通道的应用还处于萌芽期。本章从人与计算机交互、人与机器人交互的需求出发，介绍了触力觉人机交互的基本概念、组成、关键技术，以及触力觉人机交互发展的历史，最后介绍了触力觉人机交互研究的学术意义和应用价值。

触力觉人机交互的研究将增强人与计算机营造的虚拟世界的交互逼真性，使得虚拟世界的数字化物体变得可触。此外，触觉传感和柔顺控制将增强人与机器人密切接触交互的安全性，推动机器人从工业领域进入家庭和医院等服务领域。

思考题目

（1）阅读与触力觉人机交互有关的参考文献 [6-12]，写阅读笔记，归纳触力觉人机交互面临的技术挑战和未来发展趋势。

（2）构思未来触力觉人机交互的三个重要应用场景，以及实现这些应用目标需要突破的技术挑战。要求目标清晰具体，具有可操作性，有创新性。

参考文献

[1] REED C M, RABINOWITZ W M, DURLACH N I, et al. Research on the Tadoma method of speech communication[J]. The Journal of the Acoustical Society of America, 1985, 77（1）：247–257.

[2] SALISBURY K, BROCK D, MASSIE T, et al. Haptic rendering: programming touch interaction with virtual objects[C]//1995 Symposium on Interactive 3D Graphics. New York, USA：ACM, 1995：123–130.

[3] ROBLES–DE–LA–TORRE G, HAYWARD V. Force can overcome object geometry in the perception of shape through active touch[J]. Nature, 2001, 412（6845）：445–448.

[4] MALLINCKRODT E, HUGHES A L, SLEATOR W Perception by the skin of electrically induced vibrations[J]. Science, 1953, 118（3062）：277–278.

[5] BUXTON B, HAYWARD V, PEARSON I, et al. Big data: the next Google[J]. Nature, 2008, 455：8–9.

[6] HAYWARD V, ASTLEY O R, CRUZ–HERNANDEZ M, et al. Haptic interfaces and devices[J]. Sensor Review, 2004, 24（1）：16–29.

[7] MACLEAN K E. Putting haptics into the ambience[J]. IEEE Transactions on Haptics, 2009, 2（3），123–135.

[8] WANG D X, GUO Y, LIU S Y, et al. Haptic display for virtual reality: progress and challenges[J]. Virtual Reality & Intelligent Hardware, 2019, 1（2）：136–162.

[9] MACLEAN K E. Haptic interaction design for everyday interfaces[J]. Reviews of Human Factors and Ergonomics, 2008, 4（1）：149–194.

[10] LIN M C, OTADUY M. Haptic Rendering: foundations, algorithms, and applications[M]. Boca Raton: CRC Press, 2008.

[11] WANG D X, SONG M, NAQASH A, et al. Toward whole-hand kinesthetic feedback: a survey of force feedback gloves[J]. IEEE Transactions on Haptics, 2019, 12（2）: 189-204.

[12] WANG D X, OHNISHI K, XU W L. Multimodal haptic display for virtual reality: a survey[J]. IEEE Transactions on Industrial Electronics, 2020, 67（1）: 610-623.

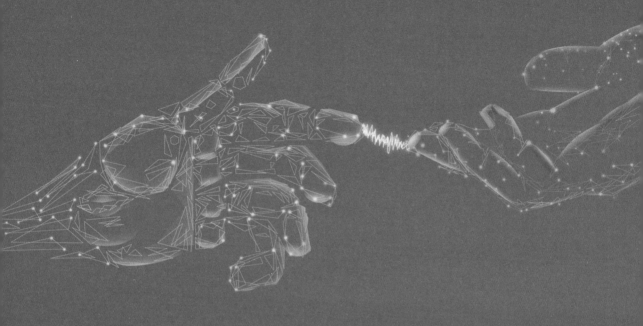

CHAPTER **02**

第 2 章

人体触力觉感知和运动
控制的生理基础

　　人体与外界环境的触力觉人机交互过程可表述为：首先，手指皮肤、肌肉和关节等处的触力觉感受器获得环境中被操作物体的触觉特征和作用力等信号，这些信号通过上行神经通路，经脊髓上行传导至大脑躯体感觉皮质，形成感觉后传递至大脑前额叶皮质（负责决策、规划、记忆等认知活动），随后大脑运动皮质发出躯体运动的指令，通过下行神经通路，经脊髓下行传导控制骨骼肌的收缩，实现特定的肌肉运动，向外界施加能量，完成人体对外界环境信息的响应动作[1-2]。由此可知，通过上述的"触力觉感受器→上行神经通路→脊髓→大脑躯体感觉皮质→大脑前额叶皮质→大脑运动皮质→脊髓→下行神经通路→骨骼肌"这一传递流程，形成了人与外界环境进行触力觉人机交互的"①感知→②认知→③操作"闭环，如图 2-1 所示。

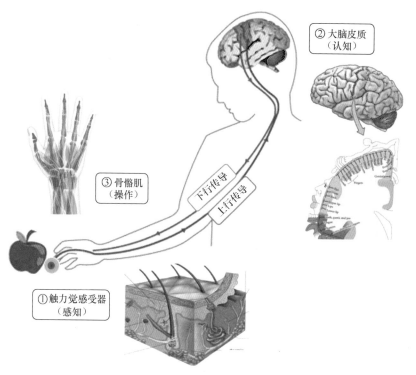

图 2-1　人体触力觉"感知—认知—操作"闭环系统的生理结构

　　本章的结构安排与人体触力觉人机交互的信息传导过程类似。2.1 节和 2.2 节将分别介绍皮肤触觉和运动力觉的感知机理，包括触力觉感受器的生理结构、功能特点、感知阈限等内容；2.3 节将介绍触力觉信息的传导通路，包括上行神经通路和下行神经通路、跨通道感知特性等内容；2.4 节将介绍大脑对经上行神经通路传导的触力觉信息的处理机制，包括大脑触觉相关皮质、脑网络与神经可塑性、"触力觉错觉"现象等内容；2.5 节将介绍骨骼肌受神经系统支配实现运动的生理机制，包括肌肉收缩原理、低级和高级神经中枢对躯体运动的调节机制等内容；2.6 节则作为补充，介绍开展触力觉感知认知相关研究所需的触力觉心理物理学实验的相关知识，包括基本概念、测量方法、统计分析的基本数理工具等内容；2.7 节介绍人体触力觉感知的生理基础的研究热点及意义。

2.1　触觉感知机理

本节主要介绍人体皮肤触觉感知机理，包括皮肤内部触觉感受器的结构、功能特性，以及人体皮肤的触觉感知能力。

2.1.1　皮肤内部触觉感受器

皮肤指身体表面包在肌肉外面的组织，是人体中面积最大的器官，其总面积为 $1.5 \sim 2 \ m^2$，厚度因人或部位而异，为 $0.5 \sim 4 \ mm$，皮肤总质量占体重的 $5\% \sim 15\%$。如图 2-2 所示，人的皮肤由表皮层（角质层是表皮层的组成部分，是表皮层的最外层）、真皮层和皮下组织三层组成，并含有附属器官（汗腺、皮脂腺、指甲、趾甲）以及血管、淋巴管、神经和肌肉等 [3]。皮肤覆盖全身，可使体内的各种组织和器官免受物理性、机械性、化学性和病原微生物的侵袭，具有保护身体的作用，同时皮肤还具有排汗、感觉冷热和压力等功能。

皮肤内含有大量的感觉神经末梢，这些神经末梢是感觉神经元（假单极神经元）周围突的终末部分，该部分与其他结构共同组成感受器。感觉神经末梢按其结构可分为游离神经末梢和有被囊神经末梢两类，其在皮肤中的分布如图 2-3 所示。

（1）游离神经末梢：该神经末梢结构较简单，较细的有髓或无髓神经纤维的终末部分失去髓鞘，裸露的轴突末段分成细支，分布在表皮、角膜和毛囊的上皮细胞间，或分布在各类结缔组织内，如骨膜、脑膜、血管外膜、关节囊、肌腱、

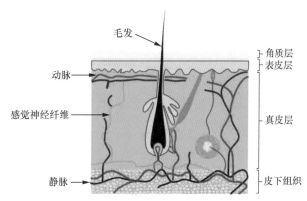

图 2-2　皮肤切面结构

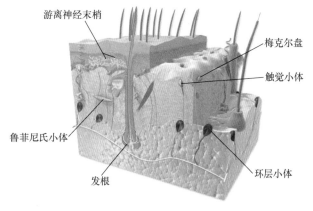

图 2-3　皮肤内部不同的触觉感受器

韧带、筋膜、牙髓等处。游离神经末梢能感受痛、冷、热和轻触的刺激。

（2）有被囊神经末梢：该神经末梢外面包裹有结缔组织被囊，和游离神经末梢一起构成触觉感受器。常见的有被囊神经末梢有以下几种[4]。

① 触觉小体（又称梅斯诺氏小体）：分布于皮肤真皮乳头内，以手指、足趾掌侧的皮肤居多，其数量可随年龄增长而逐渐减少。触觉小体呈卵圆形，长轴与皮肤表面垂直，外包有结缔组织囊，小体内有许多横列的扁平细胞。

② 环层小体：体积较大（直径为 1 ～ 4 mm），呈卵圆形或球形，广泛分布在皮下组织、肠系膜、韧带和关节囊等处，感受压觉和振动觉。小体的被囊由数十层呈同心圆排列的扁平细胞组成，小体中央有一条均质状的圆柱体。

③ 鲁菲尼氏小体：位于真皮乳头之下的真皮组织，生理结构上属于带纺锤形囊的增大的树突末端，对皮肤拉伸、关节运动等刺激较为敏感，有助于手指位置和运动的动觉和控制。

④ 梅克尔盘：位于基底表皮和毛囊中，密集聚集在高度敏感的指尖下，感知与机械压力相关的信息，外形呈盘状，其中的梅克尔细胞储存有血清素，当受到压力时，血清素被释放到相关的神经末梢中，一个梅克尔盘可支配数十个神经末梢。

皮肤内分布着多种感受器，能产生多种感觉。一般认为皮肤感觉主要有三类，即对皮肤的机械刺激引起的触觉和压觉，由温度刺激引起的冷觉和热觉，以及由伤害性刺激引起的痛觉。用不同性质的点刺激检查人的皮肤感觉时发现，不同感觉的感受区在皮肤表面呈相互独立的点状分布。例如，用纤细的毛轻触皮肤表面时，只有当某些特殊的点（触压点）被触及时，才能引起触觉，冷觉、热觉和痛

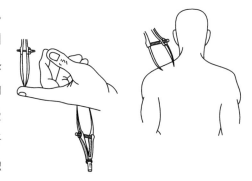

图 2-4　触觉两点辨别阈测量

觉的引发也有类似的特性。在皮肤的两点上给予刺激，把能分辨出是两点刺激而不是单个点刺激时的两点间最小距离称为两点阈或两点辨别阈[5]，如图 2-4 所示。

微弱的机械刺激使皮肤触觉感受器兴奋引起的感觉称为轻触觉；较强的机械刺激使深部组织变形而引起的感觉称为压觉，两者相比，轻触觉的适应性快，刺激阈值低，比较敏感。由于两者在性质上类似，故可以统称为触压觉。此外，每秒 5 ～ 40 次的机械振动还可刺激皮肤引起振动感觉。触觉感受器在皮肤表面的分布密度和该部位对触压觉的敏感程度呈正比，如鼻、口、唇、指尖等处感受器的密度最高，腹、胸部次之，腕、足等处最低；与其相应，触压觉的阈值在鼻、口、唇和指尖处最低，在腕、足处最高。

值得注意的是，在本书中，轻触觉特指较弱机械刺激引起的皮肤感觉，皮肤触觉指包含触

压觉、冷觉、热觉和痛觉在内的皮肤感觉。触力觉意义最广，包含皮肤触觉和 2.2 节介绍的力觉，在此介绍以免读者产生歧义。

触压觉的阈值可用刺激刚刚引起触压觉时作用于皮肤单位面积的力（单位为 g/mm^2）来表示。用直径 250 μm、长数厘米的尼龙丝制作的刺激毛来测定时，口、唇、指尖等处的阈值较低，为 0.3 ~ 0.5 g/mm^2，前臂与躯干的阈值是指尖处的 10 ~ 30 倍。触压点的密度因刺激毛和体表部位不同而有区别，平均为 30 ~ 40 个 / cm^2，指尖的掌面比背面的密度大，约为 100 个 / cm^2。触压觉感受器可以是游离神经末梢，也可以是带有附属结构的神经末梢，如环层小体、触觉小体、鲁菲尼氏小体、梅克尔盘等。不同的附属结构决定了它们对触、压刺激的敏感性不同或适应的快慢。触压觉感受器的适宜刺激是机械刺激，机械刺激引起感觉神经末梢变形，导致机械门控 Na^+ 通道开放和 Na^+ 内流，产生感受器电位。当感受器电位使神经纤维膜去极化并达到阈电位时，就产生动作电位（神经冲动）。传入的神经冲动到达大脑躯体感觉皮质区时，就会产生触压觉。

冷觉和热觉合称温度感觉，分别由冷、热两种感受器的兴奋引起。皮肤上分布着冷点和热点，其分布密度远比触点、压点低。例如，用 40 ℃ 的温度刺激作用于皮肤时，可找到皮肤的热点；用 15 ℃ 的温度刺激作用于皮肤时，可找到皮肤的冷点。在冷点的下方主要分布有游离神经末梢，热感受器可能也是游离神经末梢，且由较细的神经纤维传导感觉信号。皮肤的温度感觉受皮肤的基础温度、温度的变化速度以及被刺激皮肤的范围等因素影响。在 25 ℃ ~ 40 ℃ 时，皮肤温度越高，热觉的阈值越低；反之，皮肤温度越低，冷觉的阈值越低。在 30 ℃ ~ 36 ℃ 时，温度感觉可产生适应。在 36 ℃ 以上或 30 ℃ 以下，即使皮肤温度没有变化，也常常会有热或冷的感觉。另外，某些化学物质也可引起温度感觉，如在皮肤上涂抹薄荷油会产生清凉感觉。当皮肤温度超过 45 ℃ 以上时，组织开始破坏，温度感觉则变为疼痛感觉。

2.1.2　触觉感受器特性和触觉信息的传递

人体各种感受器都有自己最敏感、最容易接受的刺激形式，也就是说，某种感受器只对某种能量形式的刺激敏感，对这种刺激的感觉阈值最低，极小的刺激强度即能引起相应的感觉。感受器所敏感的刺激形式，就称为该感受器的适宜刺激。例如，一定波长的电磁波是视网膜光感受细胞的适宜刺激，一定频率的声波是耳蜗毛细胞的适宜刺激，等等。

2.1.1 节中的各触觉感受器的刺激感知特性可由感受器感知区域大小和刺激响应的快慢两个方面进行衡量。如图 2-5 所示，当皮肤受外界刺激时，根据感知区域的大小不同，感受器分为两类：感知区域小的记作类型 I，感知区域大的记作类型 II；此外，根据时域响应特性的不同，感受器又可分为刺激响应快（fast adapting，FA）和刺激响应慢（slow adapting，SA）两类。

图 2-5　感受器感知区域的大小

可以根据以上两种刺激感知特性来表示梅克尔盘、鲁菲尼氏小体、触觉小体、环层小体四种触觉感受器的适宜刺激的特点[6]，如表 2-1 所示。

表 2-1　四种触觉感受器的适宜刺激的特点

刺激响应速度	感知区域大小	
	小（类型 I）	大（类型 II）
慢	SAI（梅克尔盘）	SAII（鲁菲尼氏小体）
快	FAI（触觉小体）	FAII（环层小体）

各种触觉感受器能把作用于它们的适宜刺激，转变为相应的冲动传入神经末梢（称为发生器电位）；或者转变为感受细胞的电反应（称为感受器电位）。因此，可以把触觉感受器看成是具有传导作用的换能器，它能通过跨膜信号转换，把物理、化学等能量形式的刺激转变为跨膜电位变化，这个过程称作感受器的"换能作用"。发生器电位和感受器电位是一种过渡性慢电位，其幅度与外界刺激强度成比例。它不能远距离传播但可以在局部实现时间性总和及空间性总和。因此，感受器电位和发生器电位的幅度、持续时间和波动方向反映了外界刺激的某些特征。

例如，当用一个轻微的触压刺激作用于环层小体的表面时，在靠近环层小体的神经纤维上可以记录到刺激所引起的电位变化。如图 2-6 所示，当刺激强度逐渐增大时，记录到的发生器电位逐渐增大（$a \rightarrow b \rightarrow c$），当电位达到一定值（$d$）时，神经纤维膜表面快速去极化，产生一次动作电位。

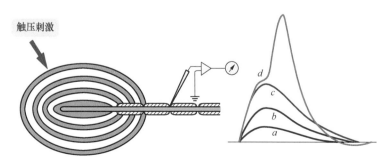

图 2-6　触压刺激引起的电位变化

感受器在把外界刺激转换成神经动作电位时，不仅仅是发生了能量形式的转换，更重要的是把刺激所包含的环境变化的信息，也转移到了新的电信号系统即动作电位的序列之中（即编码作用）。编码后的电信号经过上行神经通路传导到大脑躯体感觉皮质的相应位置，让人产生对刺激的感觉。图 2-7 所示为当对人施加不同大小的触压刺激（单位为 g）时，在单一传入纤维上引起的神经冲动频率的改变，随着触压刺激的不断加大，当超过某一阈值后产生神经冲动，刺激强度越大，冲动频率越大。

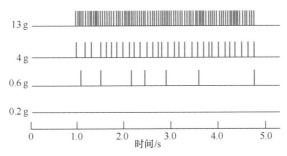

图 2-7　不同大小的触压刺激在单一传入纤维上引起的神经冲动频率的改变

到目前，本节主要介绍了人体的四种皮肤触觉感受器是如何感应触压刺激并将其转化为神经冲动进行传导的原理和过程，表 2-2 所示为四种皮肤触觉感受器的刺激感知特性、范围以及在触觉感知系统中承担的主要功能。

表 2-2　四种皮肤触觉感受器的感知特性、范围以及主要功能

皮肤触觉感受器	感知特性和范围	主要功能
SAI（梅克尔盘）	感知持续性压力刺激，一般频率较低（< 5 Hz）或空间变形	纹理感知 触压模式感知
FAI（触觉小体）	感知暂时性皮肤变形（5 ～ 50 Hz）	低频振动感知
FAII（环层小体）	感知暂时性皮肤变形（50 ～ 700 Hz）	高频振动感知
SAII（鲁菲尼氏小体）	感知持续性向下压力、侧向皮肤拉伸、皮肤滑动（对跨频率振动不敏感）	手指位置和稳定的抓握

2.1.3　人体皮肤的触觉感知能力

人体皮肤的触觉感知能力有两个重要的评价指标：一个是 2.1.1 节中介绍的两点辨别阈，另一个是单点辨别阈，即在被试皮肤表面连续施加两次刺激，能使被试认为两次刺激位置不同的最小距离称为单点辨别阈。研究表明，两个评价指标之间呈现高度相关，且相同皮肤位置的单点辨别阈往往要比两点辨别阈低。图 2-8 所示为人体不同位置（以女性为例）皮肤单点辨别阈和两点辨别阈的值[1]。

从图 2-8 所示可以看出，人体不同位置皮肤的单点辨别阈和两点辨别阈差异较大，如手指、面部等处的皮肤辨别阈较低，意味着此处的皮肤对位置的"分辨率"较高，较为敏感，躯干、

四肢等处的皮肤辨别阈较高，即此处皮肤对位置的"分辨率"较低，手部和面部的触觉感受器和神经末梢密度要大于躯干和四肢，这一现象在后续章节中也会有相应介绍。

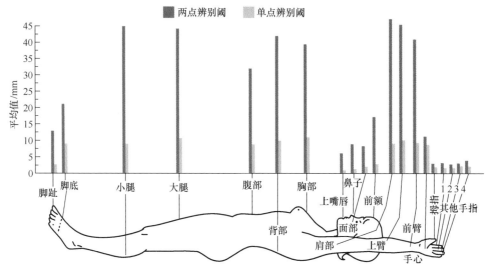

图 2-8　人体不同位置皮肤的辨别阈

既然手部皮肤的触觉感知最敏感、最丰富，其运动也更灵活多样，手自然成为人通过触觉通道感知物体特性的重要器官，对于不同的触觉特性，如温度、纹理、刚度等，人手感知的动作和方式是不同的，有研究者提出了探索规程（exploratory procedures）的概念，用来系统化地描述人手的动作与它探索的物体触觉特性的对应关系。图 2-9 所示为当人的视觉被屏蔽时，触觉感知特性与手部动作的关系。

例如，当人手需要感知物体的温度时，最佳的触摸动作为静态接触；需要感知物体的纹理时，最佳的触摸动作为切向运动。也就是说，物体某特定的触觉信息对应的探索规程能够提供最精确的触觉感知区分方法。这与其背后的

（a）切向运动（纹理）

（c）按压（刚度）

（b）支撑物体（重量）

（d）围绕转动
（整体形状和体积）

（e）静态接触（温度）

（f）跟随轮廓运动
（整体和局部形状）

图 2-9　人手对触觉信息的探索规程

神经生理机制有关，有研究发现，当手指进行切向运动时，手指与物体表面接触的皮肤组织内的 SA I 触觉感受器（即梅克尔盘）及其对应的神经细胞激活程度会提升，该感受器的适宜刺

激为空间变形，适合纹理的触觉感知，因此当人需要感知物体表面纹理时，会情不自禁地做出切向运动这一动作。触觉信息和探索规程之间的对应关系给设计触力觉人机交互设备提供了重要的生理指导。

2.2　力觉感知机理

与 2.1 节的皮肤触觉类似，本节介绍人体力觉感知机理，包括人体的关节 / 肌肉等处感受力觉刺激的感受器的机理和感知阈值、人体平衡觉的感知、力觉信息的神经传导和处理、人体力与运动的感知能力等内容。

2.2.1　力觉感受器

力觉是指人对肢体运动、位置和力的感觉，力觉感受器感知的信息包括肌肉张力和压力的变化、关节的伸展程度等。这些信息由关节感受器、肌梭感受器和腱梭感受器检测。另外，力觉感受器还受到皮肤表层感受器信号的间接影响，从而构成对位置、运动、力的感知。

如图 2-10 所示，骨骼肌内存在两种感受器：肌梭和腱梭。肌梭是一种感受肌肉长度变化或牵拉刺激的特殊的梭形感受装置，长 1 ～ 7 mm。如图 2-11 所示，肌梭外层为结缔组织囊，囊内有 6 ～ 12 根肌纤维，称为梭内肌纤维，两端为收缩成分，中间部分是感受装置。梭内肌纤维的中段肌浆较多，肌原纤维较少，有些肌纤维的细胞核排列成串，有些肌纤维的细胞核聚集在中段而使中段膨大。感觉神经纤维进入肌梭时失去髓鞘，其轴突细支呈环状包绕梭内肌纤维的两端。囊外的一般肌纤维称为梭外肌纤维。肌梭附着在梭外肌纤维上，与肌纤维平行排列。肌梭主要感受肌纤维的伸缩变化，在调节骨骼肌的活动中起重要作用。

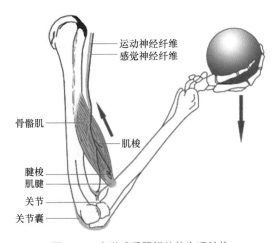

图 2-10　力觉感受器相关的生理结构

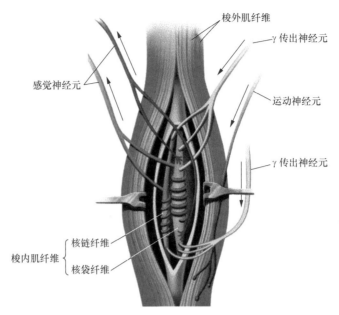

图 2-11　肌梭结构

　　腱梭分布在腱胶原纤维之间，与梭外肌纤维串联。如图 2-10 所示，纺锤形腱梭的腱纤维束上缠绕着感觉神经纤维，与肌梭的构造相似，它最初是由高尔基记述的，因此也被称作高尔基腱器。腱梭是一种张力感受器。当肌肉收缩张力增加时，腱梭因受到刺激而发生兴奋，冲动沿着感觉神经传入中枢，反射性地引起肌肉舒张。与肌梭不同，它不受 γ 传出神经元的支配。肌梭和腱梭一起作为本体的反射感受器，对人体保持姿势和协调运动具有重要的作用。

　　除了肌梭和腱梭，关节中也存在力觉感受器，主要位于关节囊和韧带当中。以膝关节为例，研究发现，膝关节存在四类机械感受器，它们的功能主要是感知膝关节张力、速度、加速度、移动方向以及膝关节位置，分别是：Ⅰ类为鲁菲尼氏小体，Ⅱ类为环层小体，Ⅲ类为高尔基腱器末梢，Ⅳ类为游离神经末梢。其中，Ⅰ类和Ⅱ类也是皮肤组织中的触觉感受器，鲁菲尼氏小体负责感知膝关节运动时的角度、速度、关节腔内压力以及关节静止时的位置，环层小体的主要作用是产生关节运动觉，对关节位置的改变非常敏感；高尔基腱器末梢呈梭形，与其他三种感受器相比形态最大，是一种运动感受器，在关节活动、肌肉主动收缩时，它引发神经冲动频率明显增加；游离神经末梢在韧带中数量相对比较多，主要感受关节疼痛刺激，这四类感受器共同完成关节的力觉感知。

2.2.2　本体感觉与平衡觉感受器

　　基于人体对力觉的感知原理，我们可以提出另一个概念——本体感觉。本体感觉通常的定义是指人体对自身肢体的运动和位置，以及身体和外界环境的关系产生的感觉，指当屏蔽视觉、听觉等其他感觉后，人体对自身运动的感觉。本体感觉可分为三个等级：第一个等级是 2.2.1 节所述的力觉，它是本体感觉的基础，各力觉感受器也属于本体感受器的范畴；第二个等级是前庭的平衡感觉和小脑的运动协调感觉等；第三个等级是大脑皮质的综合运动感觉。

以运动员本体感觉的训练为例，运动员的一切运动技能必须在本体感觉的基础上才能形成，借助本体感受器就能感知每一个动作中肌肉、肌腱、关节和韧带的缩短、放松和拉紧的不同状况，为对大脑皮质运动行为进行复杂的分析综合创造条件。经常参加体育锻炼，不仅能使人的本体感受器的机能得到提高，而且对肌肉运动的分析能力、动作时间的判断精确度均有好处。例如，不同训练水平的篮球运动员运球快速进攻时，训练水平高的运动员其控球能力强，失误次数少，而且运动速度快，表现出本体感受器具有较高的敏感性。

肌肉活动时发生的本体感觉往往被视觉、听觉和其他感觉所遮蔽，故本体感觉也称为暗淡的感觉。运动员的本体感觉必须经过长时间训练，才能在意识中比较明显而精确地反映出自己的运动动作。

除了骨骼肌和关节中的力觉感受器外，本体感觉还离不开位于前庭系统的人体平衡觉感受器。前庭系统是人体平衡系统的重要组成部分，可分为三部分，即外周前庭系统、前庭中枢处理系统和前庭运动输出系统。外周前庭系统由前庭器官与前庭神经组成，它们将有关头的角速度、线加速度和相对于头的方向的重力线等信息传送至前庭中枢处理系统，尤其是前庭神经核复合体和小脑。前庭中枢处理系统对这些信息进行加工，并与其他感觉信息相组合以判定头的位置和运动方向。前庭运动输出系统将组合后的信息发送至控制眼睛、头部、颈部、躯干、腿部运动的肌肉，以此来确保一个人在移动时，既能保持平衡也能有清楚的视觉。

前庭器官是人体平衡系统的主要感受器官，它位于颞骨内的内耳迷路之中，结构非常小而且复杂，可分为半规管和前庭两部分，其结构上可分为骨性和膜性两种。骨性半规管分为水平半规管、前半规管和后半规管三部分，其内含有相应的三个膜半规管，如图 2-12 所示，方框圈出的部位为半规管，下方和半规管相连的为耳蜗。骨性前庭内含有前庭囊，分为球囊、椭圆囊两部分。在人直立并且头向前低 30° 时，水平半规管所在平面与地平面平行；前半规管位于与矢状线约呈 45° 的矢状平面内，后半规管位于与冠状线呈 45° 的冠状平面内。三对半规管互呈 90° 夹角。椭圆囊位于冠状平面内，球囊位于矢状平面内，椭圆囊与球囊互呈 90° 夹角。

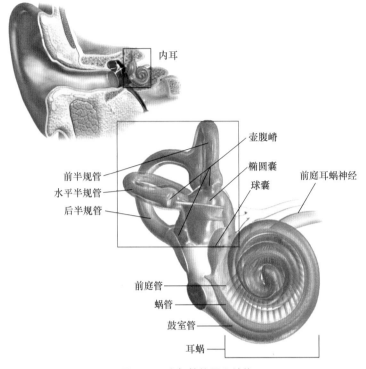

图 2-12　半规管位置和结构

前庭器官之所以能接受三维空间的运动信息是由它的解剖空间位置特点所决定的。骨性半规管、骨性前庭与膜半规管、前庭囊之间的腔隙含有外淋巴液；而膜半规管和前庭囊内含内淋巴液。内、外淋巴液之间互不相通，它们的成分和比重各不相同。三个膜半规管的壶腹端各有一壶腹嵴，是感受角加速度的感受器；椭圆囊和球囊中各有一囊斑，也称耳石器，是感受线性加速度和重力的感受器。这些前庭末梢感受器主要由感受位置变动的毛细胞组成，前庭的平衡觉信息正是通过它们向中枢传递的。当身体移动时，管内淋巴液流动，触动里面的毛细胞产生电位变化，引发神经冲动，将旋转、加速度等动态信息传到前庭耳蜗神经，继而传导至前庭中枢处理系统。

2.2.3　人体力与运动的感知能力

本节将介绍人体在力与运动方面感知和辨别的能力，首先引入极限可分辨差别（just noticeable difference，JND）的概念。JND 是指对于某种特定生理信号而言，人体所能察觉到的最小的信号变化值，可形象理解为人体对生理信号的"分辨率"，往往和参考信号、感知位置等因素有关。

在力的感知能力方面，研究发现，无论参考力多大或相对人体的任何部位，力感知的 JND 在 7% 左右，也就是说，当参考力增大或减小 7% 时，就会引起人对其变化的察觉。人对刚度的感知相比于对力的感知"分辨能力"要差一些，刚度感知的 JND 为 15% ~ 22%，因此对刚度的模拟精确程度可以比力的模拟差一些。

在力觉感知的带宽方面，力觉输入信号通道（即力觉感知）带宽远远大于输出通道（即力的输出）带宽。研究发现，人对刚度的感知取决于位移而不是力和位移的关系，并且人对振动和力的不连续很敏感，因此力觉交互设备的控制频率一般应高于 1 kHz。这一点对于力觉交互设备设计尤其重要，经计算产生的反馈力的信息应该以 1 kHz 的频率发送给力觉交互设备，以便操作者感受到连续的逼真的力效果。对于非预期信号，肢体运动的频率响应为 1 ~ 2 Hz，对于周期信号的频率响应为 2 ~ 5Hz，对于主动运动的频率响应为 5 Hz，对于神经反射运动的频率响应为 10 Hz。人手指的敏感频带范围为 1 ~ 1500 Hz，典型的频带范围应为 40 ~ 800 Hz[7-8]，人体对运动信息的响应频率对于力觉交互设备的设计（如振动频率、系统频域特性等方面的设计）有重要的参考意义。

人体的运动感知能力可从振动感知、速度感知、加速度感知、角度感知等方面衡量。在振动感知上，力觉交互系统可以感知到的最大振动频率是 1 kHz，在 250 Hz 处，具有最高的敏感程度，且小于 1 μm 的振幅都可以检测到。在速度和加速度的感知上，人在抓持 1 ~ 80 mm 长的物体时手指尖的速度和加速度分辨率（以引发 JND 来度量）分别为各自参考值的 11% 和 17% 左右[9]。

人对角度的运动感知在不同关节处存在较大差异，研究发现，人对手部位置的感觉很差，大脑通过感觉臂和腕的关节角度来判断手的位置，距躯干越远，能引发 JND 的角度变化越大，分辨率越低，如手指是 2.5°，腕和肘是 2°，肩是 0.8°。没有外界的参考时，人只能判断手臂移动过程中长约 25.4 mm 的位置变化[9]。除了关节之外，影响人对角度运动感知的还有运动的角速度和肌肉收缩与否，如图 2-13 所示，角度感知的 JND 随角速度增加而减小，且肌肉收缩时的 JND 小于肌肉舒张时的 JND。

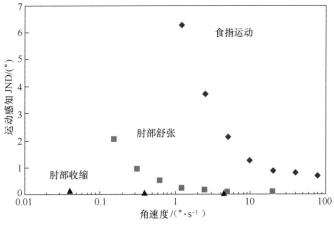

图 2-13　JND 随角速度变化关系

2.3　触力觉信息的传导通路

2.1 节和 2.2 节分别介绍了人体皮肤触觉和力觉产生的生理基础，触觉和力觉信息经感受器产生后，传导至大脑皮质会形成感觉，因此本节将介绍触力觉信息的传导通路，包括触力觉信息传入和传出大脑皮质的神经通路，以及跨通道感知的特性，特别是触觉和视觉信息共同传入时的整合机制。

2.3.1　触力觉信息的上下行神经通路

触力觉信息经感受器产生后，通过神经通路传导至大脑皮质相应的中枢，这一传导通路称为上行神经通路，而大脑皮质对人体运动控制信息的神经传导通路称为下行神经通路。

对于感受器位于皮肤的触觉、振动觉信息和位于肌肉、关节等处的本体感觉信息而言，这一上行传导要经过三段神经元 [10]，如图 2-14 所示。

（1）第一段神经元的胞体位于脊神经节内，其周围突随脊神经延伸至肌肉、肌腱、关节或皮肤内，其中枢突则随脊神经后根进入脊髓，在后索内直接上升，上行到延髓。

（2）延髓发出第二段神经元至中央管的前方进行左右交叉，称内侧丘系交叉，交叉后的神经元组合成内侧丘系，再上行经脑干到达丘脑。

（3）丘脑发出第三段神经元，其轴突组成丘脑中央辐射，经内囊后肢投射到大脑皮质，形成感觉，接收触力觉信息的中枢是躯体感觉皮质，这一皮质在后续章节会详细介绍。

对于感受器位于皮肤、黏膜等处的温度觉、痛觉等信息而言，其传导通路也由三段神经元组成，三段神经元的胞体位置也和触力觉信息传导通路相同，和触力觉信息传导通路的区别在于，穿过人体中轴线的位置时，第二段神经元由脊髓发出，传导时在脊髓（而非延髓）交叉至对侧，组成脊髓丘脑侧束和前束，到达丘脑，最终第三段神经元从丘脑进入大脑，到达皮质躯体感觉中枢，形成感

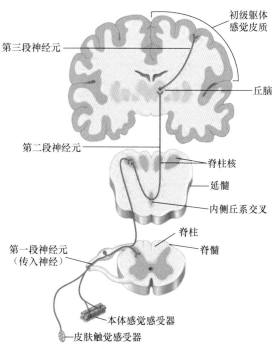

图 2-14　触力觉信息的三段神经元上行传导

觉。因此，当单侧脊髓发生损伤时，会影响与损伤侧同侧肢体的皮肤触觉、振动觉、本体感觉的传导，影响损伤侧对侧肢体的痛觉和温度觉的传导。

还有一个特殊的上行神经通路，是指位于面部的各类触力觉传感器发出的信号，由于其生理位置的特殊性，其神经通路并不经过脊髓，但也是由三段神经元组成：第一段神经元经三叉神经根进入脑桥；第二段神经元在脑桥处交叉到对侧，终于丘脑；第三段神经元则从丘脑处进入大脑皮质，形成感觉，完成触力觉信息的上行传导[11]。

从大脑皮质运动中枢开始的下行神经通路是通过锥体系和锥体外系实现的。锥体系主要是支配骨骼肌的随意运动，由上、下两级运动神经元组成。上运动神经元是指大脑皮质发出的锥体束，如图 2-15 所示，从大脑皮质中央前回发出组成锥体束，锥体束中有约五分之四的纤维在延髓处交叉到身体对侧，这部分称作侧皮质脊髓束，有约五分之一的纤维在延髓处和侧皮质脊髓束分离，在脊髓处交叉到对侧，称作前皮质脊髓束。下运动神经元是指脊髓前角细胞及其发出的各神经运动元，它们支配骨骼肌的运动。由下行神经通路可以发现，一侧脊髓损伤将破坏同侧肢体的骨骼肌运动功能。

锥体外系是指锥体系以外支配骨骼肌运动的有关结构，如大脑皮质（以额叶为主）、纹状体、脑桥核、小脑、前庭核及网状结构等，其主要功能是调节肌张力、协调肌肉运动、维持和调整人体姿势等。锥体外系的传导具备反馈特点：大脑皮质在发起或终止运动时可作用于纹状体和小脑，而纹状体和小脑通过丘脑返回大脑，影响发生冲动的大脑皮质，使随意运动更协调、灵巧和准确。

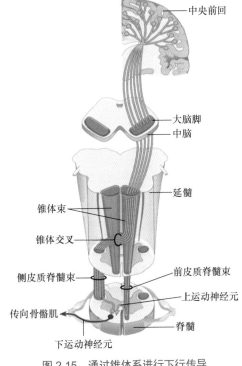

图 2-15　通过锥体系进行下行传导

锥体系和锥体外系是密切合作的，当锥体系发出冲动支配骨骼肌运动时，锥体外系同时发出冲动以调节肌张力和协调各肌群间的运动，从而完成精巧而准确的动作，从结构和功能上来讲，锥体系和锥体外系可作为一个整体。

2.3.2　跨通道感知的特性

跨通道感知是指人体从多个通道获取信息，并对这些信息进行整合以及加以利用的过程，此处的通道（modality）指感觉通道或刺激通道，如视觉、听觉、触力觉和嗅觉等。多个通道往往能比单个通道提供更丰富的信息，让人类更快速、准确地获得信息并做出反应。不同的感觉通道提供了不同维度的信息，人类在处理这些信息时，并不是将其特征简单地相加，而是整合产生统一的体验。这种不同通道的信息相互影响，形成新的统一表征的过程，称作跨通道信息整合。

针对跨通道信息整合有很多经典的研究。例如，著名的"麦格克效应"表明，当向视觉通道呈现"ba"的口型并向听觉通道呈现"ga"的声音时，听觉会受到视觉信息的影响，人们实际上听到的是第三种声音"da"。研究发现，多通道感知信息之间进行整合的条件主要是空间和时间的同步性。例如，不同通道信息呈现的时间趋于一致或相近时，不同通道的信息来自于同一事件或者位置相近时，就会发生跨通道信息整合[12]。

视觉通道和触力觉通道的信息整合是我们生活中十分常见的现象。晕车、晕船的现象在生理上就是由于平衡觉和视觉通道信息不一致导致的。例如，在行进的汽车内部阅读时，读者视觉上观察到的景象是相对平稳的，但是位于前庭的平衡觉感受器会感知到不平稳的信息，从而由神经系统引发了人体的不良反应。

在很多视觉和触力觉整合的过程中，视觉往往起到优势或主导作用，如果让被试透过圆柱棱镜观察一个正方形的物体的同时触摸物体，由于圆柱棱镜的存在，会使正方形物体显示为长方形，被试报告时也表示自己触摸到的是长方形物体，也就是视觉主导了视觉和触力觉整合后的知觉。这类视觉主导的现象称为"视觉优势"。

在视觉和触力觉信息整合的研究中，大部分时候表现出视觉的主导地位，但有时也会表现出触力觉占优势的现象，如在纹理的感知中。因此，有必要建立视觉和触力觉信息整合过程的理论模型，以解释优势感觉产生的条件和原因。Ernst 提出了视觉和触力觉信息整合的统计最优理论，获得了广泛认可。这一理论认为：人类在视觉和触力觉信息的知觉整合时，每个感觉通道会产生一个知觉估计值，视觉和触力觉通道的估计值分别记为 $\hat{s}_v$ 和 $\hat{s}_h$，整合后的知觉估计值为每个通道估计值的加权平均，记为 $\hat{s}_{vh}$，每个感觉通道的权重分别记为 w_v 与 w_h，则：

$$\hat{s}_{vh} = w_v \hat{s}_v + w_h \hat{s}_h \tag{2.1}$$

$$w_v + w_h = 1 \tag{2.2}$$

由于感觉信息传导过程中受到各类不可控噪声的影响，每个通道的知觉估计存在一定的变化范围，不同感觉通道的噪声独立且服从高斯分布，分别记其方差为 σ_v^2 与 σ_h^2，则整合后的方差 σ_{vh}^2 满足：

$$\sigma_{vh}^2 = \left(w_v \sigma_v\right)^2 + \left(w_h \sigma_h\right)^2 \tag{2.3}$$

从视觉信息权重的角度看，人要使用最可靠的方式来整合不同感觉来源的信息，即整合后的知觉估计值方差最小，也就是满足：

$$\frac{\partial \sigma_{vh}^2}{\partial w_v} = 0 \tag{2.4}$$

联立式（2.3）和式（2.4），可以得到视觉信息的权重 w_v 满足：

$$w_v = \frac{\sigma_h^2}{\sigma_v^2 + \sigma_h^2} \tag{2.5}$$

从图 2-16（a）所示可以看出，当视觉通道与触力觉通道的信息可靠性一样，即 $\sigma_v^2 = \sigma_h^2$ 时，整合后的知觉的估计值方差最小，整合后的主观相等点（point of subjective equality，PSE）位于视觉信息与触力觉信息的中间，即 $w_v = w_h = 0.5$，此时视觉和触力觉的优势相同，都不起主导地位。如图 2-16（b）所示，当视觉通道的可靠性比触力觉通道大，即 $\sigma_v^2 < \sigma_h^2$ 时（图中 $\sigma_h^2 / \sigma_v^2 = 4$），$w_v > 0.5$，主观相等点向视觉方向偏移，则视觉为优势感觉，起主导地位。同理，$\sigma_v^2 > \sigma_h^2$ 时，$w_v < 0.5$，主观相等点向触觉方向偏移，则触力觉起主导地位。在这个理论下，视觉和触力觉通道信息方差的相对大小是造成视觉优势或者触力觉优势现象的根本原因。

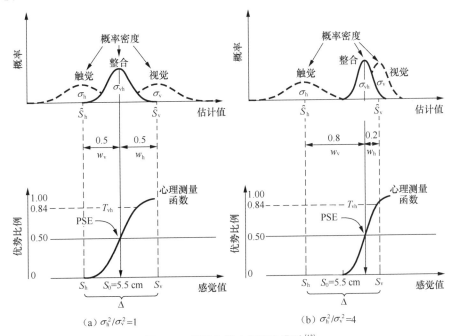

图 2-16　视觉和触力觉整合模型[13]

除了统计最优理论外，也有学者建立了其他的视觉和触力觉信息整合的模型，如弹性知觉模型，该模型认为当视觉和触力觉同时感知时，人类感知到的位置信息和力的信息符合胡克定律，其中力的信息主要由触力觉通道传导，位置信息主要由视觉通道传导。

触力觉信息感知和处理的中枢位于大脑皮质中央后回的躯体感觉区，视觉信息处理的中枢位于大脑枕叶皮质内侧面距状裂的上下两缘，它们都属于初级感觉中枢。起初人们认为发生跨通道信息整合时，不同感觉通道的信息首先经过单通道的初级感觉中枢处理，随后在更高级的中枢进行加工整合。但近些年的研究则表明，某一通道信息对应的初级皮质被激活时，会受到同时呈现的其他通道信息的影响，对闪光错觉的脑成像研究发现，枕叶视觉中枢在加工视觉刺激时也会因同时呈现的听觉信息而表现出活动增强，视觉皮质也会被包含空间和形状信息的触力觉刺激激活，说明初级感觉皮质具备"多通道"特征，可以感知来自其对应的感觉之外的其他感觉的信息。这一特性与初级感觉皮质神经元的先天特性和后天影响都有关，对盲人的研究发现，当盲人被试触摸物体时，视觉对应的皮质区域也会被激活，也就是说，初级感觉皮质存在"跨通道可塑性"。

2.4 触力觉信息的加工处理

本节介绍大脑皮质对触力觉信息加工的机理，包括大脑的结构特点、触力觉相关皮质的位置和功能、奇特的"触觉错觉"现象，以及目前从认知神经科学领域研究触觉的主要方法和工具。

2.4.1 大脑皮质的触力觉区域

人的中枢神经系统由脑和脊髓构成，脑由大脑、间脑、小脑、脑干组成，其中大脑由左右两个半球组成，为中枢神经的最高级部分，两侧大脑半球之间的深裂称大脑纵裂，大脑纵裂的底部由胼胝体将两半球联系在一起。如图 2-17 所示，大脑半球可根据表面的沟回分为四个叶：额叶是中央沟前方和外侧沟上方的部分，顶叶是顶枕沟以前和中央沟以后的部分，枕叶是顶枕沟以后至枕极的部分，颞叶是外侧沟以下和顶枕沟以前的部分。

大脑半球由大脑皮质、髓质、基底核及侧脑室四部分构成，皮质是人体运动、感觉的最高中枢，大脑各皮质中包括两个和触力觉相关的主要皮质，分别是运动皮质和躯体感觉皮质，分别位于大脑中央前回和中央后回。

躯体感觉皮质负责大脑对触力觉信息的感知。在躯体感觉皮质，特定的区域负责感知身体特定部位的触力觉信息，依次有序排列，具有精细的功能定位，且支配关系的总体安排倒置，即下肢膝以上肌肉的代表区在皮质顶部，下肢膝以下肌肉的代表区在大脑半球内侧面，上肢肌肉的代表区在中间，而头面部肌肉的代表区在底部，但头面部内部的安排仍正立，一些身体部位还可能是由部分重叠的皮质区域控制的。

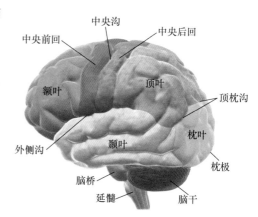

图 2-17 脑半球外形（外侧面）

躯体感觉皮质用于感知身体某个部位的面积与该部位表面的绝对大小并不成正比，而是与该部位感受器的数量成正比。例如，手部、面部、舌部等需要精确感知的区域的感受器多，对应的皮质面积较大，四肢、躯干等感受器少的部位对应的皮质面积较小，这一生理机制也解释了 2.1.3 节中介绍的人体不同位置触觉感觉阈限的差异。如果以皮质面积大小为标准绘制人的躯体，则可以得到一个畸形的"感觉侏儒"形象，如图 2-18 所示。

运动皮质负责产生神经冲动，发出肢体运动的相关指令，分为初级运动皮质、运动前区皮质和辅助运动皮质。初级运动皮质面积较大，是产生神经冲动的主要贡献者，这些神经冲动向下传递到脊髓并控制运动的执行，初级运动皮质和躯体感觉皮质类似，不同位置控制不同部位的运动，具体分布规律也类似，同样是总体安排倒置，但头部和面部内部的安排仍然正立，身体某一部位肌肉运动越精细、复杂，该部位在初级运动皮质中所占的范围就越大，如果将控制不同身体部位的皮质范围绘制出来，也会得到一个"运动侏儒"，其形态与图 2-18 所示类似。

运动前区皮质负责运动控制的某些方面，包括运动的准备、运动的感觉引导和空间引导，或直接控制身体的近端和躯干肌肉运动，位于初级运动皮质的前面。辅助运动皮质主要负责运动的内部生成规划、运动序列的规划以及身体两侧的协调，位于大脑半球内侧面（两半球纵裂的侧壁）。除了运动皮质之外，大脑其他部分也参与了躯体运动的调节，如后顶叶皮质被认为负责将多感官信息转换成运动指令，负责人体运动规划的某些方面。

躯体感觉皮质和运动皮质在每个大脑半球的部分只负责感知或发出身体另一侧的触力觉信息。例如，左半球的躯体感觉皮质感知右肢的信息，右半球的运动皮质控制左肢的运动，一般认为两个大脑半球连接处的胼胝体和人体左右肢协同配合有关。

图 2-18　感觉侏儒[14]

2.4.2　脑网络与脑神经可塑性

2.4.1 节介绍了躯体感觉皮质和运动皮质在触力觉信息加工过程中的作用，除了这两个区域外，在触力觉信息传入大脑，形成感觉到大脑进行决策和响应，发出运动指令过程中，大脑皮质的其他区域也有参与。有学者提出了触力觉信息在大脑皮质传递的网络，如图 2-19 所示。

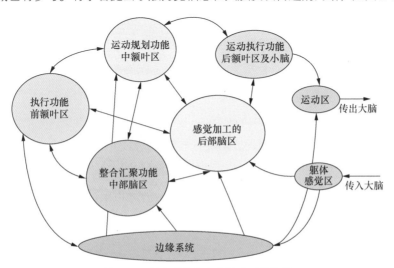

图 2-19　触力觉信息在大脑皮质的传递

由图 2-19 所示可知，触力觉信息从传入大脑到运动指令传出大脑，除了躯体感觉区和运动区之外，负责运动执行、运动规划等功能的额叶区和小脑、负责整合汇聚功能的中部脑区、负责感觉加工的后部脑区、边缘系统等都参与了这一过程，在图中箭头的方向表示信息传递的方向，像图 2-19 所示这样用大脑皮质特定区域作为节点，研究这些区域之间能量和信息传递的方向的分析也被称作脑网络分析。

脑网络分析的数学基础是图论，图论以图为研究对象，图由点和连接两点的边构成，脑网络可以看做代表神经元或脑区的点与代表神经元或脑区之间连接的边构成的图，根据其点与边性质的不同，可以构建不同层次、不同类型的脑网络。由于现有技术的局限，神经元水平的分析较为困难，目前还主要是相对宏观尺度的分析，如图 2-19 所示以特定脑区为节点的脑网络。图 2-20 所示为各种展示脑网络的画法，分别重点表现了结构纤维连接、边的强度和点的强度。图论中稀疏度、节点度、全局效率、特征路径、转移矩阵等概念也可以应用在脑网络的分析当中。

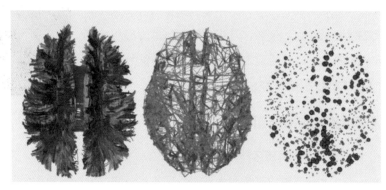

图 2-20　脑网络的不同绘制方法 [16]

根据节点与边的性质不同，脑网络可分为结构连接、功能连接和效应连接三个层面。结构连接研究的是大脑不同区域在生理结构上通过神经纤维实现的连接；功能连接指大脑不同区域在同一活动中时间上的一致性，可用相关、相干、相位锁值等方法计算；效应连接则在功能连接的基础上更进一步，指大脑不同脑区在同一活动中的信息流向，即脑区之间产生影响的方向，计算方法多为格兰杰因果分析法（Granger causality analysis）、传递熵（transfer entropy）法等。功能连接和效应连接的区别在于前者的边是没有方向的，是无向图，后者则是有向图 [15]。

研究者也发现，大脑各区域皮质的结构和它们之间的连接不是一成不变的，重复性的刺激或者活动可以改变大脑的结构和功能，这一现象被称为神经可塑性。例如，灰质的比重可以随着时间的推移而改变，训练可以增强或减弱一些突触的功能。神经可塑性的目的是在系统发育、个体发育、生理学习或脑损伤等情况下优化脑部神经系统。神经可塑性贯穿人的一生，但发育中的大脑往往比成年大脑表现出更高的可塑性。

　　神经可塑性也可分为结构可塑性和功能可塑性，前者指大脑改变神经元或脑区之间结构连接的能力，如神经元的产生和凋亡、突触的建立与消失等，后者指大脑改变或适应神经元功能特性的能力，如某脑区功能的变化、脑区之间连接强弱的变化等。神经可塑性在研究中已经得到了非常广泛的应用和验证。例如，连续数月的有氧运动可以改变人脑前额叶皮质和海马体当中的灰质体积，从而提升人的执行功能。幻肢痛的产生也与神经可塑性有关。例如，手部被截肢后，由于手部对应的躯体感觉区缺乏触力觉信号输入，该区域临近的其他身体部位的感受区域的神经细胞延伸至原来的手部对应的感受区域，导致大脑"误判"该信号来自手部，产生被截肢的手部依然存在的错觉。人的认知状况也会因神经可塑性而发生变化，研究发现冥想练习会增加人的大脑皮质厚度和灰质的密度，从而改善人的注意力、焦虑状况等，也对沮丧、愤怒等负面情绪及身体自愈能力有积极作用[17]。

　　神经可塑性这一现象也表明了，采用一定的方式对大脑进行刺激和训练，会起到调节改善大脑结构功能、从而产生提升认知能力、运动控制能力等效果，这在多动症、自闭症、脑损伤等疾病治疗、儿童学习障碍的训练、老年人认知障碍的康复等领域有着重要的应用意义。

　　脑网络和神经可塑性的相关研究离不开观测大脑神经活动的工具，在医学影像技术应用之前，人类对大脑结构和功能的研究方法是先将脑组织从人的头部分离出来，再研究其各项特性，直到 20 世纪 70 年代以来，一些脑成像技术，如功能性磁共振成像（functional magnetic resonance imaging，fMRI）、功能性近红外光谱技术（functional near-infrared spectroscopy，fNIRS）、脑电图（electroencephalogram，EEG）、正电子发射断层成像（positron emission tomography，PET）等技术已经逐渐成熟并产业化，实现了对人脑特定区域神经活动的无创测量，如图 2-21所示[18-19]。随着医学成像技术的诞生和发展，人类对大脑结构和功能的了解进一步深入，脑科学也因此逐渐发展成为综合了认知科学、计算机科学、影像学、分子生物学、解剖生理学等学科的一门交叉学科。

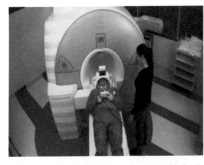 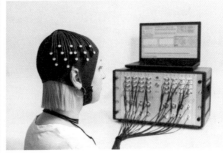 

(a) fMRI　　　　　　　　　(b) fNIRS　　　　　　　　　(c) EEG

图 2-21　脑成像方法

　　脑成像设备为研究大脑的结构和功能提供了极大的便利。如图 2-22 所示，脑成像设备通过对大脑皮质毛细血管中含氧血红蛋白浓度进行测量，可以用血红蛋白浓度表征该皮质区域神经活动的活跃程度，即以该皮质的激活水平作为节点，计算节点之间的连接强度作为边，就得到了表征人体脑功能的网络结构。结合不同实验条件下各皮质的激活水平和皮质之间的连接强度，就可以推测各个位置的大脑皮质在实验任务过程中发挥的作用。

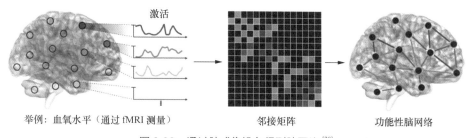

图 2-22　通过脑成像设备得到脑网络 [20]

2.4.3　"触力觉错觉"现象

错觉是人在感知客观世界的过程中常常出现的现象，泛指人的主观感觉和客观事实之间的误差。例如，当我们观察图 2-23（a）所示图形时，通常会认为垂直线比水平线更长，观察图 2-23（b）所示图形则会认为下面的线段比上面的线段更长，但事实上在两图中，两条

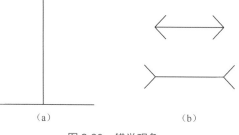

图 2-23　错觉现象

线段的长度是一致的。在人类触力觉感知的过程中也会出现类似的"触力觉错觉（haptic illusion）"现象，也就是人的主观触力觉感知和客观刺激不相符的现象，往往这些现象可以用来增强触力觉设备对人施加刺激的逼真性，以及探索大脑在触力觉感知方面的机制 [21]。

"橡胶手错觉"是触力觉错觉中较广为人知的一种。1998 年，Botvinick 提出了橡胶手错觉这一奇妙的实验范式 [22]。如图 2-24 所示，被试坐在一张桌子前，左臂置于桌面上。将一块竖立的挡板置于被试的视线和左臂之间，使被试无法直接看到自己的左手，将一只人造的橡胶手置于被试面前的桌面上，用一块布将被试的左侧肩膀至橡胶手腕部分遮挡起来，以便让被试能够直视面前的橡胶手而无法看到自己置于挡板左侧的真实手，用两把刷子尽可能同时地轻刷被试被隐藏的左手和假的橡胶手，被试会主观汇报感觉的触感不是来自视线外的真正施加在自己真实手上的刷子，而是源自眼前所能看到的与橡胶手

图 2-24　橡胶手错觉实验

接触的刷子，如果此时用锤子突然敲击橡胶手，被试会下意识将自己的手迅速抽回。也就是说，

人会把看不见的真实的手感受到的触力觉与一只看得见的假手联系起来，影响人的本体感觉。

　　关于橡胶手错觉的形成原因有很多相关研究，大多数研究人员认为这种现象和人脑对触力觉信息和视觉信息进行整合处理的机制有关，如有人认为自下而上的感知机制（如视觉信息的输入）优于自上而下的本体感觉，这一结果导致了橡胶手错觉的产生。橡胶手错觉现象也是研究人体可塑性的工具，对如何在三维 VR 系统中对人体进行建模具有重要意义，除此之外，它也为研究人体整合视觉信息、触力觉信息与本体感觉这一过程的生理本质提供了工具，目前已经应用在了幻肢痛的治疗当中[23]。

　　另一种著名的触力觉错觉现象是"感觉跳跃错觉"，它指的是如果在人的前臂的若干不同位点相继施加刺激，则人会感受到在刺激位置之间形成的空间上连续的刺激，就像一只兔子在手臂上跳跃一样。如图 2-25 所示，离散位点的连续刺激会让人产生连续刺激的错觉。这种错觉的形成主要和两个因素有关：一个是刺激位点的数量，另一个是不同刺激位点在时间上的间隔。研究发现，当两次刺激的时间间隔超过 0.3 s 时，将无法产生这一错觉[21, 24]。

图 2-25　感觉跳跃错觉

　　脑成像技术的研究表明，对于真实的体表连续刺激和不同位点的相继刺激，人脑躯体感觉皮质的激活状况是类似的，说明躯体感觉皮质导致了这一错觉的产生。在应用方面，因为这一幻觉证明了通过合理设置参数，离散的刺激位点也可以模拟连续刺激的触力觉体验，因此可以用有限的刺激阵列实现更高空间分辨率的刺激效果，从而有效提升触力觉显示的连续逼真程度，增加了触力觉信息传导的带宽。2009 年，飞利浦电子公司的研究人员开发了一种触觉夹克，使用户在看电影的同时感受振动触觉，这款夹克在设计时参考了感觉跳跃错觉原理，减少了所需的振动电机的数量。

2.5　人体运动控制和力控制

　　人的运动指令由大脑运动皮质发出后，经下行神经通路传导至骨骼肌，实现对运动的控制，因此本节介绍运动控制和力控制基本知识，包括人体肌肉、骨骼等运动控制执行器的工作过程，以及人体低级神经中枢和高级神经中枢支配骨骼肌运动的机理。

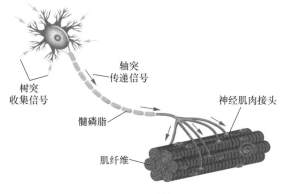

图 2-26　运动神经元

2.5.1　人体运动控制执行器

人体运动系统由骨、骨连接和骨骼肌构成，骨通过骨连接（关节、软骨等）相互连接在一起，组成骨骼，骨骼肌附着于骨，收缩时牵动骨骼，引起各种运动，它们构成的人体运动系统，在神经系统的支配之下完成各项生理活动。

在神经系统中，兴奋通过神经纤维上的局部电流来传导，在神经细胞和骨骼肌细胞之间的传导是通过细胞间的信息传递完成的。支配骨骼肌的运动神经来自脑和脊髓的运动神经元。运动神经元有 α 运动神经元和 γ 运动神经元两种，它们大量存

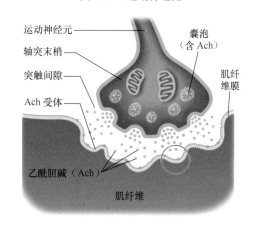

图 2-27　神经肌肉接头

在于脊髓灰质的前角当中。如图 2-26 所示，运动神经元的轴突在接近肌肉时，失去髓鞘并分出若干分支，一般情况下每一分支支配一根肌纤维，每个运动神经元可支配的肌纤维数量差异较大，当运动神经元支配四肢肌肉时，肌纤维数量可达 2000 根以上，神经元兴奋时可引起全部肌纤维收缩，有利于产生较大的肌张力，而支配眼外肌的神经元只支配 6 ～ 12 根肌纤维，有利于所支配肌肉的精细运动。

神经肌肉接头指神经末梢膜与肌纤维膜相接触的部位，如图 2-27 所示，神经轴突末梢嵌入肌纤维膜的凹陷中，两膜之间有约 20 nm 的突触间隙，轴突末梢内有大量的囊泡，其中含有乙酰胆碱（Ach）。当神经轴突末梢有神经冲动传来时，在动作电位去极化的影响下，大量囊泡移向神经末梢膜，释放足够的 Ach，扩散到肌纤维膜上与 Ach 受体结合，受体蛋白质变构，Na^+ 离子通道开放，Na^+ 内流，产生动作电位，动作电位向整个肌细胞膜传导，从而完成神经肌肉接头兴奋传递的全过程。

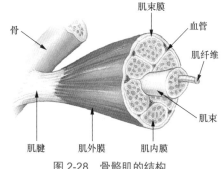

骨骼肌的结构如图 2-28 所示，由肌腱和肌腹构成，

图 2-28　骨骼肌的结构

肌腹部分由若干肌束组成，每一个肌束由成束的肌纤维组成，每一个肌纤维是一个独立的细胞，每个肌纤维细胞内部又有若干肌原纤维。骨骼肌的收缩与舒张是由肌浆中的 Ca^{2+} 浓度变化决定的，当动作电位传导至肌纤维某处时，Ca^{2+} 通道开放，肌浆中 Ca^{2+} 浓度明显升高，Ca^{2+} 与肌钙蛋白结合，引起肌肉收缩，兴奋过后，在离子泵的作用下，和肌钙蛋白结合的 Ca^{2+} 离解，引起肌肉舒张，这一机制被称作骨骼肌的兴奋—收缩耦联。

骨骼肌收缩的分类方法有两种：一种可分为等张收缩和等长收缩，肌肉收缩时可发生长度和张力的变化，其具体表现取决于肌肉能否自由地缩短。等张收缩又称动力性收缩，是指肌肉收缩时仅表现为肌肉长度缩短，而肌肉的张力不变。等长收缩又称静力性收缩，表现为肌肉长度不变而肌肉张力升高。在人体内，这两种收缩形式都有，而且经常是两种收缩形式的复合体，既有长度的缩短又有张力的升高。在人体肢体自由屈曲时，主要是有关肌肉的等张收缩，而在伸臂直提起一重物时，主要是等长收缩。

另一种是将骨骼肌收缩分为单收缩（twitch）和强直收缩（tetanus）两种，用单个电脉冲来刺激肌肉或支配肌肉的神经，可引起肌肉一次快速的收缩，称为单收缩，如果记录收缩时期的肌肉张力或长度变化，无论是等长或等张的单收缩，单收缩曲线大致相同，可分为三个时期，从施加刺激时刻到肌肉开始收缩，肌肉无明显的外在表现，这段时间称为潜伏期，从肌肉开始收缩直到收缩的最高点，这段时间称为收缩期，从收缩最高点恢复到未收缩前的水平，这段时间称为舒张期，如图 2-29（a）所示。如果骨骼肌在单收缩过程中接受新刺激，新收缩与前次尚未结束的收缩发生总和，如图 2-29（b）所示，当骨骼肌受到频率较高的连续刺激时，发生以总和过程为基础的强直收缩，随着肌肉疲劳程度的不断增加，肌肉张力和长度也会慢慢减弱。强直收缩的力量可达到单收缩的 4 倍，正常机体内，肌肉收缩一般都是强直收缩，其持续时间可长可短。

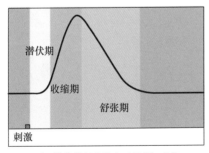

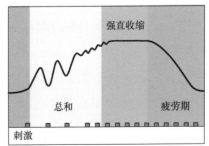

（a）单收缩肌肉张力（长度）变化　　　（b）强直收缩肌肉张力（长度）变化

图 2-29　骨骼肌两种收缩模式

2.5.2　低级神经中枢对躯体运动的支配

人要实现特定的躯体运动，离不开神经系统支配骨骼肌收缩的机制，神经系统中参与这一支配机制的器官和部位包括脊髓、大脑皮质、脑干、小脑、丘脑等。本节介绍低级神经中枢——脊髓对躯体运动的支配。

脊髓支配躯体运动的基本机制之一是牵张反射，它是指骨骼肌在受到外力牵拉时引起受牵拉的同一肌肉收缩的反射活动。牵张反射的反射弧为：感受器（肌梭、腱梭或触力觉感受器）→传入神经（感觉神经）→低级神经中枢（脊髓）→传出神经（运动神经）→效应器（同一肌肉的梭外肌）。如图 2-30 所示，当针刺入皮肤时，位于皮肤内的感受器感觉到刺激，转化为神经冲动，通过感觉神经元传入脊髓后角，经过中间神经元传导到运动神经元，从脊髓前角传出，到达效应器，引起骨骼肌收缩，完成牵张反射。在这一过程中，感觉神经元也会在脊髓将神经冲动传导至上行神经通路的第二级神经元，一直传导至大脑皮质对应的中枢，形成感觉。

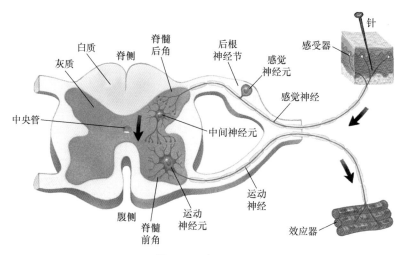

图 2-30　牵张反射

牵张反射有腱反射和肌紧张两种类型。腱反射是指快速牵拉肌腱时发生的牵张反射，如膝反射（当叩击髌骨下方的股四头肌肌腱时，可引起股四头肌发生一次收缩）。此外，属于腱反射的还有跟腱反射和肘反射等。肌紧张是指缓慢持续牵拉肌腱时发生的牵张反射，其表现为受牵拉的肌肉发生紧张性收缩，阻止被拉长。肌紧张是维持躯体姿势最基本的反射活动，是姿势反射的基础[25]。

人在运动时，肌肉被牵拉或主动收缩与放松，均会对肌梭、腱梭构成刺激而产生兴奋，兴奋冲动传到大脑皮质的感觉运动区，经过分析综合活动，能感知人体的空间位置、姿势以及身体各部位的运动情况。在机体的随意运动和反射活动的控制中，来自肌梭和腱梭的传入信息，使运动动作协调一致，密切配合。一般认为，腱梭的传入冲动可对肌肉的运动神经元起抑制作用，而肌梭的传入冲动则对同一肌肉的运动神经元起兴奋作用。当肌肉受到被动牵拉时，肌梭和腱梭的传入冲动频率均增加。肌梭和腱梭的冲动可使中枢神经系统分别了解肌肉的长度和受到牵张的力量。当肌肉牵拉时，首先引起肌梭感受器的兴奋，使运动神经元兴奋而引起牵张反射，使受牵张的肌肉收缩以对抗牵拉。当牵拉量继续加强时，可兴奋腱器官，冲动通过抑制性中间神经元，使牵张反射受到抑制，避免被牵拉的肌肉受到损伤。例如，当举起一物体时，肌肉被牵拉，如果负荷很重，牵拉也很重，那么将需要动员更多的运动单位来举起这重物；如果负荷较轻，牵拉也较轻，那么仅有少数运动单位参加活动就能举起这一物体。

除了牵张反射之外，人体神经系统调控骨骼肌收缩或舒张的方式还有屈膝反射、对侧伸肌反射等。当肢体皮肤受到伤害性刺激时，可反射性引起受刺激一侧肢体的屈肌收缩，使肢体屈曲，这一反射称为屈肌反射；若刺激强度增大，则可在同侧肢体发生屈肌反射的基础上出现对侧肢体伸直反射活动，称为对侧伸肌反射。

需要注意的是，脊髓作为低级神经中枢，其反射活动受高级神经中枢的控制，脊休克现象可以证明这一点。脊休克是指人和动物的脊髓与高位中枢离断后，横断面以下脊髓所支配的反射活动减退甚至消失，如骨骼肌的肌紧张降低或消失。脊休克是暂时现象，以后各种脊髓反射活动可逐渐恢复。最先恢复的是最简单或原始的屈肌反射、腱反射等，然后恢复较复杂的对侧伸肌反射。脊休克产生的原因主要是由于离断的脊髓突然失去了高位中枢的调节作用（主要是易化作用）。

2.5.3　高级神经中枢对躯体运动的支配

大脑皮质是调节躯体运动的最高中枢部位，大脑发出运动指令的具体位置在位于中央前回的运动皮质，发出的信息经下行神经通路最后抵达运动神经元，实现对骨骼肌收缩的支配，运动控制信息的下行神经通路主要由锥体系和锥体外系构成，这部分内容在 2.3.1 节中已有所介绍。

在大脑皮质发出运动控制指令的过程中，还存在一个特殊的信息加工机制，如图 2-31 所示，当骨骼肌被动拉伸时，肌梭中的感受器形成神经冲动，通过上行神经通路向大脑躯体感觉皮质传导，在传递至脊髓小脑背侧束时会有另一个分支将信号传递至小脑前部。在接收到感觉信息后，大脑运动皮质响应并发出控制指令信息，一方面通过下行神经通路传递至运动神经元，使骨骼肌收缩，另一方面控制指令信息也会传导至小脑前部，通过前向模型计算预期的感觉反馈信息，这一前向模型是人体基于之前的经验构建的，计算产生的预期信息与真实的感觉信息（上行神经通路中传递至小脑前部的那一支）进行实时比较，比较的结果将作用于 Z 神经核、脑干或大脑皮质，起到抑制上行神经通路信息传导的作用，抑制实时生成的躯体感觉信息向大脑皮质传导。这一机制表明大脑可以根据先前经验构建的模型调节感觉信息输入的强度，当肌肉在运动神经元作用下开始收缩时，肌梭中的感受器会同时感知到肌肉被动拉伸的信息和主动收缩的信息，在这一机制作用下，大脑可以抑制肌肉主动收缩的信息而更多地接收被动拉伸的信息。

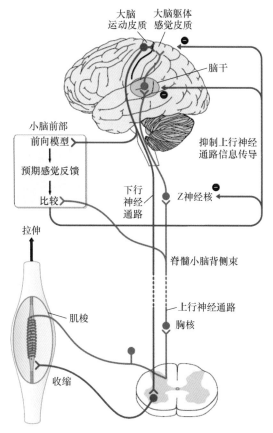

图 2-31　运动控制过程中的信息加工 [26]

除了大脑皮质之外，脑干、小脑和基底神经节等高级中枢也参与了对躯体运动的调节。对脑干来说，当电刺激脑干网状结构的一些部位时，有的区域会增强肌肉紧张，有的区域则抑制肌肉紧张，这两类区域分别称为脑干网状结构易化区和脑干网状结构抑制区。小脑在躯体运动调节方面同样具有较为重要的作用，小脑在功能上分为前庭小脑、脊髓小脑和皮层小脑三部分。前庭小脑结构上主要由绒球小结叶构成，它与前庭器官关系密切，协调身体平衡功能。实验证明，切除猴的绒球小结叶后，猴子的平衡功能严重失调，躯体倾斜站立不稳，但随意运动仍能协调，表明前庭小脑对身体平衡的维持具有重要作用。脊髓小脑结构上由小脑前叶和后叶的中间带构成，与肌紧张调节有关。皮层小脑则参与精细运动的程序编排和运动计划的形成，使动作更加协调和快速。基底神经节（皮层下一些核团的总称）也参与了人体运动的调节，其调节的机理尚不完全清楚，对其功能的认识主要根据受损时的症状进行推测。例如，当部分基底神经节受损时，会导致帕金森病、舞蹈病等疾病。

综合以上的介绍，中枢神经对躯体运动的支配调节是一个多部位参与的复杂系统，大脑皮质、丘脑、脑干、脊髓等器官或部位之间也有着复杂的神经联系，可将它们之间的联系关系用图 2-32 表示，箭头方向表示神经冲动的传导方向，箭头①代表参与人体运动执行功能的器官之间的神经联系，箭头②代表参与人体运动规划功能的器官之间的神经联系，箭头③代表参与人体运动信息反馈的器官之间的神经联系。

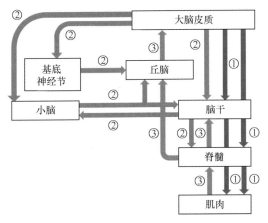

图 2-32　中枢神经调控躯体运动系统

2.6　触力觉心理物理学实验

前面 5 节介绍了人体触力觉信息感知、处理、输出的过程，本节则作为补充，介绍触力觉心理物理学实验基本方法，主要包括心理物理学的相关概念、触力觉领域感觉阈限的心理物理学测量方法，以及数理统计分析的相关基本知识等。

2.6.1　心理物理学的相关概念

心理物理学是心理学的一个分支，它研究物理刺激与感觉之间的定量关系，揭示物理刺激信号与人体感受之间关系的规律，是触力觉交互设备设计和虚拟环境建模的重要理论基础，在触力觉研究领域有着广泛应用 [27-28]。

通过运用各种数学方法和测量技术，心理物理学正在逐步解释心理现象和外界物理现象之间对应的数量关系，这种对应关系的量化使心理学家第一次有能力像物理学家测量物体属性那样，精确量化人的心理感受。一百多年来，心理物理学方法不断发展，但它的研究中心依然是物理量（对身体各感官的刺激）与心理量（各种感觉或主观印象）之间的数量关系问题。

感觉阈限又称阈限，是心理物理学的核心概念，可以形象地说是人体感知的"分辨率"。阈限可以分为绝对阈限和差别阈限两种：绝对阈限指刚好能够引起感觉的最小刺激强度；差别阈限指刚好能引起差异感受的最小刺激变化量。

按照绝对阈限的定义，低于绝对阈限的刺激强度我们是感觉不到的，而高于绝对阈限的刺激强度我们总能感觉到。如图 2-33（a）所示，强度为 4 及 4 以上的某种刺激我们能 100% 觉察，但强度低于 4 的刺激无法被我们觉察，这是一种"理想"的绝对阈限，但真实情况并不如此。实际情况是，对于某一特定强度的刺激，由于测试环境以及被试注意状态、情绪动机的微小变化，被试有时会报告"无感觉"，有时报告"有感觉"，有时则报告"有一点儿感觉"。所以，绝对阈限不是一个单一强度刺激，而是一系列强度不同的刺激。由于个体所有时刻的感受性在分布上基本符合正态分布，因此根据统计学原理，可以把那个可以刚刚引起感觉的最小刺激强度以其算术平均数来表示，而这个平均数恰好有 50% 的实验次数报告为"有感觉"的刺激强度。由此，可以对绝对阈限给出一个可操作性的定义：有 50% 的实验次数能引起反应的刺激值称为绝对阈限，如图 2-33（b）所示。

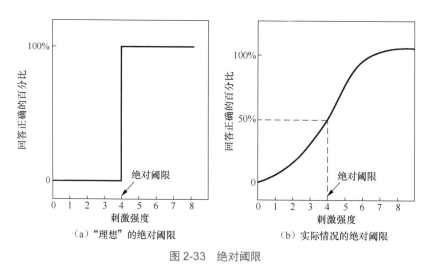

图 2-33　绝对阈限

同理，差别阈限也定义为有 50% 的实验次数能引起差别感觉的两个刺激强度之差。例如，质量为 50 g 的物体放在手掌上我们得到某种压力感觉，当给质量为 50 g 的物体增加 1 g 时，如果我们有 50% 的次数能感觉到 51 g 刚好比 50 g 重些，50% 的次数感觉两者重量相同，那么 1 g 就是差别阈限，即我们所能感觉到的最小的刺激量的增量。差别阈限值也称为 JND，这一概念在 2.2.3 节中已经引入过。

接下来需要引入的重要概念是心理物理函数，它是描述对刺激的心理感受和刺激的物理属性之间关系的函数。心理物理函数可以用来描述心理感受和物理刺激的各种属性（诸如光的波长、声音的频率、皮肤刺激的面积等）之间的依从关系，回答"刺激量为 X 的时候，心理感觉 Y 值是多少"这样的问题。它们建立了心理感受量表和物理刺激强度量表之间的函数映射关系。在这种针对心—物关系的心理物理函数中，最为著名的是韦伯定律和费希纳提出的对数定律。

1834 年，德国生理学家韦伯通过研究人对重量的感觉发现：两个较重的物体比两个较轻的物体具有更大的差异时，才能被感受为重量不等的两个物体。因此，重量较大的物体之间更难以分辨，因而也就相应地具有更大的差别阈限。更精确地来说，韦伯发现刺激的差别阈限是刺激本身强度的一个线性函数。对于同一类刺激，产生一个 JND 所需增加的刺激量，总是等于当前刺激量与一个固定系数的乘积，这个固定系数被称作韦伯分数。在韦伯研究的人体皮肤对重量感知的案例中，韦伯分数大约是 1/30。

虽然不同刺激条件和不同感觉通道下得到的韦伯分数差异很大，但是无论刺激种类和作用的感觉器官如何，其刺激强度与差别阈限的大小之间存在固定的数学关系：

$$C=\frac{\Delta\phi}{\phi} \tag{2.6}$$

式中，$\Delta\phi$ 和 ϕ 分别表示差别阈限的大小和刺激的强度，C 为韦伯分数。式（2.6）也被叫作韦伯定律。

韦伯定律的一个重要作用在于它使比较不同感觉通道以及不同条件下的感受性成为可能。例如，我们可以测得质量为 100 g 的刺激，差别阈限是 3 g，也能测得长度为 20 cm 的刺激，差别阈限为 0.4 mm，但由于 3 g 和 0.4 mm 属于两个物理量纲，因而不具有可比性。而通过韦伯定律，可以计算韦伯分数，从而约去了刺激的物理量纲，因此可以根据韦伯分数的大小判断某种感觉的敏锐程度，韦伯分数越小，感觉越敏锐。

然而，韦伯定律只适用于中等强度的刺激，即只有在中等强度的刺激下韦伯分数才是一个常数，刺激过强或过弱（接近绝对阈限）时，其线性关系都将不存在。如图 2-34 所示，当刺激过弱，接近绝对阈限时，韦伯分数将明显增加。

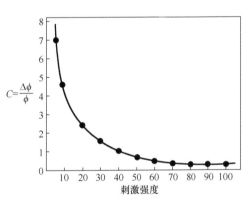

图 2-34　韦伯分数随刺激强度的变化

因此，韦伯定律的一个修正公式能更好地拟合实证研究的数据结果，这一修正的方法是在韦伯定律基础上引入了一个新的参数，其公式为：

$$C=\frac{\Delta\phi}{\phi+a} \tag{2.7}$$

式中，a 通常为一个数值很小的常数，它的出现使得韦伯定律在极低刺激强度下也不至于失效。

在韦伯研究的基础上，费希纳提出了心理物理学中最著名的心理物理函数关系——费希纳定律，也称为对数定律。他认为 JND 在主观上都相等，因此任何感觉的大小都可由在阈限上增加的 JND 来决定，根据这个假定，费希纳在感觉量和刺激的物理量之间推导出如下数学关系式：

$$P = K \cdot \lg I \tag{2.8}$$

式中，P 为感觉量，I 为刺激的物理量，K 为固定的系数。

式（2.8）揭示了感觉量的变化和刺激的物理量的对数变化成正比。如果我们已知某触压刺激的物理量 $I=10$，常数 $K=1$，那么由它引起的感觉量 $P=1$；如果该刺激的物理量加倍，即 $I=20$，则感觉量 $P=1.3$。可见，当刺激的物理量按几何级数增加时，感觉量只按算术级数上升。图 2-35(a) 所示为刺激的物理量与由它引起的感觉量的关系，如果刺激的物理量取对数值，那么它和感觉量之间呈线性关系，如图 2-35(b) 所示。

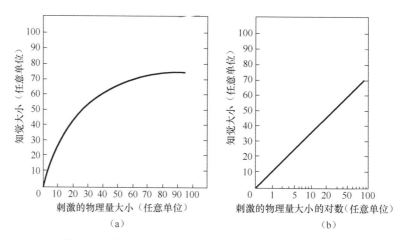

图 2-35　费希纳提出的刺激的物理量大小和感觉量的关系

费希纳定律的成立依赖于以下两方面的条件：①假定韦伯定律对所有类型和强度的刺激都是正确的；②假定所有 JND 在心理上都相等。对于条件①，上述已知韦伯定律在刺激强度十分接近绝对阈限的情况下会失效；对于条件②，有实验证明，随着刺激强度水平的增长，每一个JND 所代表的心理感受量值并不是相等的。例如，绝对阈限上 20 个 JND 比 10 个 JND 多一倍，那么绝对阈限上 20 个 JND 对应的声音应比 10 个 JND 对应的声音响 1.3 倍，但事实上一个在绝对阈限上 20 个 JND 对应的声音刺激，和 10 个 JND 对应的声音刺激相比，被试判断前者远比后者的 1.3 倍还要响。因此，费希纳定律所依赖的两项条件都具备一定的局限性，但这一定律对心理物理学发展的卓越贡献不应被忽视，正是在费希纳之后，测量的概念和心理物理学的科学方法才真正成为心理学的一部分。

在触力觉人机交互领域，主要研究的是外界刺激模态，包括压力、压强、摩擦等力学属性，频率、幅值等振动属性，温度等热学属性等，Jones 和 Tan 整理了触力觉领域感觉阈限相关的心理物理学实验研究结果[29]，如表 2-3 所示。

表 2-3　触力觉领域感觉阈限相关的心理物理学实验研究结果

刺激属性	绝对阈限	韦伯分数
纹理感知（粗糙度）	0.06 μm	5% ～ 12%
曲率（弯曲程度）	9 μm	10%
温度	0.02 ℃～ 0.09 ℃	0.5% ～ 2%
皮肤压痕	11.2 μm	14%
触觉刺激速度	—	20% ～ 25%
触觉振动频率（5 ～ 200Hz）	0.3 Hz	3% ～ 30%
触觉振动幅值（20 ～ 300Hz）	0.03 μm	13% ～ 16%
压强	5 g/mm^2	4% ～ 16%
压力	19 mN	7%
切向力	—	16%
刚度（可塑性）	—	15% ～ 22%
黏度	—	19% ～ 29%
摩擦	—	10% ～ 27%
电流	0.75 mA	3%
惯性矩	—	10% ～ 113%

2.6.2　心理物理学的测量方法

2.6.1 节中介绍了感觉阈限这一心理物理学的核心概念，本节将介绍触力觉研究领域测量感觉阈限的方法，包括极限法、恒定刺激法和调整法三种 [28-29]。

1. 极限法

极限法又称最小变化法，在测量中把刺激从弱到强排成序列，相邻两个刺激之间的差别很小且相等，这样就能在连续变化刺激强度的过程中，通过被试报告有感觉和无感觉来确定有感觉和无感觉分界线上的刺激强度，即感觉阈限值。

以绝对阈限测量为例，运用极限法时，首先要确定一系列间距较小又相等的刺激，并交替地按由弱到强（递增）或由强到弱（递减）序列刺激被试，每一序列刺激的起始点都不一样，让被试报告有感觉或无感觉。被试从有感觉到无感觉、或从无感觉到有感觉的转折点，就是这个序列的感觉阈限值。把所有序列的阈限值平均起来，即得到整个实验的阈限值。

为什么在实验中刺激要按递减或递增的序列交替安排呢？因为刺激是连续变化的，被试往往会由于对原来的刺激产生习惯，导致误差，如刺激强度从大到小递减时，被试在强刺激时报告有感觉，当刺激减弱到感觉阈限以下时，被试往往会继续报告有感觉，这种转折点向后推延的误差称作习惯误差，当刺激强度从小到大递增时，被试报告有感觉的点也会向后推延，如图 2-36 所示。同时由于被试在实验的过程中会产生练习使成绩提高的效果，或因疲劳而使成绩下降的效果，因此要避免练习或疲劳对实验结果的影响。

如果我们在测定感觉阈限时，递增序列和递减序列给被试交叉刺激，而且又用二者的平均值作为最后测得的阈限值，那么通过实验的安排我们就能消除习惯误差，同时避免了被试练习和疲劳对结果的影响。

基于极限法测量，研究者们提出了一种改进的测量方法，称作阶梯法（staircase method），又名上下法（up-and-down method），是一种可适应的测量方法。和传统的极限法不同，相邻两个刺激的强度差是可变的，简单的阶梯法测量原理如图 2-37 所示。

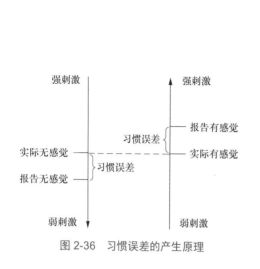

图 2-36　习惯误差的产生原理

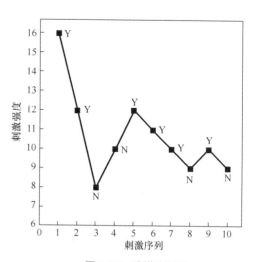

图 2-37　阶梯法测量

Y—被试汇报感觉到；N—被试汇报感觉不到

在阶梯法测量中，以测量绝对阈限为例，给予被试强度变化的刺激序列，当被试汇报感觉到刺激时，刺激强度递减，直至被试汇报感觉不到刺激时，强度开始递增，但此时递增序列的强度差值 δ 小于一开始的递减序列，直到刺激强度随时间变化的序列收敛到某一区间，再计算出区间上下限，从而确定阈值。在确定刺激强度差值 δ 时，可在实验开始时选择较大的 δ，使感觉阈限对应的刺激强度收敛速度加快，实验后期随着 δ 的减小，收敛范围变得更小，这样测量精度更高。

这种测量方法使刺激强度的确定取决于被试的表现，和传统极限法相比，一个显著的优点是提高了效率，大大减少了在刺激强度距感觉阈限差异较大时的试次数。

2. 恒定刺激法

恒定刺激法和 2.6.1 节中介绍的感觉阈限的定义对应，测量过程使用若干不同强度水平的刺激，一般使用 5 ～ 9 个不同的刺激水平，而且在整个实验过程中都固定不变，它也因此而得名。

用恒定刺激法测定感觉阈限时（以绝对阈限为例），要先选定若干个刺激水平。一般是用极限法粗略地测出被试的阈限值，把比阈限值强或弱的几个刺激定为实验中所要用的恒定刺激。这些刺激中强度最大的要有 90% ～ 95% 的可能性被感觉到，强度最小的要有 5% ～ 10%

的可能性被感觉到，然后，在最强和最弱的刺激之间按相等的间距确定几个刺激。每个刺激水平包含较多数量的试次，在每个试次中，被试需要依据是否能够感受到刺激进行主动汇报，根据汇报数据，建立刺激强度与被试在试次中感受到刺激的比例的映射关系，选择感受到刺激比例为 50% 对应的刺激强度为人的绝对阈限。

假设在测量 2.1.1 节中介绍的人体皮肤两点辨别阈的实验中，选择了 8 ～ 12 mm 范围内的五个数为刺激水平对被试进行刺激，每个水平刺激 200 次，被试回答感受到的是一点还是两点，实验结果如表 2-4 所示，相距 10 mm 的两点有 29% 的次数被判断为两点，相距 11 mm 的两点有 66% 的次数被判断为两点。因此，50% 次判断为两点的刺激必在 10 ～ 11 mm，具体的绝对阈限值可通过直线插值法、Z 标准化法、最小二乘法等数值方法计算得到。

表 2-4　两点辨别阈实验结果

刺激水平 / mm	8	9	10	11	12
回答"两点"的次数	2	10	58	132	186
回答"两点"的比例	1%	5%	29%	66%	93%

恒定刺激法的好处在于实验设计简单，但是因为选取了若干个恒定的刺激强度，因此测量的分辨率不高，如果想提高分辨率，需要增加刺激水平的数量，这又势必会导致实验时间的增加，且刺激强度范围的选择依赖于先验理论和相关预实验的研究。

3. 调整法

调整法也称平均差误法。无论是极限法还是恒定刺激法，实验中都会要求被试做很多试次的刺激实验，容易造成被试实验过程中的厌烦情绪，为了调动被试参与实验的积极性，心理学家设计了调整法这一心理物理学方法。

当使用调整法测量差别阈限时，规定一个刺激为标准刺激，然后要求被试调节另一个比较刺激，使后者在感觉上与标准刺激相等。例如，在长度辨别实验中，规定 150 mm 的线段为标准刺激，让被试调节另一线段的长度，使它看起来和标准线段一样长。事实上不可能每次都能把比较刺激调节得和标准刺激一样长。这样，每一次比较就会得到一个误差，把多次比较的误差平均起来就得到平均误差。因为平均误差与差别阈限成正比，所以可以用平均误差来表示差别阈限值。

求平均误差的方法有两种：一种是把每次调节的结果，与标准刺激之差的绝对值平均起来作为差别阈限；另一种是把每次调节的结果，与主观相等点之差的绝对值平均起来作为差别阈限，主观相等点等于每次比较结果的平均数。调整法的优点是可以让被试自己动手调节刺激，使被试在实验中可以保持高水平的积极性；缺点在于，因为比较刺激是由被试调节的，所以严格说来实验条件就不那么恒定了，另外，如果刺激不能连续的变化，那么用这种方法测得的差别阈限就不精确。

用调整法求绝对阈限时，只要设想标准刺激的强度为零来调节比较刺激，使比较刺激的大小变化到刚刚觉察不到或刚刚觉察到，然后平均比较刺激（即每次调节的强度）就是绝对阈限。

以上三种对感觉阈限的心理物理学测量方法各有自己的特点。极限法的实验设计和计算过程都具体地说明了感觉阈限的含义，但递增和递减的刺激序列会产生习惯误差与期望误差；恒定刺激法的实验设计简单，但是实验试次过多；调整法的特点是求等值，它的实验过程容易引起被试的兴趣，但不连续变化的刺激不能用调整法测定差别阈限。

2.6.3　统计分析的基本数理工具

在触力觉研究领域，采用心理物理学方法设计和开展实验时，数据的统计分析是必不可少的部分，本节将简要介绍实验数据统计分析的一些基本数理工具，读者有兴趣可深入了解相关知识，参考心理统计学、数理统计等相关资料[30-31]。

在心理物理学实验中，常常假设某种因子的变化会带来被试心理或行为的改变，为验证假设，需要在样本间进行比较，但样本差异不意味着总体间的差异，有可能是随机误差所致，因此需要根据统计量的分布函数，估算随机误差引起样本差异的概率，若小于某个值（显著性水平），则根据小概率原理认为样本差异的原因是总体间存在差异，这就是假设检验的思路。实验往往根据研究变量将被试划分为组。例如，变量唯一时，被试可划分为实验组和对照组。t检验是假设检验的一种，是常见的判断两组观测数据平均值是否有统计学差异的方法，其适用于两总体均为正态分布且方差未知的场景，这种情况下样本平均数的抽样分布符合t分布，根据t分布可以计算t值：

$$t = \frac{\overline{X}_1 \cdot \overline{X}_2}{\sqrt{\dfrac{\mathrm{Var}_1}{n_1 - 1} + \dfrac{\mathrm{Var}_2}{n_2 - 1}}} \tag{2.9}$$

式中，$\overline{X}_1$、$\overline{X}_2$分别代表两组数据的均值；Var_1、Var_2代表两组数据的方差；n_1、n_2为两组样本数量，计算结果t的正负取决于两组均值的相对大小，根据样本自由度（样本总量/2）和显著性水平（一般取$\alpha=0.05$或$\alpha=0.01$），查表得到该自由度和显著性水平下t值为t_0。若$|t| \leqslant t_0$，则两组平均值的差别在统计学上不显著；若$|t| > t_0$，则两者有显著差异。显著性水平的含义如图2-38所示，若显著性水平取$\alpha=0.05$，说明有不到5%的组1的分布属于组2，即认为"组2的某变量值大于组1"这一假设犯错误的概率小于5%，根据小概率原理，我们有足够的把握验证"组2的某变量值大于组1"这一假设，也就是说，t检验的结果是：组2的某变量值在统计学上显著大于组1。

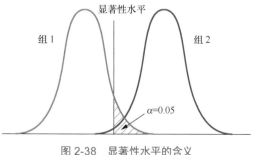

图 2-38　显著性水平的含义

另一个常用的数学工具是方差分析（analysis of variance，ANOVA），也称作 F 检验。和t检验只能比较两组之间的差异不同，方差分析可以比较两组以上之间的差异，其分析的结果可以显示所有组别之间是否有显著差异，但无法显示具体哪些组和其他组之间有显著差异，因此往往方差分析还需要其他辅助分析方法，如简单效应检验、事后多重比较等。

方差分析的数学基础是变异的可加性[30]，当数据满足总体服从正态分布以及不同样本的方差齐性这两个条件时，可以使用方差分析。方差分析可分为单因素方差分析和多因素方差分析，这取决于因素的数量，即实验中控制变量的个数。例如，评估被试手部肌肉力量对被试触力觉交互任务完成绩效的影响，属于单因素方差分析（仅手部肌肉力量一个因素），评估被试手部肌肉力量和反应速度对触力觉交互任务完成绩效的影响，则属于双因素方差分析，若再增加一个被试惯用手的变量，则属于三因素方差分析。

方差分析计算的检验统计量为 F 值，以单因素方差分析为例，其计算方法为：首先计算总变异量，即离差平方和 SS，计算方法为：

$$SS = \sum_{i=1}^{n} \left(X_i - \bar{X} \right)^2 \tag{2.10}$$

接下来计算组间均方值 MS_b 和组内均方值 MS_w。其中，组间均方值 MS_b = 组间离差平方和 SS_b / 组间自由度 df_b，组内均方值 MS_w = 组内离差平方和 SS_w / 组内自由度 df_w，则：

$$F = \frac{MS_b}{MS_w} = \frac{\dfrac{SS_b}{df_b}}{\dfrac{SS_w}{df_w}} \tag{2.11}$$

式中，组间自由度 $df_b = k - 1$，组内自由度 $df_w = k(n-1)$。其中，k 为该变量值的个数，n 为被试数量。

F 值计算结果恒为正数，接下来进行 F 值的单侧检验，若 F 值接近 1，则说明各组间的差异没有统计学意义，若远大于 1，则说明各组均值间的差异统计学上显著。实际应用中需要根据显著性水平、组间和组内的自由度数查表得到 F 的临界值，若计算结果的 F 值大于查表所得的临界值，则说明组间差异在统计学上显著。

心理物理学研究属于人体实验（human subjects experiment）的一部分，人体实验还包括行为实验、心理生理实验、人机工程实验等，因为需要人作为被试参加，因此它们往往要满足社会伦理的一些要求。面向这类研究，在设计实验时一般需要考虑如下因素：实验时长控制以及被试的疲劳程度、被试和组别的数量设置、数据采集的可靠性、无关变量的控制等。在开展一项心理物理学实验研究时，一般需要包含以下步骤：研究假设和研究目标的确定、控制变量和观测变量的确定、组别的划分和数据收集方法的确定，以及选择合适正确的数据处理工具等。

2.7　人体触力觉感知的生理基础的研究热点及意义

关于人体触力觉感知和运动控制的生理基础方面，依然有很多尚不清楚的问题和研究热点。例如，在皮肤的触觉感知方面，人体对多属性复合的触觉信息（冷热、纹理、形状、压力等）的编码和处理机制，以及皮肤触摸与人类情感之间的关联是一个热点研究话题；在力与运动的感知方面，人体对惯性和肢体姿态的感知机理，以及力与运动感知的神经电生理学基础的研究较少；在触力觉信息的传导通路方面，人脑对于视觉、听觉、触力觉信息的跨模态互补感知，形成对物体的连贯认知的机理尚不清楚 [32]；在触力觉信息在大脑皮质的加工方面，和触力觉信息感知和处理相关的大脑皮质和脑网络的协同机制目前尚未完全清楚 [33]，触力觉人机交互在神经康复、认知训练、脑机接口等领域的应用前景极为广阔；在运动与力控制方面，建立人体运动规划、运动执行和运动信息反馈的数学模型是许多研究者的目标 [34]；在触力觉心理物理学方面，一些研究者跳出传统的心理学研究方法，借助信息论等数学工具扩充了触力觉感知的心理物理学模型 [35]。

　　研究人类触力觉信息感知、传导、处理的生理过程及肌肉运动控制的生理基础，对研究触力觉人机交互有着重要意义，主要体现在两个方面，一方面对于人体触力觉感知特性的量化研究是触力觉交互设备设计的重要参考和理论依据。例如，为了让用户具有流畅逼真的触力觉体验，需要理解皮肤内不同触觉感受器的生理结构差异，以及理解人对不同触力觉物理量的感觉阈限等；另一方面是目前有关触力觉人机交互的生理机理的研究有很多尚未明确的科学问题，而触力觉人机交互的进步为这些生理机制的研究提供了新的工具，有助于增加我们对人体触力觉感知和运动控制的理解，也就是说，对生理基础的研究扩展了各种触力觉人机交互的"用武之地"，提供了触力觉人机交互服务于科学研究的对象和问题，随着触力觉交互硬件和软件的进步，基于各类触力觉交互设备可以构建逼真、可控的沉浸式 VR 人机交互系统，这些系统有望成为研究人体触力觉感知、运动控制、心理体验、认知活动的重要工具和新型实验平台。

小　结

　　本章介绍了人体触力觉感知的生理基础。本章内容按照触力觉信息进行神经传导的过程进行组织，首先介绍了触觉感受器及其特性、力觉和平衡感受器及其特性，接着介绍了触力觉信息传导的神经通路，以及大脑皮质对触力觉信息的加工处理机制，随后是人体运动控制和力控制的执行器、神经系统支配运动的机理，最后简要介绍了开展触力觉心理物理学实验的相关知识和数据处理的统计方法等。

思考题目

　　（1）查阅相关资料，调研人体触力觉感知系统对各类外界刺激感知的 JND 数值。

　　（2）阐述研究人的触力觉感受能力对于触力觉交互设备的设计有何指导意义，研究人的运动控制和力控制能力对于交互任务的设计有何指导意义。

（3）查阅相关资料，思考单模态触觉信息和多模态触觉信息在感知效果上有何差异，触力觉信息独立感知和视觉、听觉、触力觉多通道信息融合感知在感知效果上有何差异。

（4）查阅相关资料，调研 2 ～ 3 种触力觉感知过程中的错觉，总结其生理基础和应用价值。

（5）查阅相关资料，画出阶梯法、恒定刺激法这两种生理物理测量方法的原理流程图，对比分析两种生理物理测量方法的优缺点，思考两类方法的改进空间。

（6）通过文献阅读，归纳出触力觉感知—认知—运动控制领域目前国际研究的 2 ～ 3 个热点话题。

参考文献

[1] LEDERMAN S J, KLATZKY R L. Haptic perception: a tutorial[J]. Attention, Perception, & Psychophysics, 2009, 71（7）: 1439-1459.

[2] GRUNWALD M. Human haptic perception: basics and applications[M]. Basel, Switzerland: Birkhäuser Verlag, 2008.

[3] LU F, WANG C S, ZHAO R J, et al. Review of stratum corneum impedance measurement in non-invasive penetration application[J]. Biosensors, 2018, 8（2）. DOI: 10.3390/bios8020031.

[4] JOHNSON K O. The roles and functions of cutaneous mechanoreceptors[J]. Current opinion in neurobiology, 2001, 11（4）: 455-461.

[5] DELLON A L, MACKINNON S E, CROSBY P M D. Reliability of two-point discrimination measurements[J]. The Journal of hand surgery, 1987, 12（5）: 693-696.

[6] JONES L A. Peripheral mechanisms of touch and proprioception[J]. Canadian Journal of Physiology and Pharmacology, 1994, 72（5）: 484-487.

[7] JONES L A, LEDERMAN S J. Human hand function[M]. New York: Oxford University Press, 2006.

[8] BOLANOWSKI S J, GESCHEIDER G A, VERRILLO R T, et al. Four channels mediate the mechanical aspects of touch[J]. The Journal of the Acoustical society of America, 1988, 84（5）: 1680-1694.

[9] TAN H Z, SRINIVASAN M A, EBERMAN B, et al. Human factors for the design of force-reflecting haptic interfaces[J]. Dynamic Systems and Control, 1994, 55（1）: 353-359.

[10] TORTORA G J, DERRICKSON B H. Principles of anatomy and physiology [M].16th ed. New York: John Wiley & Sons, 2020.

[11] 何大庆, 魏劲波. 解剖生理学[M]. 武汉: 湖北科学技术出版社, 2007.

[12] LALANNE C, LORENCEAU J. Crossmodal integration for perception and action[J]. Journal of Physiology-Paris, 2004, 98 (1-3): 265-279.

[13] ERNST M O, BANKS M S. Humans integrate visual and haptic information in a statistically optimal fashion[J]. Nature, 2002, 415 (6870): 429-433.

[14] NAKAMURA A, YAMADA T, GOTO A, et al. Somatosensory homunculus as drawn by MEG[J]. NeuroImage, 1998, 7 (4): 377-386.

[15] SPORNS O. Structure and function of complex brain networks[J]. Dialogues in Clinical Neuroscience, 2013, 15 (3): 247-262.

[16] PARK H J, FRISTON K. Structural and functional brain networks: from connections to cognition[J]. Science, 2013, 342 (6158). DOI: 10.1126/science.1238411.

[17] FELDMAN D E, BRECHT M. Map plasticity in somatosensory cortex[J]. Science, 2005, 310 (5749): 810-815.

[18] LOGOTHETIS N K. What we can do and what we cannot do with fMRI[J]. Nature, 2008, 453 (7197): 869-878.

[19] FERRARI M, QUARESIMA V. A brief review on the history of human functional near-infrared spectroscopy (fNIRS) development and fields of application[J]. NeuroImage, 2012, 63 (2): 921-935.

[20] LYNN C W, BASSETT D S. The physics of brain network structure, function and control[J]. Nature Reviews Physics, 2019, 1 (5): 318-332.

[21] LEDERMAN S J, JONES L A. Tactile and haptic illusions[J]. IEEE Transactions on Haptics, 2011, 4 (4): 273-294.

[22] BOTVINICK M, COHEN J. Rubber hands 'feel' touch that eyes see[J]. Nature, 1998, 391 (6669): 756.

[23] TSAKIRIS M, HAGGARD P. The rubber hand illusion revisited: visuotactile integration and self-attribution[J]. Journal of Experimental Psychology: Human Perception and Performance, 2005, 31 (1): 80-91.

[24] GELDARD F A, SHERRICK C E. The cutaneous "rabbit": a perceptual illusion[J]. Science, 1972, 178 (4057): 178-179.

[25] MATTHEWS P B C. The human stretch reflex and the motor cortex[J]. Trends in Neurosciences, 1991, 14 (3): 87-91.

[26] PROSKE U, GANDEVIA S C. The proprioceptive senses: their roles in signaling body shape, body position and movement, and muscle force[J]. Physiological Reviews, 2012, 92 (4) : 1651–1697.

[27] GESCHEIDER G A. Psychophysics: the fundamentals[M]. 3rd ed. Mahwah, NJ: Lawrence Erlbaum Associates, 1997.

[28] 朱滢. 实验心理学[M]. 4版. 北京: 北京大学出版社, 2016.

[29] JONES L A, TAN H Z. Application of psychophysical techniques to haptic research[J]. IEEE Transactions on Haptics, 2013, 6 (3) : 268–284.

[30] 邓铸, 朱晓红. 心理统计学与SPSS应用[M]. 北京: 北京师范大学出版社, 2017.

[31] 陈希孺. 数理统计引论[M]. 北京: 科学出版社, 2018.

[32] CALVERT G A. Crossmodal processing in the human brain: insights from functional neuroimaging studies[J]. Cerebral Cortex, 2001, 11 (12) : 1110–1123.

[33] KITADA R, JOHNSRUDE I S, KOCHIYAMA T, et al. Brain networks involved in haptic and visual identification of facial expressions of emotion: an fMRI study[J]. NeuroImage, 2010, 49 (2) : 1677–1689.

[34] HARRIS C M, WOLPERT D M. Signal–dependent noise determines motor planning[J]. Nature, 1998, 394 (6695) : 780–784.

[35] TAN H Z, REED C M, DURLACH N I. Optimum information transfer rates for communication through haptic and other sensory modalities[J]. IEEE Transactions on Haptics, 2010, 3 (2) : 98–108.

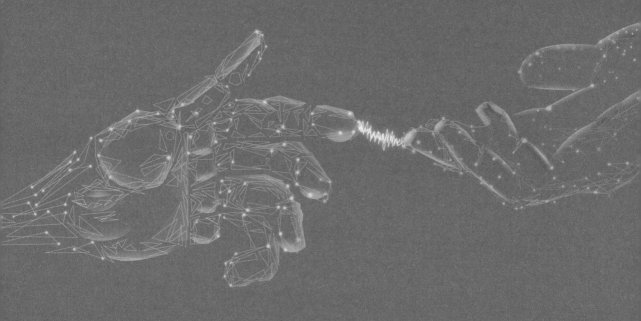

CHAPTER **03**

第 3 章

桌面式力觉交互设备

在个人计算机时代，力觉交互的主流方式是通过固定在桌面上的多关节力觉交互设备进行的。近年来，随着传感器、机器人等技术的飞速发展，涌现出了大量桌面式力觉交互设备[1]，如美国 SensAble 公司的 Phantom 系列、瑞士 Force Dimension 公司的 Omega 和 Delta 系列等。

本章首先通过与计算机鼠标的对比，介绍了桌面式力觉交互设备的组成与工作原理，通过与多关节机械臂的对比，分析了桌面式力觉交互设备的功能和性能指标，剖析了设计难点和设计流程，然后介绍了串联、并联、串并混联等不同类型的桌面式力觉交互设备，接着重点介绍了桌面式力觉交互设备的机械系统设计、控制系统设计，最后介绍了几类典型的桌面式力觉交互设备。

3.1 桌面式力觉交互设备的总体介绍

3.1.1 桌面式力觉交互设备的组成与工作原理

如图 3-1 所示，桌面式力觉交互设备能够取代传统的计算机鼠标，完成人机交互功能。当操作者握持桌面式力觉交互设备的末端手柄运动时，手柄内部的运动传感器可实时测量手柄的空间位置变化，并将该位置变化映射到虚拟环境中，驱动屏幕上的黄色小球（虚拟工具）运动。当黄色小球没有接触到立方体盒子时，桌面式力觉交互设备不输出力，操作者手部感觉到在自由运动，这种状态称为桌面式力觉交互设备工作在"自由空间"。当黄色小球触碰到立方体盒子的表面时，桌面式力觉交互设备输出力，操作者的手上会感觉到黄色小球与立方体盒子之间的接触力，这种状态称为桌面式力觉交互设备工作在"约束空间"。黄色小球在立方体盒子表面滑动时，操作者能够感受到立方体盒子的棱边、顶点等几何细节特征产生的力反馈。

从上述交互过程可见，相比于鼠标，桌面式力觉交互设备的运动跟踪自由度从两个变成了三个，同时更重要的区别是操作者可以获得视觉和力觉的同步反馈体验，即借助桌面式力觉交互设备，操作者可以感觉到虚拟工具（黄色小球）与虚拟盒子内壁接触时产生的作用力。

为完成上述运动跟踪和力反馈功能，桌面式力觉交互设备需要包含三个组成部分：传感模块、驱动模块和传动模块。图 3-1（b）所示的桌面式力觉交互设备为 Force Dimension 公司研制的 Falcon 设备，类似于一个多关节机械臂，其传感模块由安装在各关节上的角度传感器组成，用于测量设备末端手柄的运动。驱动模块由安装在设备基座上的电机组成，负责根据交互场景的模拟算法来输出给定大小的驱动力矩。传动模块由钢丝绳、连杆等机械结构组成，实现将电机轴的输出力矩传递到末端手柄。

桌面式力觉交互设备的末端一般为手柄或球状工具，因此从人机交互范式来看，桌面式力觉交互设备的交互隐喻是操作者通过一个手持式工具与虚拟环境交互，操作者所控制的虚拟工具为一个六自由度运动的刚性工具，如手术器械或螺丝刀等。典型的应用场景包括手术切割力反馈、钻削力反馈以及机械装配系统的机械零部件力反馈等[2-3]。

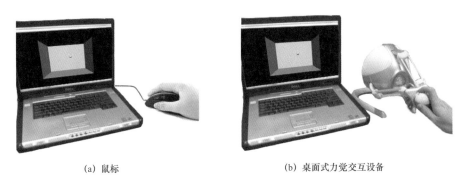

(a) 鼠标　　　　　　　　　　　　　(b) 桌面式力觉交互设备

图 3-1　人机交互接口设备对比

3.1.2　桌面式力觉交互设备的功能和性能指标

桌面式力觉交互设备作为操作者和虚拟环境的接口，可实时测量操作者的运动、与虚拟环境通信并接受虚拟环境计算的虚拟力信号，最后通过机械接口将该力施加到操作者身体上[4-6]。由此可见，桌面式力觉交互设备的主要功能包括对操作者手持手柄进行多自由度运动测量，以及提供多维力反馈。

图 3-2 所示为典型桌面式力觉交互设备 Phantom Omni 和一个典型工业机器臂，两者从外形来看非常相似，但也有下面的一些区别。

(a) 典型桌面式力觉交互设备Phantom Omni　　　　　(b) 典型工业机械臂

图 3-2　桌面式力觉交互设备 Phantom Omni 和工业机器臂外形比较

桌面式力觉交互设备和工业机械臂的第一个区别在于功能方面。早期的工业机械臂的功能是将一个物体从一个地方搬运到另一个地方，或者对工件进行喷涂等操作。工业机械臂的作用对象是物体，物体在环境中的位置一般相对固定，机械臂一般执行位置控制。随着传感器技术的发展，现代工业机械臂可以通过视觉传感器，识别环境中运动物体的位置，并对物体进行跟踪。还有一些工业机械臂具有力传感器，可以执行闭环力控制操作，如工件毛刺打磨机器人等。区别于工业机械臂，桌面式力觉交互设备的功能是根据操作者的实时交互动作来输出一个反馈力。力觉交互设备的作用对象是人，由于人的交互动作事先不可预测，因此桌面式力觉交互设备一般执行力控制（例外的情况：基于导纳控制原理设计的力觉交互设备一般执行位置控制，具体细节将在本章 3.3 节讨论）。桌面式力觉交互设备由于需要模拟自由空间的交互效果，因此必须具有良好的反向驱动性能，即人能够牵引该设备末端灵活运动。

桌面式力觉交互设备和工业机械臂的第二个区别在于性能指标方面。工业机械臂要求有足够的工作空间、大的操作负荷、大的输出力矩和高的运动速度。区别于工业机械臂，桌面式力觉交互设备需要兼顾自由空间性能指标和约束空间性能指标的矛盾性需求。前者要求桌面式力觉交互设备具有良好的反向驱动性能，其末端等效质量和惯量要尽量小、传动环节的摩擦要尽量小、传动无回差等。后者要求力觉交互设备的可模拟阻抗范围要尽量大、具备足够大的输出力 / 力矩和高位姿分辨率（resolution）。在满足上述两方面性能指标的同时，桌面式力觉交互设备还需要有足够多的运动自由度和足够大的工作空间（workspace），以满足操作者手部大范围灵活运动的需求。可见，桌面式力觉交互设备有六项关键性能指标，即自由度、工作空间、位姿分辨率、输出力 / 力矩、反向驱动性能和可模拟刚度[7]。

3.1.3　桌面式力觉交互设备的设计流程

桌面式力觉交互设备是连接操作者和虚拟环境的纽带，其性能优劣程度决定了交互系统是否能够成功完成预期的仿真任务。为满足上节所述的性能指标，桌面式力觉交互设备需要遵照一定的设计流程。

如图 3-3 所示，力觉交互设备的设计包括运动结构、执行机构、位置传感器、机械结构、控制器等的设计。每个设计分别对应着工作空间、力 / 力矩、位姿分辨率、惯量和摩擦、系统闭环刷新频率等设备性能指标[8-9]。

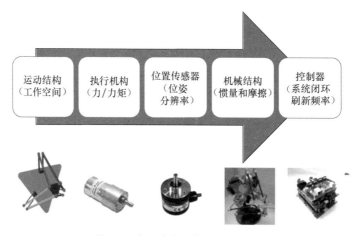

图 3-3　桌面式力觉交互设备的设计

本章的 3.3 节将详细介绍桌面式力觉交互设备的机械系统设计，涵盖了前四个设计；3.4 节将详细介绍桌面式力觉交互设备控制系统设计。

3.2　力觉交互设备的分类

力觉交互任务的多样性对力觉交互设备提出了不同的要求，不同应用场景要求使力觉交互设备的工作原理和结构差别很大。力觉交互设备按照不同的标准有多种分类方法[10]。

按照安装形式的不同，力觉交互设备分为固定于操作者手臂（或手指）和固定于工作台上两类。前者主要包括数据臂、数据手套等穿戴式力觉设备，这类设备的特点是可以跟踪操作者手臂或手指的多自由度运动，但普遍存在尺寸庞大、较重、力觉感受逼真性差等缺点。固定于工作台上的力觉交互设备又称桌面式力觉交互设备，是以地面或桌面为基准，适合于肘部固定或腕部固定的灵巧精细操作，施加给操作者的是单点力或力矩，Phantom 系列设备就属于这种类型。

两种安装方式的选择，主要取决于应用实例的需求，诸如口腔手术模拟、零部件装配测试、虚拟样机设计等力觉模拟，所需工作空间不大，主要依靠人手来感知虚拟环境，则选用桌面式力觉交互设备；诸如机械臂主从操作中力觉模拟或力觉控制等，需要手臂多个部位同时感知虚拟环境或从端环境时，穿戴式力觉交互设备则更为适宜。

此外，力觉交互设备按照构型方式不同可分为串联结构形式、并联结构形式和串并混联结构形式等几种。下面针对这些力觉交互设备展开介绍。

3.2.1　串联结构形式的力觉交互设备

串联（含类串联）机构具有以下特点：拓扑结构简单，易提供较大的工作空间，末端连杆的姿态角范围大，操作灵活；运动学正解和驱动力 / 力矩反解相对简单。该类机构也存在以下不足：该类机构属于单链形式或局部闭链形式，机构刚度相对小；该类机构末端的误差是各个关节的误差的累积和放大，因此误差较大、精度低；该类机构各个驱动电机和传动系统大都放置在运动着的各个臂上，增加了系统的惯量，动力性能差。

串联结构形式的典型力觉交互设备有 SensAble 公司生产的 Phantom 3.0/6DOF[11] 和 Haption 公司生产的 Virtuose 6D35-45，如图 3-4 所示。Phantom 3.0/6DOF 具有六个运动自由度，采用钢丝绳传动，直流电机驱动，反向驱动性能良好，用于虚拟装配、飞机管道维护等场合。Virtuose 6D35-45 则用于虚拟装配、维修培训等场合。

| (a) Phantom 3.0/6DOF | (b) Virtuose 6D35-45 |

图 3-4　串联结构形式的力觉交互设备

Phantom 3.0/6DOF 和 Virtuose 6D35-45 的主要性能指标如表 3-1 所示。

表 3-1　Phantom 3.0/6DOF 和 Virtuose 6D35-45 的主要性能指标

Phantom 3.0 / 6DOF			Virtuose 6D35-45		
位姿分辨率	移动	0.02 mm	位姿分辨率	移动	—
	转动	0.013°		转动	—
最大输出力 / 力矩	输出力	22 N	最大输出力 / 力矩	输出力	35 N
	输出力矩	670.947 mN・m		输出力矩	3100 mN・m
持续输出力 / 力矩	输出力	3 N	持续输出力 / 力矩	输出力	10 N
	输出力矩	104.199 mN・m		输出力矩	1000 mN・m
可模拟刚度	移动	1 N/mm	可模拟刚度	移动	2 N/mm
	转动	12911.7 mN・m/rad		转动	30000 mN・m/rad
摩擦阻力	移动	0.2 N	摩擦阻力	移动	—
	转动	67.2 mN・m		转动	—
工作空间	位置	838 mm × 584 mm × 406 mm	工作空间	位置	450 mm × 450 mm × 450 mm
	姿态	偏航: 297°; 俯仰: 260°; 回转: 335°		姿态	偏航: 145°; 俯仰: 115°; 回转: 148°

3.2.2　并联结构形式的力觉交互设备

针对串联机构的不足，国内外研究者研制了多种并联（含类并联）结构形式的力觉交互设备[12-18]。并联机构的优势在于多分支形式，机构刚度大、承载能力强；相比串联机构各个关节的误差会累积和放大到末端，并联机构不存在误差累积或放大，因此并联机构末端误差小、精度高；相比串联机构各个驱动电机都放置在运动的大小臂上，并联机构可以将尽可能多的电机放置在机架上，因此机构整体的惯量小，减少了动力负载，动力性能好。

相比串联机构，并联机构也存在不足，具体包括：相同尺寸下，并联机构相比串联机构所能达到的工作空间小，末端连杆（或动平台）的姿态转角范围有限。此外，并联机构的运动学正解以及驱动力/力矩反解都相对串联机构更复杂和困难。

　　目前，六自由度并联结构形式的力觉交互设备在国外高校研究较多。例如，韩国光州科技学院的六自由度机构和韩国汉阳大学六自由度并联机构（见图 3-5）等。韩国光州科技学院的六自由度机构的六个电机都位于静平台，减小了设备的惯性和质量；使用三个转动副代替一般球副，有效地增大了设备的工作空间；采用直接传动，减少了惯量和回差，提高了反向驱动性能；对设备进行了重力补偿、惯量补偿和摩擦力补偿，有效地提高了系统的逼真性和透明性，其性能指标如表 3-2 所示。韩国汉阳大学的六自由度并联机构采用锥齿轮传动，电机全部位于基座。

（a）韩国光州科技学院的六自由度机构　　　（b）韩国汉阳大学的六自由度并联机构

图 3-5　并联结构形式的力觉人机交互设备

表 3-2　韩国光州科技学院六自由度机构的性能指标

位姿分辨率	移动	0.16 mm（z），0.4 mm（x，y）
	转动	0.12°
力分辨率	力	0.0012 N
	力矩	3×10^{-5} N・m
最大输出力力矩	输出力	40 N（z），20 N（x，y）
	输出力矩	6 N・m（z），3 N・m（x，y）
摩擦阻力	移动	0.2 N
	转动	67.2 mN・m
反向驱动力	驱动力	0.4 N（z），0.2 N（x，y）
	驱动力矩	0.007 N・m
工作空间		位置：最大直径 300 mm
静摩擦力		1.5 N（z），0.8 N（x，y）
力波宽		70 Hz

注：x、y 指与基座平面平行的两个轴，z 指与基座平面垂直的轴。

3.2.3　串并混联结构形式的力觉交互设备

　　针对串联机构和并联机构各自的优缺点，国内外学者研发了串并混联结构形式的力觉交互设备。典型的串并混联结构形式的力觉交互设备有瑞士 Force Dimension 公司的 Delta 和日本东北大学的六自由度串并混联结构力觉交互设备，如图 3-6 所示。Delta 实现了移动与转动的运动解耦，其性能指标如表 3-3 所示。日本东北大学六自由度串并混联结构力觉交互设备采用 Delta、五连杆机构和一个自由度的转动机构串联而成，具有相对大的工作空间和紧凑性。

(a) Delta

(b) 日本东北大学的六自由度串并混联结构力觉交互设备

图 3-6　典型串并混联结构形式的力觉交互设备

表 3-3　Delta 的性能指标

位姿分辨率	移动	0.03 mm
	转动	0.04°
持续输出力力矩	输出力	20 N
	输出力矩	200 mN·m
可模拟刚度	移动	14.5 N/mm
	转动	—
摩擦阻力	移动	0.2 N
	转动	67.2 mN·m
工作空间	位置	直径 360 mm，长度 300 mm
	姿态	偏航：±20°；俯仰：±20°；回转：±20°

串并混联结构融合了串联和并联的优势，在简化运动学正解和驱动力 / 力矩反解的前提下，增加了系统刚度，减少了末端误差；但对于六自由度机构，末端自转轴线上的力矩反馈不易实现。

哈尔滨工业大学设计研发了一种带有柔性传动的对称式双并联机构的力觉交互设备，如图 3-7 所示。该设备采用直接驱动方式，利用改进的 Delta 机构作为平动子机构，以线牵引方式工作的 3-RRR 机构作为转动子机构，兼顾了运动空间和动态性能，扩大了无奇异运动空间，线牵引方式解决了浮动驱动装置带来的运动惯量过大问题，实现了 3-RRR 机构的运动件与

图 3-7　对称式双并联机构的力觉交互设备

驱动件分离的要求；其缺点是转动机构的刚度较低。该设备的性能指标如表 3-4 所示。

表 3-4　对称式双并联机构的力觉交互设备的性能指标

位姿分辨率	移动	0.1 mm
	转动	0.1°
最大输出力力矩	输出力	20 N
	输出力矩	500 mN · m
工作空间	位置	150 mm × 150 mm × 150 mm
	姿态	偏航：±40°；俯仰：±40°；回转：±50°

3.3　桌面式力觉交互设备的机械系统设计

桌面式力觉交互设备的机械系统设计包括构型设计、运动学分析、静力学和动力学分析、传感器选型、驱动器选型、结构设计等[19]。

3.3.1　构型设计

构型设计的目的是选择合适的构型，满足设备工作空间、机构尺寸的要求。构型设计的步骤包括构型综合、构型优化两个阶段，前者指根据设计需求产生尽量多的构型设计方案，后者指通过性能指标分析进行设计方案的优化。

可选构型有串联结构、并联结构和串并混联结构。串联结构、并联结构和串并混联结构的力觉交互设备各具特点，如何根据具体要求，最大限度实现其优点、尽可能弥补其不足，是力觉交互设备机械系统设计和研究的重点[20]。例如，在研制面向口腔手术模拟器的力觉交互设备时，由于口腔的工作范围比较小，因此要求力觉交互设备的移动工作空间不用太大，能够覆盖口腔内的牙齿和牙龈等组织的操作范围即可。但因为口腔手术模拟器需要以不同的角度去除黏附在牙齿表面的牙石等病变组织，故对力觉交互设备的姿态灵活性有较高的要求。综上所述，可能的构型方案是采用三自由度并联基座＋三自由度串联手腕的混合构型，依靠基座实现小移动空间（同时具有较大刚度），依靠手腕实现大转动空间。

另一个例子是在研制面向飞机或汽车零部件虚拟装配的力觉交互设备时，由于飞机或汽车零部件的尺寸较大，导致装配工具的运动范围大，因此要求力觉交互设备的移动工作空间较大，能够覆盖不同零部件的操作范围。可能的构型方案是采用六自由度串联构型。力觉交互设备的构型可以借鉴多关节机械臂的构型综合方法，具体可参阅参考文献 [21-23]。

3.3.2　运动学分析

桌面式力觉交互设备属于多关节机械臂，其运动学分析方法和机器人相同。机器人运动学包括正向运动学和逆向运动学，正向运动学即给定机器人各关节变量，计算机器人末端的位置和姿态；逆向运动学即已知机器人末端的位置和姿态，计算机器人各关节变量。

在机器人运动学中，求解正向运动学问题，是为了检验、校准机器人，计算机器人工作空间等；求解逆向运动学问题，是为了规划空间机器人路径、设计机器人控制器等。与此类似，在桌面式力觉交互设备的设计中，求解正向运动学问题，是为了通过安装在力觉交互设备关节上的角度传感器数据，来实时计算操作者手持的力觉交互设备末端手柄的位置和姿态；求解逆向运动学问题，是为了对力觉交互设备的工作空间的可达性或奇异性进行分析，以及为力觉交互设备的关节角度传感器的分辨率选择提供依据。

为了进行运动学计算，首先需要描述机器人的位姿，即机器人手部在空间的位置和姿态。位姿一般用位姿矩阵来描述。其次还需要定义机器人各连杆的坐标系，从而进行不同连杆的位姿关系变换运算。机器人的坐标系包括手部坐标系、基座坐标系、连杆坐标系、绝对坐标系等。

由于篇幅有限，本书仅以二维力觉交互设备为例，简要介绍其正/逆向运动学模型。对于更高自由度的力觉交互设备的运动学模型建立方法，可以参考机器人学的相关书籍。

对于图3-8所示的二维力觉交互设备，可以采用两种方式描述设备末端点的空间位置：关节空间坐标、笛卡儿空间坐标。在图3-8中，L_1、L_2表示两连杆的长度，θ_1、θ_2分别表示两关节的转动角位移。如图3-9所示，给定关节空间坐标，求解笛卡儿空间坐标称为机构的运动学正解；给定笛卡儿空间坐标，求解关节空间坐标称为机构的运动学反解。

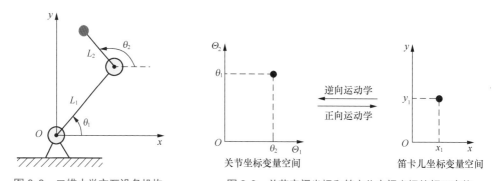

图3-8　二维力觉交互设备机构　　　　图3-9　关节空间坐标和笛卡儿空间坐标的相互变换

在力觉交互设备中，一般将电机安装在各关节上，称各关节为输入构件，操作者手持的手柄为输出构件。换句话说，给定输入构件的位置，求解输出构件的位姿称为机构的运动学正解；给定输出构件的位姿，求解输入构件的位置称为机构的运动学反解。用x、y表示二维笛卡儿空间坐标变量，则图3-8所示的二维力觉交互设备的正向运行学求解计算关系为：

$$\begin{cases} x = L_1 \cos\left(\theta_1\right) + L_2 \cos\left(\theta_2\right) \\ y = L_1 \sin\left(\theta_1\right) + L_2 \sin\left(\theta_2\right) \end{cases} \tag{3.1}$$

从式（3.1）可见，图3-8所示串联机构的正向运动学的求解比较简单，反向运动学的求解则比较复杂。并联机构与之相反，正向运动学的求解比较复杂，反向运动学的求解比较简单，一般可以得到其解析形式的解。对于并联机构，其正向运动学的求解复杂，相应的求解方法也很多，典型方法包括神经网络的方法、广义拟牛顿法、速度雅可比矩阵法等。

基于所构建的正向运动学模型和逆向运动学模型，可以进一步分析力觉交互设备的工作空间。

力觉交互设备的工作空间可以分为可达工作空间和灵活工作空间。给定一个位置的集合，力觉交互设备末端至少有一个方向（解）可以到达该集合中的位置，那么该集合就是力觉交互设备的可达空间。给定一个位置的集合，力觉交互设备末端有任意个方向（解）可以到达该集合中的位置，那么该集合就是力觉交互设备的灵活工作空间。并联机构一般没有灵活工作空间。

串联构型工作空间求解较为容易，可采用几何法直接绘制；并联构型求解则较为复杂，主要分为数值法和几何法两类。数值法的核心算法是根据工作空间边界必为约束起作用边界的性质，利用位置逆解进行边界点搜索。

3.3.3　静力学和动力学分析

承载能力又称广义输出能力，是指在设备处于某一固定位姿下，驱动器通过末端可输出的沿任意方向的最大力和绕任意轴线的最大力矩，它反映了设备可模拟的力 / 力矩范围。

根据 Salisbury 等的研究成果，对于类似虚拟墙这样的刚体，当施加给操作者 20 N 以上的反馈力时，操作者即认为足够坚硬，因此，如果力觉交互设备输出力能模拟的范围在 0 ～ 20 N，则能满足绝大多数应用场景；对于力矩输出，目前没有相关心理物理学研究成果。

对于串联机构，计算静力学可以采用牛顿 - 欧拉法、拉格朗日法、虚功原理等，对于并联机构可以采用拉格朗日法、虚功原理、螺旋矩阵、示力副法、网络分析法、影响系数法等。

输入广义力矢量 f 与作用在末端的力或力矩矢量 F 有以下关系

$$F = J_f^{-\mathrm{T}} f = Gf \tag{3.2}$$

式中，$J_f^{-\mathrm{T}}$ 表示雅可比矩阵，用 G 表示。

力觉交互设备性能指标在工作空间内各点数值是变化的，与机构尺寸参数和雅可比矩阵相关，单点性能指标只能分析工作空间内个别位置，而全域性能指标多是对整个工作空间的性能数值叠加平均，不能保证在执行任务的工作空间内均能满足给定的设备性能指标，而且没有考虑此时奇异造成的不良影响。

动力学研究的是力觉交互设备的运动和受力之间的关系，包括动力学正向问题和动力学逆向问题。动力学正向问题是根据关节驱动力矩或力，计算力觉交互设备的运动（关节的位移、速度和加速度）；动力学逆向问题是已知设备末端轨迹运动对应的关节位移、速度和加速度，求出所需要的关节力矩或力。动力学正向问题与力觉交互设备的仿真研究有关；动力学逆向问题是为了实现控制的需要，利用动力学模型，实现最优控制，以期达到良好的动态性能和最优指标。对于力觉交互设备动力学的研究，所采用的方法很多，有拉格朗日方法、牛顿 - 欧拉方法、影响系数法、凯恩方法等。

3.3.4　传感器选型

常见的桌面式力觉交互设备大多采用阻抗控制，即通过位置传感器测量操作者的操作运动，映射到虚拟环境中驱动虚拟工具的运动，然后基于碰撞检测算法和力觉计算模型得到虚拟工具和虚拟物体之间的接触力，然后将该力反馈给力觉交互设备的驱动器（如直流伺服电机），该反馈力再通过传动机构作用在操作者手部。

针对上述基于阻抗控制原理设计的桌面式力觉交互设备，为选择合适的位置测量传感器，需要根据力觉交互设备的测量精度指标来计算位置传感器的位姿分辨率等参数，然后对比不同传感器的工作原理、优缺点等才能最终确定。

位姿分辨率是指在设备处于某一固定位置和固定姿态下，传感器可检测出的设备末端沿任意方向的最小位置增量和绕任意轴线的最小姿态转角增量，它一方面反映出设备可仿真任务的精细程度，另一方面也影响到设备在仿真过程中的稳定性能 [24]。

设六自由度桌面式力觉交互设备动平台微小位移量为 ΔX，各驱动关节微小位移量为 $\Delta \Theta$，则有：

$$\Delta X = J \Delta \Theta \tag{3.3}$$

式中，J 为雅可比矩阵，且

$$\Delta X = \left[\delta x, \delta y, \delta z, \delta \vartheta_x, \delta \vartheta_y, \delta \vartheta_z \right]^{\mathrm{T}} \tag{3.4}$$

$$\Delta \Theta = \left[\Delta \theta_1, \Delta \theta_2, \Delta \theta_3, \Delta \theta_4, \Delta \theta_5, \Delta \theta_6 \right]^{\mathrm{T}} \tag{3.5}$$

则六自由度桌面式力觉交互设备的末端位置分辨率 Δl 为：

$$\Delta l = \sqrt{\left(\delta x^2 + \delta y^2 + \delta z^2 \right)^2} \tag{3.6}$$

末端的姿态分辨率 $\Delta \vartheta$ 为：

$$\Delta \vartheta = \sqrt{\left(\delta \vartheta_x{}^2 + \delta \vartheta_y{}^2 + \delta \vartheta_z{}^2 \right)^2} \tag{3.7}$$

目前常用的力觉交互设备的位置测量方法主要有四类：机械跟踪、光学跟踪、电磁跟踪和惯性跟踪。

机械跟踪通过精密的机械连接结构测量指定点的位置和方位，是力觉交互设备中最常见的位置测量方法。目前采用机械跟踪方法的传感器主要有两类：光电编码器以及霍尔位置传感器。光电编码器可将输出轴上的机械几何位移量转换成脉冲或数字量，分为绝对式和增量式两种，绝对式光电编码器输出与位置相对应的代码，可直接从代码数大小的变化判别正反方向和位移所处的位置；增量式光电编码器的计数起点任意设定，可实现多圈无限累加和测量，但参考零位的合理设定是精度保证的前提。霍尔位置传感器由静止的定子和运动的转子组成，具有稳定可靠、频率响应宽、体积小、结构牢固、易于安装等优点。两类传感器的选择可依据力觉交互设备的具体结构而定。

机械跟踪器性能可靠、延时短、无潜在干扰源，尽管也存在系统比较笨重、工作空间有限等不足，但是在虚拟手术仿真等特殊场合还是得到了广泛的应用[25-26]。例如，英国雷丁大学开发了模拟牙体预备和牙齿钻削操作的 hapTEL 系统，该系统在 Falcon 力觉交互设备的移动平台上端通过球副连接真实的牙科手术器械，实现了三维转动，并能通过编码器测量牙科手术器械的角度。

光学跟踪器利用空间环境光或者由跟踪器控制的光源以不同的方位照射被跟踪对象，根据被跟踪对象在投影面上的投影变化计算被跟踪对象的方位。光学跟踪定位技术用到的感光设备种类繁多，从普通摄像机到光敏二极管等；光源也有多种选择，如环境光、跟踪器控制发光等。

光学跟踪器具有高的数据更新率和较低的延迟，但是光学跟踪易受视线阻挡的限制，如果目标被其他物体挡住，光学系统就无法工作。此外，它不能提供角度的信息，并且由于价格昂贵，一般在数字化医学仿真中较少使用。

电磁跟踪器一般由磁场发射源、磁场接收单元和数据采集计算单元三部分组成。电磁跟踪时先采用三轴线圈作为发射源，向其中通入交流或直流脉冲信号，线圈周围会感应出磁场，接着利用磁传感器（磁场接收单元）探测空间位置磁场变化，反映出传感器与磁场发射源的相对位置和方向的变化，最后数据采集计算单元将采集到的磁场信号根据磁场耦合关系计算处理得出目标的位置和方位。

电磁跟踪器的优点是不受视线阻挡；缺点是空间中的金属物质会对其测量精度产生影响，同时因为磁场强度会随着距离增加而减弱，所以只能适合小范围的工作。

惯性跟踪器利用陀螺仪测量被跟踪物体三个转动自由度的角度变化，加速度计测量平移速度的变化，利用测量到的方位信息与加速度值，就可以计算出世界坐标系中的加速度，再根据已知的初始位置，将被跟踪物体的加速度对时间二重积分，就能计算出被跟踪物体三个位置自由度的位移。

惯性跟踪器具有轻便、价格低、不怕遮挡、低延迟、无需发射源、操作范围较大等显著优点；缺点是在对陀螺仪测量的角度信息做积分时，测量误差会一直累积，故需要其他传感器做补偿校正测量。

3.3.5 驱动器选型

为选择合适的驱动器，需要根据桌面式力觉交互设备的测量精度指标来计算驱动器的输出力 / 力矩、输出精度、响应实时性等参数，然后对比不同驱动器的工作原理、优缺点等最终确定。

利用力觉交互设备的机构静力学结论，可以根据桌面式力觉交互设备的输出力 / 力矩范围要求，确定驱动杆转矩的最小值，从而为多自由度设备的电机选型提供依据。

桌面式力觉交互设备典型的驱动方式可以分为：电机驱动、磁场力驱动、磁粉制动器驱动和电流变液体驱动。

由于电机本身既可以做运动控制，又可以做转矩控制，故电机驱动是力觉交互设备最早出现的驱动形式。例如，美国 SensAble 公司研制的 Phantom 系列设备采用串联式连杆结构，依靠电机的转矩控制实现了末端操作杆的力 / 力矩反馈。为满足力觉交互设备输出力 / 力矩范围要求，如果采用直接传动，则电机的输出转矩会很大。电机转矩增大会增加不安全因素，使电机体积以及电机转子部分的转动惯量增大，不利于反向驱动。故经常采用的解决办法是采用减速机构来实现电机输出转矩的放大，从而降低传动部分的等效转动惯量。减速机构的传动比和电机输出轴的直径决定了减速轮的直径，如果传动比过大，会导致减速轮的体积变大，使六自由度桌面式力觉交互设备的体积变大，从而不适合作桌面式的人机交互设备。

通过电磁感应，同样可以依靠磁场力实现力 / 力矩反馈。例如，加拿大 Laval 大学的 Birglen 等研制出的 SHaDe 力觉交互设备可实现三维转动，反馈三维力矩，如图 3-10 所示。

图 3-10　基于磁场力驱动的 SHaDe 力觉交互设备　图 3-11　基于磁粉制动器驱动的力觉交互设备

磁粉制动器是利用电磁效应下的磁粉来传递转矩的，具有激磁电流和传递转矩基本成线性关系、响应速度快等优点。当激磁电流保持不变时，转矩将会稳定地传递，不会受到转速变化的影响，这时只需要调节激磁电流便能准确地控制转矩。图 3-11 所示为日本 Osaka 大学的 Sakaguchi 等研制出的基于磁粉制动器驱动的力觉交互设备。

电流变液体是当前的一种新型材料，它在外电场作用下表现出明显的电流变效应，可以在介于流体和固体间进行快速、可控和可逆的转变。在一定的电场强度条件下，电流变液体由液态转化为固态，流体的表观黏度和剪切应力急剧增加，当电场消失后电流变液体又可自主完成由固态向液态转化的过程。因此，可将电流变液体作为阻尼可调的流体应用到力觉交互设备上。图 3-12 所示为美国罗

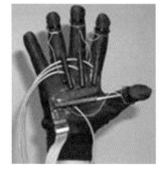

图 3-12　基于电流变液体驱动的
力觉交互设备

格斯大学的 Bouzit 等研发出作用于手指上的基于电流变液体驱动的力觉交互设备。

3.3.6　结构设计

根据桌面式力觉交互设备的设计指标，可以归纳出多自由度桌面式力觉交互设备的机械结构设计原则如下。

① 设备自身固有特性：质量轻（材料）、结构刚度大（连杆刚度）。

② 反向驱动特性：自平衡（重力平衡）、惯性小、摩擦小（轴承）。

③ 传动特性：传动回差小（钢丝绳传动）、传动间隙小（间隙控制）、传动精度高（同轴度、零件的变形控制）、传动范围大（球副与复合球副设计）、传动无干涉（连杆间干涉、走线设计）。

④ 人机工程设计：末端操作杆设计（便于人手抓持、可以模拟虚拟工具）。

力觉交互设备机械结构设计的目标是实现设备的"透明性"，即设备的质量和摩擦等参数对操作者来说几乎不存在，从而达到良好的反向驱动性。操作者不希望感受到设备机械结构的重力，因此在结构设计中要尽量保证每个杆件的质量较小，同时采取通过机械方式抵消重力、通过主动控制进行重力补偿等措施。为了保证操作者不感觉到设备机械结构的惯性力，在结构设计中还要尽量保证每个杆件的惯性小，以及通过主动控制进行惯性补偿。

针对操作者不希望感觉到设备机械结构的摩擦力的要求，在结构设计中要尽量保证关节摩擦小，这可以通过轴承选择、运动副的类型选择等来保证。

刚度是表达桌面式力觉交互设备约束空间性能的一个重要的指标。刚度包括机械刚度和电气刚度两种。机械刚度的影响因素包括设备中每个构件的变形、接头的变形、材料的选择、接头的间隙等。电气刚度的影响因素包括采样和控制回路的伺服速率、电机的动态响应、编码器的位置分辨率等。

桌面式力觉交互设备结构设计的另外一个重要的性能指标是设备的占地面积要尽量小。此外，设备末端手柄的外形要符合人机工程学，易于人手抓握，交互体验友好。在实际应用中，根据具体交互场景的要求，一般设计定制化的末端执行器。例如，用真实的口腔手术器械安装在桌面式力觉交互设备的末端手柄上，以增强操作者力觉人机交互体验的逼真性。

桌面式力觉交互设备的传动机构的作用是将来自驱动元件（如电机）的力 / 力矩传递到设备末端手柄上。由于齿轮减速器存在齿轮间隙等问题，桌面式力觉交互设备也可采用钢丝绳传动，以满足小质量、低惯量、小摩擦、无回差的要求。

3.4　桌面式力觉交互设备的控制系统设计

在设计完桌面式力觉交互设备的机械系统后，还需要进一步研究桌面式力觉交互设备的控制系统的任务和需求，以及控制系统的工作原理、控制系统的硬件设计等。

3.4.1　一个引例：一维转动力觉交互游戏操作手柄

下面针对图 3-13 所示的一维转动力觉交互游戏操作手柄，研制控制系统以满足模拟一个虚拟扭簧的操作感受。参照力觉交互设备的要求，该手柄的功能包括下面两个。

① 自由空间模拟：如图 3-14 所示，手柄转角 θ 的初始角 θ_0 在 0° 附近的角度范围内，操作者可以自由转动手柄，阻力接近为 0。

② 约束空间模拟：当手柄转角 $\theta > \theta_0$ 范围时，用户将体验到扭动一个虚拟扭簧的操作感受。该扭簧的刚度系数可以由计算机程序灵活设定，可能为常数也可能是随扭转角变化的变量等。

为实现上述需求，该力觉交互设备的控制系统需要具备两个功能：实时测量手柄的转动角度和提供实时的力矩反馈。

 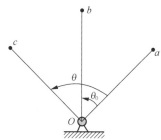

图 3-13　一维转动力觉交互游戏操作手柄　图 3-14　虚拟扭簧自由空间和约束空间的定义

直观来看，该力觉交互设备的控制系统可以采取两种设计方案。一种方案是被动力反馈。例如，采用一个真实的扭簧和手柄同轴连接。该方案的优点是简单、成本低，但该方案的缺点是无法模拟自由空间的操作感受，同时难以实现不同刚度系数的模拟。另一种方案是主动力反馈，即采用一个可以通过计算机程序控制的动力元件（如直流伺服电机）来输出力矩。这种方案的优点是能够模拟不同范围的自由空间，以及不同刚度系数的虚拟弹簧操作体验。但其缺点是需要专门设计的控制系统，以及保证交互稳定性的控制方法。

如图 3-15 所示，可以采用以下的控制系统来实现主动力反馈的功能。系统组成包括下面几个部分。

① 输入通道：角度传感器（光电编码器）、A/D 转换模块、采集卡。

② 输出通道：D/A 转换模块、电流放大器、电机。

③ 信息处理单元：主控计算机。

基于上述硬件，还需要设计合理的力觉交互设备控制策略。典型的控制策略按照输入/输出特性可以分为阻抗控制（impedance control）和导纳控制（admittance control）。下面各节将介绍这些控制的原理和流程。

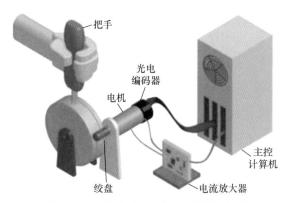

图 3-15　一维转动力觉交互设备系统组成

3.4.2　阻抗控制的原理和流程

阻抗控制的原理：阻抗控制型力觉交互设备通过测量操作者运动，向操作者施加反馈控制力，实现力觉交互效果。阻抗控制型力觉交互设备有 Force Dimension 公司的 Delta、Omega 等，如图 3-16 所示。

(a)　Delta　　　　　　　　　(b)　Omega

图 3-16　阻抗控制型力觉交互设备

对于图 3-14 所示的虚拟扭簧自由空间和约束空间的定义，设弹簧刚度为 k_t，则相应的反馈力矩 τ 的计算模型如下：

$$\begin{cases} \tau = k_t(\theta - \theta_0) & , \ \theta \geqslant \theta_0 \\ \tau = 0 & , \ \theta < \theta_0 \end{cases} \tag{3.8}$$

针对 3.4.1 节的一维转动力觉交互设备，在每一个控制周期（小于 1 ms）内，阻抗控制的流程如下。

① 读取位置传感器数据，获取力觉交互设备末端手柄的当前转角 θ。

② 判断交互状态是否为自由空间，如果是，则跳转到步骤①，等待下一个控制周期；如果

否，即继续执行步骤③。

③ 按照式（3.8）的虚拟弹簧模型，来决定手柄上应该提供的反馈力矩τ的数值。

④ 根据传动比进行计算，获得电机轴应该输出的力矩τ_{m}。

⑤ 向电机发送控制指令（例如控制电流$i_{\mathrm{m}} = \dfrac{\tau_{\mathrm{m}}}{K_{\mathrm{I}}}$，其中$K_{\mathrm{I}}$为电机常数），输出该反馈力矩。

⑥ 跳转到步骤①，等待下一个控制周期。

针对基于阻抗控制原理设计的力觉交互设备，由于在模拟自由空间时电机处于断电状态，因此阻抗控制型力觉交互设备期望具有下述性能指标：重量尽可能轻、刚度尽可能大、摩擦尽可能小、间隙尽可能小、反向驱动能力要好。此外，正向驱动所获得的输出力要大。

图 3-17　HapticMaster 导纳控制型
力觉交互设备

3.4.3　导纳控制的原理和流程

导纳控制通过测量操作者施加给设备的主动力，对力觉交互设备进行运动控制，实现力觉交互效果。FCS 公司的 HapticMaster 是典型的导纳控制型力觉交互设备，如图 3-17 所示。

对于图 3-14 所示虚拟扭簧的自由空间和约束空间的定义，相应的电机主动转动的角度θ_k（k 表示在某个空间中的步数）的计算模型如下：

$$\begin{cases} \theta_k = \theta_0 + \dfrac{Fl}{k_t} & \theta \geqslant \theta_0 \\ \theta_k = \theta_{k-1} + \displaystyle\iint \dfrac{Fl}{I}\mathrm{d}^2 t & \theta < \theta_0 \end{cases} \qquad (3.9)$$

式中，I 为可模拟的等效转动惯量，l 为等效力臂，k_t 为拟模拟的等效弹簧刚度，F 为力传感器数据。

针对 3.4.1 节的一维转动力觉交互设备，在每一个控制周期（小于 1 ms）内，阻抗控制的流程如下。

① 读取位置传感器数据，获取力觉交互设备末端手柄的当前转角θ_0。

② 读取力传感器数据 F，获取人手与手柄之间的作用力矩。

③ 判断交互状态是否为自由空间，如果是，则跳转到步骤④；如果否，即继续执行步骤⑧。

④ 按照式（3.9）的自由空间模拟模型决定手柄应该产生的主动位移θ_k的数值。

⑤ 根据传动比进行计算，获得电机轴应该输出的转角。

⑥ 向电机发送控制指令，输出该转动角度。

⑦ 跳转到步骤①，等待下一个控制周期。

⑧ 按照式（3.9）的导纳控制模型决定手柄上应该产生的主动位移θ_k。

⑨ 根据传动比进行计算，获得电机轴应该输出的转角。

⑩ 向电机发送控制指令，输出该转动角度。

⑪ 跳转到步骤①，等待下一个控制周期。

针对基于导纳控制原理设计的力觉交互设备，由于在模拟自由空间时电机处于主动控制状态，因此导纳控制设备一方面需要具有性能良好（死区小，灵敏度高）的力传感器，另一方面还要求电机的响应快，否则自由空间会产生运动迟滞性，甚至手柄会出现振动等失稳现象。

阻抗控制和导纳控制的性能呈现对偶效应。阻抗控制拥有良好的自由空间模拟能力，但约束空间的模拟能力相对较差（可模拟的最大虚拟刚度不够大）；导纳控制设备拥有良好的约束空间模拟能力，但自由空间的模拟能力相对较差（可模拟的最小质量不够小）。

3.4.4　控制系统硬件

力觉交互设备的控制系统一般采用上下位机架构。上位机为计算机，负责虚拟场景图形显示和物理仿真，下位机为以数字信号处理芯片为核心的控制器，负责数据的采集、处理和控制信号的产生。上下位机采用并口（如 Phantom desktop）、1394 接口（如 Phantom Omni）、USB（如 Omega）、网口（如 iFeel）等方式通信。

下位机系统的硬件组成包括控制器、放大器、D/A 转换器、A/D 转换器、码盘信号采集电路、上下位机通信电路等，可以根据设计要求自行设计芯片级 PCB，优点是可以自行设计控制板，使其保证最佳性能的同时拥有最小的空间体积以及需要的安装形状；也可以购买现成的控制板进行功能级连接设计以达到设计目标，优点是开发时间短，可快速进行逻辑功能调试，效率高。

无论是自行设计控制板，还是购买现成的控制板，都需要关心下位机硬件系统的控制器，控制器的核心性能通常由选用的单片机决定，可供选型的主流单片机产品的公司主要有瑞萨电子、恩智浦、微芯科技、意法半导体、英飞凌、德州仪器、赛普拉斯、三星、东芝及芯科等，单片机的位宽直接与其性能挂钩。

图 3-18 所示为 iFeel 力觉交互设备的控制硬件组成框架和实物，该系统支持 6 路电机控制和 6 路码盘信号采集，采用 UDP / IP 实现了 7 kHz 的上下位机通信频率。

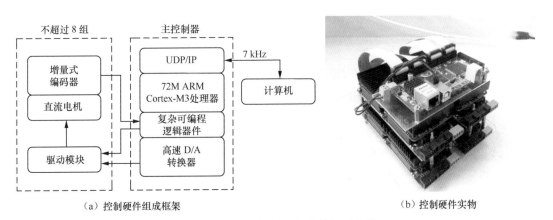

（a）控制硬件组成框架　　　　　　　　　　（b）控制硬件实物

图 3-18　iFeel 力觉交互设备的控制硬件

iFeel 力觉交互设备的控制硬件功能包括以下几个方面。

① 控制器和计算机之间通过 UDP/IP 接口的通信频率高达 7 kHz。

② 基于复杂可编程逻辑器件（CPLD）、四倍频技术和 M / T 算法的硬件级别位置和速度检测。

③ 定制电机驱动器，专门为电流伺服设计，在 10A 伺服范围内电流精度为 ±10 mA。

④ 8 轴电机驱动能力。

阻抗控制设备的电流放大器是实现高精度、安全力反馈的重要元器件，如图 3-19 所示。iFeel 力觉交互设备的电流放大器的技术参数包括以下几个。

① 工作电压为 12 ～ 36 V。

② 板载 72M ARM Cortex-M3 处理器。

图 3-19　iFeel 力觉交互设备的电流放大器实物

③ 直流电机 H 桥驱动模式，脉冲宽度调制（PWM）频率为 36 kHz。

④ 操作模式包括电流、速度和位置。电流环伺服速率为 24 kHz，而速度和位置环为 1 kHz。

⑤ 高精度电流伺服方案。在 10 A 伺服范围内（0.1%），绝对电流伺服精度高达 ±10 mA。

⑥ 命令源可以是 RS-422/232 或 5 V 模拟信号和方向信号。

3.4.5　力觉交互设备稳定性

力觉交互设备稳定指在模拟给定力觉交互任务时，设备不产生振动。在力觉交互系统中，由于系统中存在闭环反馈，因此当虚拟环境设计和交互设备性能不匹配时，系统就会丧失稳定性，设备产生振荡或噪声，导致逼真性完全丧失[27]。

在讨论设备稳定性时，假设操作者是被动的，并用虚拟墙（virtual wall）模型代表虚拟环境，用设备可稳定模拟该虚拟墙的最大刚度表示设备的最大可模拟虚拟刚度。

力觉交互系统的稳定性主要决定于两个方面：力觉交互设备的设计和控制以及虚拟环境内交互模型的设计。

在分析稳定性时，虚拟环境内的交互模型大都集中在"虚拟墙"问题上，可通过分析单边约束来描述交互模型和振荡问题。Colgate 等[28-29]针对一维单边约束虚拟环境，构建了图 3-20 所示的力觉交互设备控制的传递函数模型，推导了式（3.10）所示的桌面式力觉交互设备的稳定性条件为：

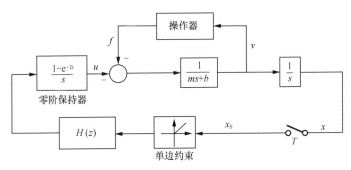

图 3-20　力觉交互设备控制的传递函数模型

$$b > \frac{KT}{2} + B \quad\quad （3.10）$$

式中，b 为设备的固有阻尼，K 为虚拟墙的虚拟刚度，T 为整个系统的采样周期，B 为虚拟墙的虚拟阻尼。

　　Abbott 等进一步考虑编码器分辨率和系统库仑摩擦的影响，获得了下面的保持系统稳定的可模拟虚拟刚度 k 的上限：

$$k < \min\left(\frac{2b}{T}, \frac{f_{\mathrm{c}}}{\Delta} \right) \quad\quad （3.11）$$

式中，Δ 为编码器分辨率，f_{c} 为系统频率。

　　Adams 等 [30] 提出了基于双端口网络的绝对稳定条件以及基于虚拟匹配的系统被动性控制方法。该方法不要求建立人的显式模型，将人看作被动环节时，基于被动性假设忽略人的因素对稳定性的影响，采用虚拟匹配保证力觉交互系统对任意被动虚拟环境的稳定性 [30]。该方法的基本原理是对进入虚拟环境的运动信号和虚拟环境输出的力信号进行处理，使系统的最终输入输出信号关系满足双端口网络无条件稳定的范围，具体实现形式为由弹簧和阻尼元素串并联构成信号处理环节。对解析形式表示的一维虚拟墙，可以推导出解析的信号处理计算表达式，但对于采用三角片模型描述的物体，计算算法比较复杂，在实际仿真中难以实现。

　　Ryu 等针对虚拟匹配参数固定导致系统逼真性损失过大的问题，提出时间域被动性控制方法。时间域被动性控制方法基于被动性假设，将操作者、力觉交互设备、虚拟环境分别看作电网络端口环节，定义能量观测器来描述一个端口元件被动性损失的程度，在被动性损失时，对力信号进行修正，以达到保证整个系统被动性的目的。这种方法在计算能量时需要进行速度微分，在低速操作时会引入比较大的计算噪声，给力觉交互设备带来振荡和噪声。

　　基于商用力觉交互设备 Phantom 构建的力觉交互系统，其控制器和机械系统参数均已确定，不具备开放接口，也不允许用户进行修改。因此该系统的稳定性问题讨论的重点在于分析由虚拟环境模型造成的失稳和振荡。

　　接触交互的稳定性主要发生在自由空间到约束空间的切换部位。碰撞检测方法计算的相交信息的不连续、虚拟力计算结果的不连续和噪声、物理仿真的计算频率过低、被交互物体模型的不规范都可能造成稳定性的问题，表现为操作过程中设备出现振荡。为此，Mark 等采用平均法和滤波方法提高虚拟力计算的连续性，Adams 采用虚拟匹配对计算的力信号进行滤波，增强稳定性，Adachi 采用中间表达的方法，使在较低的碰撞检测频率下实现虚拟力计算和力觉合成的高频更新。Gillespie 通过建立人的可重复运动的动力学显式模型，将这个模型作为系统传递函数的一个环节，并指出"能量泄漏"是导致虚拟墙模拟时产生振荡的原因。

虚拟匹配和时间域被动性控制方法均将虚拟环境看作被动，在讨论系统稳定性问题时，对于非被动的虚拟环境，这种分析方法将不再适用。针对此问题，Miller 分析了非线性非被动虚拟环境的模拟稳定性问题。此外，Picinbono 等还提出采用力的外插值方法来增强稳定性，但在实验中该方法取得的效果并不令人满意。当采用中间表达或局部模型时，力觉交互系统存在两个不同频率的控制回路，如何分析系统的稳定性，这是新的问题。Barbagli 指出，在基于局部模型的仿真方法中，局部模型更新、虚拟力计算分别构成一个闭环，局部模型的参数选取不当，会导致振荡产生。但该方法的缺点是没有将两个闭环综合研究，给出的只是单个控制回路的稳定性判据。

通过改变系统的物理参数和控制策略可以有效地提高力觉交互系统的稳定性。为此，张玉茹等 [31] 采用电流闭环控制策略（current closed loop control）和多更新率控制策略（multirate control）两种方法来提高系统稳定性。

电流闭环控制策略指在电机回路增加电流传感器，测量电机的实际电流，构成电流反馈，进而计算电机实际输出力矩，得到设备末端的实际输出力。电流闭环控制策略对提高稳定性的效果可以通过实验方法进行验证。以三自由度力觉交互设备为实验平台，虚拟环境渲染和力觉合成在上位机进行，电流闭环控制策略在下位机的 DSP 控制器进行，下位机通过 USB 2.0 与上位机通信。力觉合成的刷新频率是 1 kHz，电流闭环的刷新频率是 20 kHz。

采用开环控制策略时，当虚拟墙刚度超过 2.8 N/mm 时，操作者会明显感受到设备的振动。在闭环控制策略实验时，当虚拟墙刚度为 5.1 N/mm 时，设备稳定，没有出现振动；而当虚拟墙刚度达到 5.3 N/mm 时，设备末端出现明显的振动，设备不稳定。因此在电流闭环控制策略下，设备可模拟的最大虚拟刚度约为 5.1 N/mm。与开环控制策略相比，最大虚拟刚度增大了 1.82 倍。根据系统稳定性条件的理论预测，此时设备的最大可模拟虚拟刚度可以增大 1.49 倍。

此外，减小系统采样周期，提高系统刷新频率，可以有效地增加系统可模拟刚度。但上位机的力觉合成刷新频率受虚拟场景建模、虚拟物体碰撞检测和力觉合成算法的复杂度等多种因素的制约。这时可采用多更新率控制策略，在不增加上位机刷新频率的前提下，在下位机微控制器上实现更高频率的插补运算。控制器利用当前插补时刻的设备位姿，实时计算虚拟力增量，可实现在两个连续上位机虚拟力的间隔内的高频率插补。

总结现有研究可知，影响力觉交互设备稳定性的参数包括阻尼、采样频率、位置测量分辨率、库仑摩擦、用户抓持力、交互速度等。

此外，针对多自由度力觉交互设备，其能够模拟的最大虚拟刚度依赖于末端手柄的位置和姿态，在整个工作空间内是不同的。如图 3-21 所示，可以采用在不同位置和不同姿态的虚拟墙作为模拟对象，来测量给定力觉交互设备在整个工作空间内的虚拟刚度分布数据。图 3-22 和图 3-23 所示分别为力觉交互设备在整个工作空间内，针对竖直和水平虚拟墙的虚拟刚度分布。

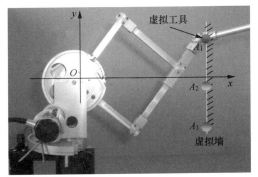

（a）模拟不同位置的虚拟墙　　　　　　　　　　（b）模拟不同姿态的虚拟墙

图 3-21　模拟虚拟墙

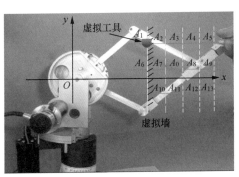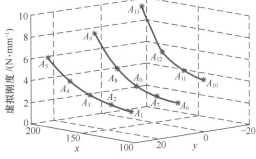

图 3-22　力觉交互设备在整个工作空间内的虚拟刚度分布数据（竖直虚拟墙）

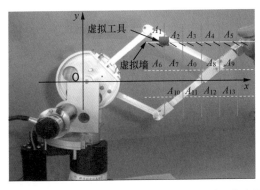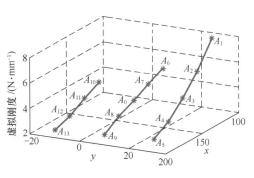

图 3-23　力觉交互设备在整个工作空间内的虚拟刚度分布数据（水平虚拟墙）

3.5 桌面式力觉交互设备实例

3.5.1 单自由度桌面式力觉交互设备

根据力觉交互任务，桌面式力觉交互设备一般具有 1 ～ 6 个自由度。像 Haptic Paddle 这样的单自由度转动力觉交互设备主要用于原理性研究和教学。如图 3-24 所示，该机构采用钢丝绳传动，驱动力由 Mabuchi 公司的 12V RF370CA-15370 电机提供，手柄转角测量采用 NXP 公司的磁阻式传感器 KMA210 实现，可通过 3D 打印实现快速制造。该机构基于阻抗控制原理，采用 Audino 系统进行简便的数据采集和程序控制，实现了单自由度转动力觉交互效果。北京航空航天大学制作的改进后的单自由度转动力觉交互设备如图 3-25 所示。

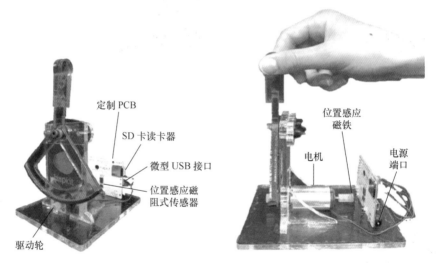

图 3-24　Haptic Paddle 物理样机

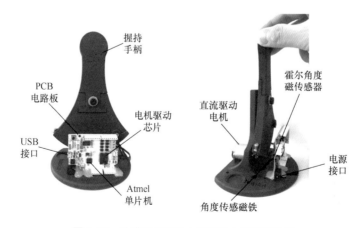

图 3-25　改进后的单自由度转动力觉交互设备

2001 年，北京航空航天大学机器人研究所开发了一套单自由度平动力觉交互设备（设备虚拟样机如图 3-26 所示，物理样机如图 3-27 所示），实现了力觉交互中的典型实验——"虚拟墙"的模拟，对力觉交互系统的基本特性作了初步的探索。该设备采用力矩电机提供驱动力，采用锥齿轮和同步带实现了力矩电机转动到滑块移动的转换，采用光电编码器实现了运动跟踪，具备单自由度直线运动跟踪、单自由度力觉交互、在手指的牵引下可自由运动等模拟人机虚拟拔河的力觉交互功能。

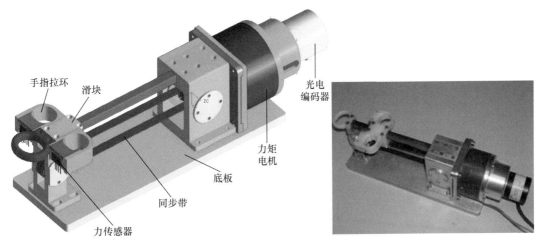

图 3-26　单自由度平动力觉交互设备虚拟样机　　　图 3-27　单自由度平动力觉交互设备物理样机

3.5.2　三自由度桌面式力觉交互设备iFeel 3-BH100

交互任务的多样性对桌面式力觉交互设备提出了多自由度的要求，为此，研究者进一步开展了多自由度的桌面式力觉交互设备的研究和开发。

基于口腔手术模拟训练系统的力觉交互技术研究，北京航空航天大学研制了三自由度桌面式力觉交互设备 iFeel 3-BH100。其设计指标如下。

① 工作空间：$100\ mm \times 100\ mm \times 100\ mm$。

② 最小反馈力大于等于 4 N。

③ 反向驱动力小于等于 0.5 N。

④ 位置分辨率小于 0.04 mm。

以上设计指标的选择须考虑到以下要求。

① 较大的工作空间：工作空间增大的前提条件是要牺牲机构的其他性能指标。由于此设备主要用于口腔手术模拟，工作空间无需太大，以可以操作一颗完整牙齿为基准即可。

② 良好的正向驱动性能：正向驱动性能主要表现在三自由度桌面式力觉交互设备的末端输出力上，即电机通电，设备运动时，要求末端输出力尽可能大，让操作者有较为明显的力觉感知。

末端输出力主要受电机的功率、转动惯量以及系统的摩擦和机构的传动方式等条件的限制。

③ 良好的反向驱动性能：当电机断电时，设备的摩擦、间隙和等效转动惯量要尽可能小，同时，机构应是完全静力平衡的，即在自由空间运动时感觉必须是自由的。

④ 足够大的机械系统刚度：在口腔手术模拟中，机械系统能模拟的最大刚度是主要考虑的因素。三自由度桌面式力觉交互设备所能稳定模拟的最大刚度主要是受电机阻尼和机构传动刚度的影响，电机阻尼和机构传动刚度越大，整个设备的刚度范围就越大，模拟效果就越逼真。

如何满足设备的各项性能指标，并使它们能够较好地均衡在一起，是多自由度力觉交互设备要重点研究的问题。多自由度机构要求在工作空间各点各方向的性能一致，该要求包括运动学各向同性和动力学各向同性两部分。运动学各向同性主要描述系统的运动特性，指在正常关节速度和力矩下，系统在某一位形能实现工作空间各个方向的运动和力的能力；动力学各向同性主要说明系统的启动特性，要求操作者从末端驱动桌面式力觉交互设备时，感受到的系统惯性尽可能小而且在各个方向一致。

根据这些要求，拟定三自由度桌面式力觉交互设备设计的步骤如下。

① 三自由度桌面式力觉交互设备的结构选型和传动方式选择。

② 根据运动学各向同性要求确定机构的主要运动学参数。

③ 以需要模拟的最大持续力要求确定电机和传动比的选择。

④ 以运动学和动力学各向同性要求确定其他动力学参数。

从传统机构的角度分类，多自由度机构基本为串联式和并联式。串联式机构具有设计和控制相对简单，但自重不易平衡和机构刚度小等特点；并联式机构具有与串联式机构互补的特点，但并联式机构的设计尤其复杂，增加一个自由度会导致设备的复杂度上升很多。因此多数情况下可采用串并联式混合机构。

多自由度桌面式力觉交互设备不可避免地有关节耦合和动力学特性位形依赖的问题。在机构的设计中，为使控制简单和提高系统性能，应尽量使各关节的相互影响减小和保证机构在工作空间的运动学和动力学的各向同性。其中运动学各向同性是许多机构开发中比较常见的设计指标，用以确定机构的运动学参数。在此，以一种三自由度桌面式力觉交互设备的设计过程为例，兼顾系统的各项性能指标，以运动学和动力学各向同性要求为主线，讨论桌面式力觉交互设备的基本设计过程和方法。

旋转平行四边形机构（见图 3-28）由六个构件五个转动副构成。相对于串联机构，平行四边形机构具有精度高、刚度大、结构紧凑、对称性好、速度高、自重负荷比小、动力学性能好等特点，因此它的应用范围较广，目前很多桌面式力觉交互设备均采用这种机构。但平行四边形机构的主要缺点是工作空间小、运动耦合、控制困难等。

三自由度桌面式力觉交互设备的机构运动简图如图 3-29 所示。该机构由六个构件五个转动副组成，构件 0 为机架，构件 1 ～构件 3 为原动件，构件 4 ～构件 5 为从动件，构件 2 ～构件 5 组成平行四边形闭链机构。

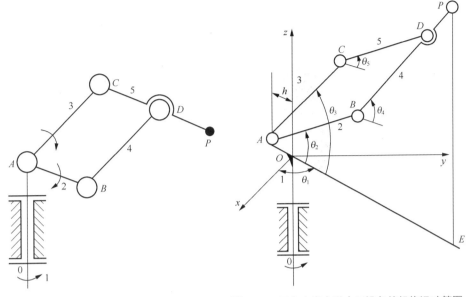

图 3-28　旋转平行四边形机构　　　　图 3-29　三自由度力觉交互设备的机构运动简图

　　根据设计指标中对工作空间的要求（工作空间为 100 mm×100 mm×100 mm）和良好的反向驱动性能（即电机的输出到闭链平行四边形机构的输入之间的传动比不能太大）的要求，选取构件 2、构件 3、构件 4 和构件 5 的长度分别为：$l_2=l_3=l_5=100$ mm，$l_4=125$ mm。电机 M_1、电机 M_2 和 M_3 输出轴到原动件 1、原动件 2 和原动件 3 之间采用钢丝绳传动进行减速，如图 3-30 所示。各输出轴上小传动轮的半径 $r=5$ mm，与电机 M_1 输出轴上小轮 1′相对应的大轮 1 的半径 $R_1=40$ mm，与电机 M_2 和 M_3 输出轴上小轮 2′和 3′相对应的大轮 2 和大轮 3 的半径 $R_2=R_3=30$ mm。

图 3-30　机构传动虚拟样机

　　钢丝绳传动的特点是传动紧凑、传动精度高、无间隙、无回差。它的不足之处是在传动过程中钢丝绳会发生脱落，在小传动轮处钢丝绳易发生弯曲疲劳，需要适当地张紧和限位。

整个系统的三维模型结构如图 3-31 所示。

图 3-31　三自由度桌面式力觉交互设备的三维模型

三自由度桌面式力觉交互设备的物理样机如图 3-32 所示。在加工装配过程中，制订工艺路线时需要结合加工工艺对设计做必要的修改，反复数次，做到在保证使用性能的前提下，提高加工工艺性，以达到提高效率，节约加工成本的目的。

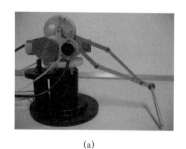
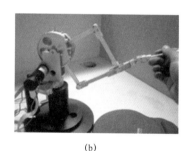

(a)　　　　　　　　　　　　　　　　(b)

图 3-32　三自由度桌面式交互设备的物理样机

3.5.3　六自由度桌面式力觉交互设备iFeel 6-BH80

在实际操作中，操作者既需要感受到力觉交互设备手柄上的作用力，还需要感受到三维操作力矩。例如，在机械零部件虚拟装配操作中，当执行一个轴孔装配操作（peg-in-hole）时，操作者不但可以体会到孔对轴的约束力，还有约束力矩。因此需要研发六自由度力觉交互设备，以提供更逼真的虚拟零件操作体验[12，32]。

Phantom Premium 3.0/6DOF 是美国 SensAble 公司开发的一种桌面式力觉交互设备，具有六自由度的位姿输入、三维力反馈和三维力矩反馈的输出。Phantom Premium 3.0/6DOF 采用串联构型，由六个电机驱动，将计算机发送来的数字信号转化成机械能从而输出反馈力，具有较大的工作空间和定位精度。

Phantom Premium 3.0/6DOF 采用阻抗控制原理，实时采集电机码盘的转角信息，进行运动学解算，获得设备末端的运动信息（即操作者的运动信息），将该运动信号传递给虚拟环境，根据力觉交互任务的要求，计算获得设备末端对操作者施加的交互力 / 力矩，进而控制电机实现上述交互力 / 力矩的要求。

表 3-5 所示为 Phantom Premium 3.0/6DOF 的技术参数。

表 3-5　Phantom Premium 3.0/6DOF 的技术参数

物理量			指标
工作空间	平移度（宽 × 高 × 长）		838 mm × 584 mm × 408 mm
	旋转度	偏航	297°
		倾斜	260°
		摇摆	335°
标称位置分辨率	平移度		0.02 mm
	旋转度	偏航 / 倾斜	0.0023°
		摇摆	0.0080°
最大输出力（标称位置）	平移度		22 N
	旋转度	偏航 / 倾斜	525 mN·m
		摇摆	170 mN·m
连续输出力（标称位置）	平移度		3 N
	旋转度	偏航 / 倾斜	188 mN·m
		摇摆	48 mN·m

Phantom Premium 3.0/6DOF 由于采用串联构型，具有较大的工作空间，但能够模拟的虚拟刚度有限（平均为 1 N/mm），无法满足模拟坚硬物体接触的交互体验。例如，在口腔手术操作中，需要模拟手术器械与牙釉质接触的刚性接触，此时的力觉交互设备应能模拟大接触刚度。与此同时，手术器械接触上下牙列的状态会发生扭转，医生将感受到器械上的扭转力矩。因此需要研发六自由度力觉交互设备，以提供更逼真的口腔手术操作体验。

六自由度桌面式力觉交互设备的设计过程和方法如下。

① 确定六自由度桌面式力觉交互设备的主要指标。

② 进行六自由度桌面式力觉交互设备的构型选型。

③ 基于采用桌面式放置方式的要求，六自由度桌面式力觉交互设备的尺寸不能太大，这可根据工作空间体积最大化的要求确定该设备的主要机构参数。

④ 根据静力学结论，以六自由度桌面式力觉交互设备需要模拟的最大输出力 / 力矩要求确定电机和传动比。

⑤ 根据速度分析结论，以六自由度桌面式力觉交互设备的位置 / 姿态分辨率要求，在传动比已定的情况下，确定码盘的线数和倍频。

⑥ 根据便于反向驱动、传动回差小等特性进行传动方式的选定。

⑦ 在机构参数、传动方式及传动比、电机码盘等已定的情况下，进行六自由度桌面式力觉交互设备的具体结构设计。在具体的结构设计中，主要遵循的原则有：关节要求运转灵活、摩擦小、回差小、便于反向驱动；连杆要求质量轻、刚度大；设备末端操作器要求便于人手抓持，易于更换。

为了增大机构的刚度，需要采取六自由度并联机构作为口腔手术模拟的力觉交互设备。六自由度并联机构构型繁多，不同构型的并联机构的性能不同。相比已有串联型的六自由度桌面式力觉交互设备，6-RSS 并联型桌面式力觉交互设备，具有并联机构相比串联机构所特有的优点，诸如机构刚度大、承载能力强、末端误差小、精度高、末端操作杆所受惯量小等。因此，北京航空航天大学研制的 iFeel 6-BH80 设备选取 6-RSS 并联机构作六自由度桌面式力觉交互设备的构型。

6-RSS 并联机构（见图 3-33）是由静平台、动平台和六条相同的分支构成，每分支 i（$i=1$，2，…，6）包括连杆 P_iQ_i 和连杆 S_iQ_i（P_i 处为转动副、Q_i 处为球副），两分支汇交于复合球副 S_i 处。其中，输入构件即为驱动杆 P_iQ_i，输出构件为动平台。该构型可以实现两种姿势（水平或竖直）的摆放，末端操作手柄可以根据模拟任务进行替换。六自由度并联桌面式力觉交互设备虚拟样机如图 3-34 所示。

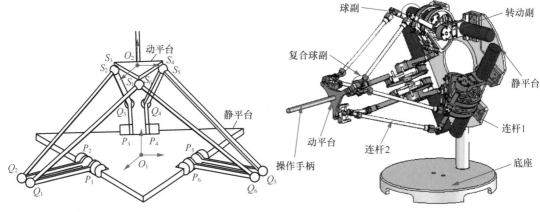

图 3-33　6-RSS 并联机构　　　　图 3-34　六自由度并联桌面式力觉交互设备虚拟样机

该构型的优势体现在可将电机全部放置在静平台上，有效地减少了分支连杆和动平台的惯量和质量，提高了桌面式力觉交互设备的性能。此外，主动关节均为转动副形式，便于反向驱动、便于减小传动部分的转动惯量。

图 3-35 所示为六自由度桌面式力觉交互设备的物理样机，末端采用可以替换的摇杆

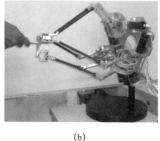

(a)　　　　　　　　(b)

图 3-35　六自由度桌面式力觉交互设备的物理样机

式结构，驱动力由直流有刷电机提供，同时在控制上通过采用重力补偿算法来进一步降低设备的质量。

在结构设计中，减速机构采用了钢丝绳传动方案，设计了钢丝绳张紧结构；针对球头、球窝形式的球副结构转角范围小的缺点，采用了三个转动副串联的球副结构来实现大的转角范围，同时严格控制球副结构的间隙；为减少运动副数目、实现整体结构简单和紧凑，采用了一种复合球副结构；为降低设备的质量和惯性，采用了铝合金和碳纤维作为六自由度设备的连杆材料。

3.5.4　六自由度大空间力觉交互设备iFeel 6-BH1500

在执行大范围力觉交互操作时，力觉交互设备的工作空间是需要首先保证的指标。例如，在飞机发动机虚拟装配操作中，操作工具的移动范围在每个维度要达到 1 m 以上。采用传动的连杆传动将导致机构的质量和惯量大幅度增加，难以满足自由空间的反向驱动性能。因此，绳传动成为大空间力觉交互设备的理想设计方案。

iFeel 6-BH1500 绳驱动力觉交互设备是由北京航空航天大学研制开发的六自由度绳驱动桌面式力觉交互设备。图 3-36 所示为 iFeel 6-BH1500 的物理样机。

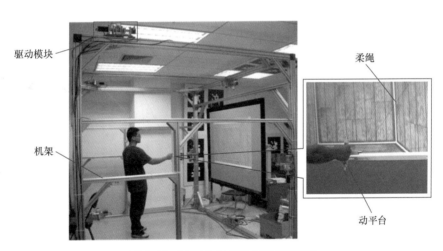

驱动模块　机架　柔绳　动平台

图 3-36　iFeel 6-BH1500 的物理样机

该绳驱动力觉交互设备由机架、驱动模块、动平台及柔绳四部分组成，设备采用了图 3-37 所示的八根柔绳的 3-3-1-1 构型，此构型能够实现较大的平动工作空间。为了适应不同的力觉交互任务，可通过调整驱动模块在机架上的位置、十字动平台尺寸以及绳在操作末端的连接方式来改变设备的构型。

表 3-6 所示为 iFeel 6-BH1500 的技术指标，图 3-38 所示为面向飞机发动机维修培训的虚拟装配系统在 iFeel 6-BH1500 设备上的使用情况。

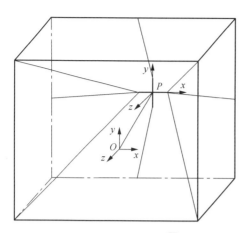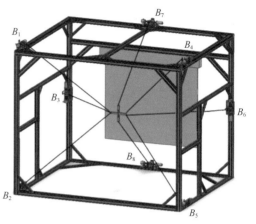

图 3-37　iFeel 6-BH1500 结构简图

表 3-6　iFeel 6-BH1500 的技术指标

物理量	指标
力输出	三维力 / 力矩
工作空间	1.5 m × 1.5 m × 1.5 m
最大输出力 / 力矩	20 N/500 N · mm
最大输出刚度	15 N/mm
方向驱动力	< 1 N
位置 / 角度分辨率	0.1 mm/0.05°

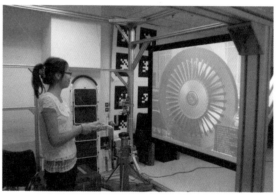

图 3-38　飞机发动机虚拟装配系统在 iFeel 6-BH1500 设备上运行

小　结

　　本章以桌面式力觉交互设备为对象，通过阐述该类设备与多关节机械臂的区别与联系，提出了力觉交互设备的设计原则和性能指标。在此基础上引出了机械系统设计、控制系统设计的步骤和基本方法。最后按照自由度的复杂程度递进关系介绍了几类典型的力觉交互设备。

　　桌面式力觉交互设备研究的前沿问题主要是如何提升性能。例如，增大其可以模拟的最大刚度，以便适应与特种交互任务的模拟。此外，如何降低桌面式力觉交互设备的体积和成本，提高其可靠性，是制约桌面式力觉交互设备成为替代鼠标的泛在人机交互设备的瓶颈问题。

▶ **思考题目**

（1）请简要论述桌面式力觉交互设备和多关节工业机械臂在功能指标和性能指标上有哪些异同点。

（2）以两关节平面串联结构形式的力觉交互设备为对象，推导其正向运动学、反向运动学方程。进一步，当给定末端二维反馈力时，推导关节力矩向量的表达式。

（3）请列举三种以上的力觉交互设备关节角度测量传感器，并对比其优缺点。

（4）请列举三种以上的可用于力觉交互设备动力源的驱动系统，并阐述其各自适用场合。

（5）以一维转动力觉交互设备为例，绘制阻抗控制和导纳控制的力觉交互过程的信号流程图，并给出虚拟环境的计算公式，并阐述两种控制方案的优缺点及各自适用范围。

（6）基于 Phantom Omni 力觉交互设备的反向驱动性的性能分析和优化，完成竖直平面内的串联机构的等效重力计算和仿真、重力补偿算法设计；约束空间的刚度计算，包括材料的变形、关节间隙分析等。

（7）力觉交互设备稳定性的含义是什么？在什么情况下会丧失稳定性？

（8）你认为未来的人机交互场景中，力觉交互设备能够完全取代鼠标吗？请构思 1 ~ 2 个最适合于桌面式力觉交互设备的应用场景和交互实例。

参考文献

[1] VLACHOS K, PAPADOPOULOS E, MITROPOULOS D N. Design and implementation of a haptic device for training in urological operations[J]. IEEE Transactions on Robotics and Automation, 2003, 19（5）：801–809.

[2] UEBERLE M, BUSS M. Design, control, and evaluation of a new 6 DOF haptic device[C]// 2002 IEEE/RSJ International Conference on Intelligent Robots and Systems. Piscataway, USA: IEEE, 2002: 2949–2954.

[3] MCNEELY W A, PUTERBAUGH K D, Troy J J. Six degree–of–freedom haptic rendering using voxel sampling[C]// ACM SIGGRAPH 2005 Courses. New York：ACM：1999：401–408.

[4] CAVUSOGLU M C. Telesurgery and sugical simulation: design, modeling, and evaluation of haptic interfaces to real and virtual surgical environments[D]. Berkeley: University of California, 2000.

[5] GIBSON S, SAMOSKY J, MOR A, et al. Simulating arthroscopic knee surgery using volumetric

object representations, real-time volume rendering and haptic feedback[C]//The First Joint Confer-ence CVRMed-MRCAS' 97. Heidelberg, Berlin: Springer, 1997: 369-378.

[6] AGUS M, GIACHETTI A, GOBBETTI E, et al. Adaptive techniques for real-time haptic and vi-sual simulation of bone dissection[C]//2003 IEEE Virtual Reality. Piscataway, USA: IEEE, 2003: 102-109.

[7] ELLIS R E, ISMAEIL O M, LIPSETT M G. Design and evaluation of a high-performance haptic interface[J]. Robotica, 1996, 14: 321-327.

[8] HAYWARD V, MACLEAN K E. Do it yourself haptics: part I [J]. IEEE Robotics & Automation Magazine, 2007, 14(4): 88-104.

[9] MACLEAN K E, HAYWARD V. Do it yourself haptics: Part II[J]. IEEE Robotics & Automation Magazine, 2008, 15(1): 104-119.

[10] KERN T A. Engineering haptic devices: a beginner's guide for engineers[M]. Heidelberg, Berlin: Springer, 2009.

[11] CAVUSOGLU M C, FEYGIN D, TENDICK F. A critical study of the mechanical and electrical properties of the PhantomTM haptic interface and improvements for high performance control[J]. Presence: Teleoperators and Virtual Environments, 2002, 11(6): 555-568.

[12] KIM H W, LEE J H, SUH I H, et al. Comparative study and experiment verification of singu-lar-free algorithms for a 6 DOF parallel haptic device[J]. Mechatronics, 2005, 15(4): 403-422.

[13] YOO J, RYU J. Design, fabrication, and evaluation of a new haptic device using a parallel mecha-nism[J]. IEEE/ASME Transactions on Mechatronics, 2001, 6(3): 221-233.

[14] UCHIYAMA M, TSUMAKI Y, YOON W K. Design of a compact 6-DOF haptic device[C]//1998 IEEE International Conference on Robotics & Automation, 1998: 2580-2585.

[15] SUNG-UK L. SEUNGHO K. Analysis and optimal design of a new 6 DOF parallel type haptic de-vice[C]//2006 IEEE/RSJ International Conference on Intelligent Robots and Systems. Piscataway, USA: IEEE, 2006: 460-465.

[16] GOSSELIN C, WANG J G. On the design of gravity-compensated six-degree-of-freedom parallel mechanisms[C]//1998 IEEE International Conference on Robotics & Automation. Piscataway, USA: IEEE, 1998, 3: 2287-2294.

[17] MONSARRAT B, GOSSELIN C M. Workspace analysis and optimal design of a 3-leg 6-DOF par-allel platform mechanism[J]. IEEE Transactions on Robotics and Automation, 2003, 19(6): 954-966.

[18] LEE C D, LAWRENCE D A, PAO L Y. Dynamic modeling and parameter identification of a parallel haptic interface[C]//The 10th Symposium on Haptic Interfaces for Virtual Environment and Teleoperator systems. Piscataway, USA: IEEE, 2002: 172–179.

[19] HUI R, QUELLET A, WANG A, et al. Mechanism for haptic feedback[C]//1995 IEEE International Conference on Robotics and Automation. Piscataway, USA: IEEE, 1995, 2: 2138–2143.

[20] BONEV I A, RYU J. A geometrical method for computing the constant–orientation workspace of 6–PRRS parallel manipulators[J]. Mechanism and Machine Theory, 2001, 36 (1): 1–13.

[21] CLOVER C L. A control–system architecture for robots used to simulate dynamic force and moment interaction between humans and virtual objects[J]. IEEE Transactions on System, Man, and Cybernetics—Part C: Applications and Reviews, 1999, 29 (4): 481–493.

[22] CLOVER C L, LUECKE G R, TROY J J, et al. Dynamic simulation of virtual mechanisms with haptic feedback using industrial robotics equipment[C]//1997 IEEE International Conference on Robotics and Automation. Piscataway, USA: IEEE, 1997: 724–730.

[23] LUECKE G R, CHAI Y H. Haptic interaction using a PUMA560 and the ISU force reflection exoskeleton system[C]//1997 IEEE International Conference on Robotics and Automation. Piscataway, USA: IEEE, 1997: 106–111.

[24] LAWRENCE D A. Stability and transparency in bilateral teleoperation[J]. IEEE Transactions on Robotics and Automation, 1993, 9 (5): 624–637.

[25] KWON D S, KYUNG K U, KWON S M, et al., Realistic force reflection in a spine biopsy simulator[C]//2001 IEEE International Conference on Robotics & Automation. Piscataway, USA: IEEE, 2000: 1358–1363.

[26] MISHRA R K, SRIKANTH S. GENIE–an haptic interface for simulation of laparoscopic surgery[C]// 2000 IEEE/RSJ International Conference on Intelligent Robots and Systems. Piscataway, USA: IEEE, 2000: 714–719.

[27] SVININ M M, HOSOE S, UCHIYAMA M. On the stiffness and stability of gough–stewart platforms[C]//2001 IEEE, International Conference on Robotics Automation. Piscataway, USA: IEEE, 2001, 4: 3268–3273.

[28] COLGATE J E, BROWN J M. Factors affecting the Z–width of a haptic display[C]// 1994 IEEE International Conference on Robotics and Automation. Piscataway, USA: IEEE, 1994: 3205–3210.

[29] COLGATE J E, SCHENKEL G G. Passivity of a class of sampled‐data systems: application to haptic interfaces[J]. Journal of Robotic Systems, 1997, 14 (1): 37–47.

[30] ADAMS R J, HANNAFORD B. Stable haptic interaction with virtual environments[J]. IEEE Transactions on Robotics and Automation, 1999, 15(3): 465-474.

[31] 张玉茹, 王党校, 戴晓伟, 等. 力觉交互系统稳定性研究[J]. 数字制造科学, 2011, 9(1): 1-34.

[32] TSUMAKI Y, NARUSE H, NENCHEV D N, et al. Design of a compact 6-DOF haptic inerface[C]//1998 IEEE International Conference on Robotics and Automation. Piscataway, USA: IEEE, 1998: 2580-2585.

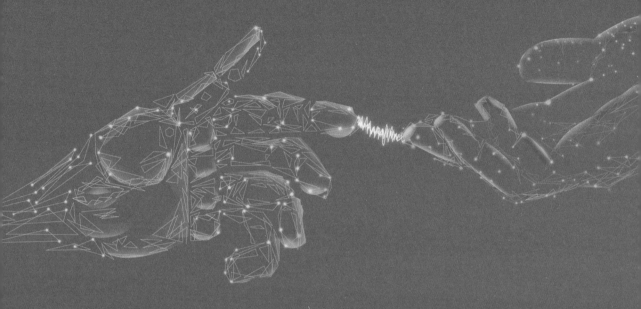

CHAPTER **04**

第4章

力觉合成方法

类似于图形渲染的目标是在虚拟场景中呈现逼真的视觉效果，力觉合成（又称为力觉生成或力觉渲染）的目标是研究如何呈现操作者与虚拟场景中物体交互的逼真力觉效果。

本章将系统介绍力觉合成的基本概念、性能指标、发展简史、计算框架、虚拟环境建模、实时碰撞检测方法、虚拟工具的碰撞响应、交互力计算模型、虚拟物体的动力学响应等，最后简要介绍力觉合成研究的前沿问题，并给出了两个力觉合成方法的应用实例。

4.1 力觉合成简介

4.1.1 力觉合成的基本概念

为构建一个力觉人机交互系统，需要在上一章所介绍的力觉交互设备的基础上，增加虚拟环境。例如，口腔手术模拟的力觉交互系统包括力觉交互设备（如 Phantom Omni），以及构建一个包括虚拟牙齿、舌头、脸颊、手术器械等各类物体的虚拟环境。操作者通过力觉交互设备控制虚拟环境中的虚拟工具（如手术器械）去触碰虚拟环境的其他虚拟物体（如虚拟牙齿或舌头）。当二者发生接触时，通过计算机算法来计算接触点的交互力大小和方向等信息，然后将该力信号发送给力觉交互设备的控制器，从而使操作者可以通过力觉交互设备体验到牙齿表面的曲面、棱角等几何细节特征，也可以体验到牙釉质的坚硬接触感受和挤压舌头的柔软变形感受。

结合上述实例可以看出，力觉合成是指根据虚拟工具和虚拟物体交互的不同动作和不同接触状态，生成和计算交互力的方法和过程。需要注意的是，虚拟工具的运动由操作者通过力觉交互设备来实时输入。

力觉合成的主要组成包括以下模块。

（1）虚拟环境建模。构建的虚拟环境是包括虚拟工具和虚拟物体的几何属性表达和物理属性表达的数字化模型。这些模型将决定虚拟物体的细节表达精度，以及碰撞检测方法的效率、模型更新的难易程度，对于力觉合成方法具有全局性的影响。

（2）碰撞检测。实时检测虚拟工具与虚拟环境中的其他虚拟物体是否产生接触，并对虚拟工具与虚拟物体之间的接触点位置、接触方向、接触面积、穿透深度和穿透体积等参数进行检测计算，为后续碰撞响应计算提供准确的接触状态信息。

（3）碰撞响应。当模拟约束空间的作用效果时，力觉交互设备末端对应的工具点始终嵌入在虚拟物体内部，碰撞响应算法的任务是计算虚拟工具的位姿信息，实现力觉交互过程中虚拟工具与其他虚拟物体的非穿透模拟。针对可变形体的磨削、弹性变形等操作，需要研究形变后虚拟物体数字模型的实时快速重构算法，以及如何准确地建立变形和作用力之间的非线性模型等。

（4）虚拟力计算。根据力觉交互设备的位置和虚拟物体的数字模型，快速、准确计算虚拟力并同时保证交互的稳定性。需要建立虚拟工具在不同动作下的接触动力学模型，包括法向接触力、表面摩擦力、切削力和力矩等多维力觉分量。为了反映虚拟物体表面的纹理接触感觉，以及力觉细节信息（例如龋齿的龋坏孔洞和黏滞效应）等，需要研究具有真实感的力觉合成算法，以便增强精细力觉信息的模拟真实感。

4.1.2　力觉合成的性能指标

与视觉、听觉人机交互相比，力觉人机交互的难点在于如何营造一个具有高实时性（刷新频率不低于 1 kHz）、高逼真性（建模和仿真误差小于人的力觉感知阈值）的虚拟环境，模拟再现自然界中物体间接触时丰富多样的力学属性，并保证人 - 机 - 虚拟环境回路的稳定性。因此力觉合成的指标主要体现为逼真性、实时性和稳定性三个方面。

（1）力觉合成的难点在于逼真性要求高。人体皮肤和肌肉内分布有高灵敏度、高密度的力觉感受器，这些感受器对于外界刺激信号的感知有特定的精度和带宽要求。力觉合成算法必须输出与真实物理规律吻合的力学行为，给操作者的力觉感受器以接近真实交互过程的刺激，才能使操作者产生身临其境的力学感受。具体来说，力觉交互设备和力觉合成算法生成的机械刺激的精度应该小于力感知的 JND，才能达到"栩栩如生"的体验效果。例如，人对于压力的生理感受 JND 在 7% ～ 8%，机械传动驱动误差、电路控制模型误差、力觉合成算法误差等累积误差必须小于人体生理阈限值，否则用户感受将失真。

（2）力觉合成对于实时性（算法的计算效率）要求高。由于人体力觉感受器对于动态信号极为敏感，相比于视觉连续画面呈现所需的每秒 30 ～ 60 帧的刷新率，逼真的力觉呈现需要每秒 1000 帧的刷新率甚至更高，才能满足实时性（无延迟）的细腻力觉体验。因此，力觉合成要求计算回路的刷新频率达到 1 kHz 或更高，即要求回路中所有计算模块，如碰撞检测算法、力觉合成的算法、碰撞响应算法、虚拟物体模型更新算法等的累积时间消耗小于 1 ms。

（3）力觉合成对于稳定性要求较高。力觉人机交互系统属于"人在回路""离散和连续环节共存"的生机电混合闭环控制系统，操作者通过操作一个机电耦合多自由度机器人系统（力觉交互设备）与虚拟环境产生信息流和能量流的双向交换。为保证"操作者 - 力觉交互设备 - 虚拟环境"闭环回路的控制稳定性，力觉交互设备和力觉合成算法必须满足阻抗匹配的原则。不正确的计算模型会导致虚拟环境的输出信号与力觉交互设备的力学特性不匹配，使得操作者的触觉体验不真实，甚至会导致力觉交互设备出现剧烈振动、噪声等失稳现象，严重时会损坏力觉交互设备乃至伤害操作者。因此，力觉合成算法的设计必须满足稳定性要求。

针对上述三个方面的性能指标挑战，力觉合成算法的设计必须同时满足逼真性、稳定性和实时性的折中。这些指标可能存在矛盾的要求。例如，欲满足逼真性指标，则需要构建精细的几何与力学计算模型；而实时性指标又需要采取简化模型以减小计算量。

通过上述分析，可以归纳出力觉合成与图形渲染的区别：实时图形渲染的刷新频率为 30 Hz，而实时力觉合成要求刷新频率至少在 1 kHz 以上；图形渲染是计算机呈现给人的单向的信号流动，只需要保证视觉逼真性即可，而力觉合成是人机之间的闭环信号和能量交互，对计算模型在稳定性和逼真性方面都提出了更严格的要求，并且需要兼顾逼真性、稳定性和实时性的折中。

4.1.3 力觉合成的发展简史

力觉合成的发展可以归结为力觉交互设备的技术推动和力觉交互应用的需求拉动两个方面。虽然力觉交互设备在 1950 年已经用于核环境的废料主从操作控制[1]，但力觉合成的研究并未得到重视。直到 1993 年以麻省理工学院教授 Salisbury 及其学生 Massie 发明的 Phantom 力觉交互设备的问世，才掀起了面向桌面式力觉交互设备力觉合成的研究热潮。

在力觉合成发展的早期，由于交互设备（三自由度力觉交互设备）以及计算效率的局限，为简化计算，交互工具由一个点来表示，模拟三自由度的力觉感受。例如，操作者控制一个点状工具滑过虚拟立方体或者圆球的表面来感知形状。早期研究（1993—2003）的主流是三自由度力觉合成，其原理是将手持设备的虚拟化身以一个点来表示，该点具有三维运动，可以和虚拟环境的物体接触交互并产生三维作用力，该三维作用力通过力觉交互设备反馈给操作者，从而使操作者体验到与虚拟物体交互的逼真感受。由于不同应用领域需求牵引，各种三自由度力觉合成算法开始得到研究，包括刚体、弹性体、流体、变拓扑力觉交互等。这方面的工作以麻省理工学院人工智能实验室的 Salisbury 为代表，结合其研制的 Phantom 系列力觉交互设备开展了三自由度力觉合成研究[2]。经典算法包括：上帝对象（god-object）、虚拟代理（virtual proxy）、光线投射（ray casting）等。显而易见，三自由度力觉合成算法不能模拟物体之间的多点接触感受，当虚拟工具和虚拟物体多点接触时，会出现穿透障碍物的现象，极大损失了交互逼真性。单点交互只适用于极少数的模拟任务，对大多数应用（如虚拟手术和虚拟装配等），虚拟物体具有几何形状甚至物理属性，单点交互则无法模拟物体间多个区域接触的情况。此外，三自由度力觉合成算法无法模拟物体之间的交互力矩，导致力觉感受不完整。

随着各类桌面式六自由度力觉交互设备的问世，以及模拟复杂场景中逼真力觉体验的迫切需求，波音公司的 McNeely 等 1999 年首次提出了六自由度力觉合成的概念，其目标是解决复杂形状物体多点多区域非穿透接触交互模拟，以及刚体交互的六维力和力矩联合计算问题。在交互操作中，操作者借助于力觉交互设备，控制虚拟工具（即图形工具）对三维物体进行操作，虚拟工具和三维物体之间产生三维相对移动和三维相对转动，力觉合成算法需要准确计算出交互力和力矩，并且保证交互稳定性以及视觉感受与力觉感受的一致性。随着不同应用领域需求牵引，各类六自由度力觉合成算法得到广泛研究，用在刚体、弹性体、流体、变拓扑交互等方面。2008 年，美国北卡罗来纳州立大学的 Lin 和其学生 Otaduy 联合十余位触力觉交互领域的知名学者，编著了第一本系统化综述力觉合成研究现状的著作 [3]，标志着六自由度力觉合成研究进入了新阶段。直至今日，六自由度力觉合成算法仍然是研究热点，存在很多问题有待解决。

在力觉交互系统的稳定性、实时性和逼真性这三个评价指标中，稳定性和实时性是使力觉交互系统可用的基本要求，逼真性则是力觉交互系统的一个评价标准。在保证交互稳定和实时的前提下，提高力觉合成的逼真性是力觉合成算法研究中需要解决的难题 [4]。归纳力觉合成的发展简史和研究现状可见，力觉合成技术的发展逐步从形状交互走向细节模拟，三自由度力觉合成已较为成熟，但六自由度力觉合成还处在具有各种几何形状的物体间多区域接触模拟的研究阶段。对于如何逼真地体现几何、物理细节特征的力觉交互尚未开展研究，原因在于具体的应用问题对细节的力觉合成提出了更高的要求。

物体表面的复杂几何与物理细节特征对于交互力模拟的逼真性具有重要影响，如物体表面的尖锐几何细节（如牙冠顶部咬合面处的凸棱、窝沟，牙石的尖点等）、物体表面的细小尺寸（如牙龈内部隐藏的细小牙石）以及物体表面物理属性的细腻变化（如牙齿龋坏组织和健康组织的分界轮廓线、硬度和摩擦系数差异等），力觉合成算法需要模拟虚拟工具和虚拟物体表面几何细节以及多重物理属性对于交互效果的影响，这大大增加了力觉合成的计算量和复杂度。

此外，操作者精细的操作动作和复杂的交互形式，也会直接影响交互力的变化。例如，牙科探诊中探针需要从牙齿和牙龈的缝隙深入到龈下探查牙石，探针要同时与牙齿和牙龈上多个区域接触，不仅会产生约束力，还会产生反馈力矩，又如在花键轴孔虚拟装配中，操作者需要将带有尖锐棱边的花键轴对准并在力矩的约束下插入到具有尖锐键槽的花键孔中。如何使操作者体验到这些细节处的力觉感受变化，对于保证模拟的真实感至关重要。针对这些精细操作行为的逼真的六自由度力觉合成，目前仍存在很多问题有待研究。

4.2　力觉合成的计算框架

根据控制模式的不同，力觉交互设备分为阻抗控制和导纳控制两类设备 [5-6]。针对阻抗式力觉交互设备，力觉合成方法的输入信号为虚拟工具的位置和姿态变量，输出信号为虚拟工具受到的虚拟环境内障碍物的反作用力。针对导纳式力觉交互设备，力觉合成方法的输入信号为操作者与交互设备之间的作用力，输出信号为虚拟工具在受此作用力情况下的运动信号。

本书以阻抗式力觉交互设备为例介绍力觉合成方法的计算框架和主要步骤，导纳式力觉交互设备相对应的力觉合成方法可以参阅参考文献 [7-8]。

4.2.1　阻抗式力觉交互设备的有限阻抗约束特性

在物理世界中，动态物体和静态物体交互时，由两者的交互力决定动态物体的运动状态和静态物体的响应，即操作者施加主动力驱动工具运动，在某个位置与环境接触，工具上受到物体阻力、运动状态发生变化，同时操作者手上会感受到反作用力。

在采用阻抗式力觉交互设备构建的人机交互系统中，交互过程会实时测量阻抗式力觉交互设备的运动信号，并基于设备运动信号和虚拟环境内物体的位置关系，计算虚拟工具和虚拟环境之间的交互力。因此力觉合成算法的输入信号为力觉交互设备的运动状态，需要将其映射为虚拟物体的运动状态，然后计算得到虚拟力。

按照力觉交互的普遍定义，当待模拟的虚拟工具与虚拟环境中的其他物体都不接触时，称力觉交互设备位于自由空间中，否则称力觉交互设备位于约束空间中。力觉交互设备的运动分离特性指阻抗式力觉交互设备工作在约束空间状态时，力觉交互设备的位置坐标和待模拟的工具位置坐标不重合。当阻抗式力觉交互设备工作在自由空间时，这两者运动信号相等，称为运动同步。下面将分析运动分离产生的原因。

阻抗式的力觉交互设备不具备力传感功能，只具有运动传感功能。因此不能测量人施加给设备的主动力信号，只能通过位置信号来表达人的操作趋势，估计人的主动力变化。由于这种测量原理的局限，造成了系统和实际物理交互的"畸变效应"。这种效应采用下述实例很容易说明。

例如，在物理世界中，人操作一个刚性杆去接触另一个纯刚性墙壁。假设接触运动按照垂直墙壁表面的方向进行，当杆碰到墙壁时，杆停止运动，人继续施加推力，杆受到墙壁的反作用力随之增大，但人手和杆相对于墙壁的位置保持静止。在基于阻抗式力觉交互设备建立的模拟系统中，为了让人手上感受到逐渐增大的交互反力，力觉交互设备在接触到虚拟墙边界后，仍需要继续向墙壁内侧移动，这样才能提供人的操作趋势的信号，同时力觉交互设备控制器依赖于该驱动信号对电机输出力进行调节。

在上述过程中，为了模拟接触墙壁的力觉效果，需要保证虚拟接触刚度足够大和接触力峰值足够大，以便与人手的力觉感知能力相匹配。首先人手指能够施加的力大约在 10 N，因此力觉交互设备的最大输出力应达到这个值，就可以给人提供完全被约束的感觉。此外，人的手臂内的运动传感器对于位移的微小变化不敏感，因此力觉交互设备的微小移动，与实际交互时交互杆完全静止不一致，人基本上感受不到。此外，由于力觉交互一般会配合视觉交互进行，在图形显示上保证交互杆在碰到墙壁后停止运动，可以依靠人的视觉对力觉感受器的诱导作用，实现力觉近似逼真的效果。

对于特定的力觉交互设备，由于其机械系统和控制系统的性能局限，可以模拟的虚拟墙刚度存在一个上限。该上限决定了力觉合成时，虚拟工具和设备末端质点之间运动分离的程度。力觉交互设备 Phantom 可以模拟的环境刚度有限，而实际环境中物体刚度变化范围很大，如金属等刚性物体接触刚度可以达到 100 N/mm 以上。为模拟虚拟工具与虚拟物体，如虚拟立方物体的挤压感觉，Phantom 末端的运动和虚拟环境中物体的运动始终存在一个相位差，即虚拟空间内的工具碰到虚拟球面时，受到墙壁的约束会停止在立方物体表面上，而真实空间中的力觉交互设备在人的牵引下会继续前行，直到计算程序发送给设备的控制作用力完全阻止人的运动为止，如图 4-1 所示。

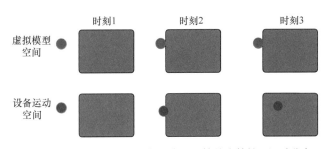

图 4-1　阻抗式力觉交互设备的有限阻抗约束特性：运动分离

基于力觉交互设备的上述特点，在交互仿真算法设计时，必须补偿运动分离的效应，才能实现逼真的力觉模拟。例如，采用 Phantom 建立的牙齿手术模拟力觉交互系统，其力觉仿真信号流动方式如图 4-2 所示，虚拟环境仿真的输入为虚拟工具的运动信号；基于物理定律和牙齿物理参数计算虚拟工具与虚拟牙齿之间的交互力，如果直接将该交互力发送给力觉交互设备，会引起设备振荡，为了避免振荡，需要将力信号进行修正，但力信号的修正会影响交互设备的输出运动使设备的运动状态发生改变；在物理仿真时，通过接触处理计算会得到虚拟工具的运动响应，这时产生了矛盾：下一个仿真时刻，刀具的运动状态应该服从于力觉交互设备的运动信号，还是应该服从于仿真计算的运动响应？可见，由于力觉交互设备运动分离特性的影响，力觉交互设备的运动信号和仿真计算的运动响应信号在空间坐标上不相等，因此力觉仿真系统必须解决两个问题：一是如何根据力觉交互设备的运动信号计算交互动力学；二是如何计算交互响应，协调力觉交互设备的运动信号和仿真计算的运动响应信号的位置关系，以保证仿真循环能够稳定、连续进行。

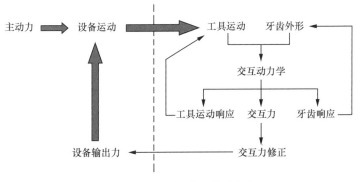

图 4-2　力觉仿真信号流动方式

交互仿真模型的任务是计算真实空间到虚拟空间运动的映射，以及交互力的大小和方向。

在力觉交互仿真中，为了模拟接触墙后反作用力增大的过程，必须依赖于力觉交互设备位置嵌入墙壁内部，否则无法实现力觉交互设备输出力的增长。上述原因决定了在模拟单边约束（虚拟墙）时，力觉交互设备末端位置触觉界面点（haptic interface point，HIP）必定嵌入约束边界内部，即图 4-1 中蓝色小球对应的位置。因此，力觉合成方法和图形显示需要保证实时计算以补偿上述效应——对应力觉交互设备的末端位置 HIP，确定虚拟工具的位置表面接触点（surface contact point，SCP）（图 4-1 中红色小球对应的位置）及虚拟物体的动态响应。

当需要模拟接触刚度很大的交互时，运动分离程度增大，会带来力觉计算、材料去除计算、图形显示计算的困难。此外，在一些场合，对操作者手臂的真实运动范围有严格要求。例如，在口腔手术模拟中，当运动分离程度严重时，力觉交互设备运动范围远大于临床实际操作中工具的运动范围，导致培训达不到预想效果，甚至可能对患者口腔造成危害。这时需要增大力觉交互设备的刚度，或采用导纳式力觉交互设备。

4.2.2 力觉合成的计算框架种类

力觉合成的计算框架分为两种：直接渲染方法和虚拟匹配方法。如图 4-3 所示，前者将力觉交互设备的位置和姿态变化直接映射到虚拟工具的位置和姿态变化。

1. 基于直接渲染方法的计算框架

基于直接渲染方法的计算框架的计算流程如图 4-3 所示，输入为力觉交互设备的三维或六维位置和姿态变化，按照固定的采样频率（一般为 1 kHz）输入力觉合成流程。力觉合成流程内部计算步骤包括：虚拟物体建模（离线）、碰撞检测、碰撞响应（虚拟工具响应、被操作物体响应）、交互力计算等。

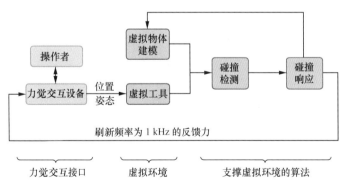

图 4-3　基于直接渲染方法的计算架构的计算流程

在虚拟工具与虚拟物体的交互过程中，力觉合成的目标是实现模拟的逼真性，但同时必须保证合成的实时性和系统的稳定性。算法设计的难点在于需要考虑各种约束条件。

首先，由于计算的输入信号为力觉交互设备采集得到的运动信号（位置和姿态变化），因此合成设计必须考虑阻抗式力觉交互设备的运动分离特性。其次，力觉交互设备的性能体现在力觉交互的逼真性，即力的计算必须反映虚拟工具和虚拟物体接触点处的几何属性和物理属性。例如，虚拟物体表面需要反映出不同的形状特征（如凸轮廓或凹轮廓），而棱边、顶点等需要反映出力觉交互效果的差别。再次，为模拟连续的力觉交互效果，控制计算机发送给力觉交互设备的输出力刷新频率必须至少为 1 kHz。基于上述要求，虚拟力计算效率必须满足实时性要求，这主要受碰撞检测算法和虚拟物体模型更新算法的制约。最后，由于力觉交互设备的有限刚度和数字控制带来的局限，在一些情况下（例如虚拟物体的接触刚度超过力觉交互设备可以模拟的最大刚度时）会出现力觉交互设备丧失稳定性的现象 [9]。

为了实现逼真性、实时性和稳定性的模拟效果，必须合理设计力觉计算框架和协调各子任务，包括虚拟场景建模、碰撞检测、碰撞响应、虚拟力计算、虚拟力合成与图形同步计算等。在本节中，运动的虚拟工具采用质点模型，虚拟物体采用三角片网格模型，在此前提下寻求适当的虚拟力计算和虚拟力合成方法。

在不带力觉交互设备的碰撞检测研究中，采用鼠标等交互设备驱动虚拟工具运动，当虚拟工具碰到虚拟物体时，利用视觉反馈发现该信息，则鼠标停止运动；当采用力觉交互设备时，希望在碰撞发生时，力觉交互设备立即输出比较大的力，阻碍人的运动，这样就能够防止虚拟工具穿透虚拟物体，而实际上由于力觉交互设备的刚度有限，不能立即阻碍人的运动，因此如上节所述，在交互状态由开始接触到挤压变形达到最大值的过程中，虚拟工具点和力觉交互设备点会发生运动分离现象。因此虚拟力计算包括两部分：第一部分是碰撞检测，解决力觉交互设备由自由空间进入约束空间时，虚拟工具与被交互虚拟物体的穿透检测问题；第二部分是碰撞响应，解决力觉交互设备位于约束空间内部时，虚拟工具位置计算和交互力计算问题。

基于 Phantom 有限刚度的设计原理，碰撞检测的任务是根据 Phantom 的运动计算虚拟工具与静态物体交互的"约束信息"。由于 Phantom Desktop 只能反馈三个自由度的力，因此这些"约束信息"的最终目的是为了计算一个三维交互力向量。即仿真问题归结为一个移动质点和一个三角片网格接触交互力学的计算问题。在力觉合成中，当模拟约束空间的作用效果时，力觉交互设备末端对应的工具点（HIP）始终嵌入在虚拟物体内部，算法的任务是根据嵌入信息计算交互力并计算虚拟工具的位姿信息，实现力觉交互过程中虚拟工具与虚拟物体的非穿透模拟。

在基于质点工具的力觉交互计算中，碰撞检测问题归结为一个移动质点和一个三角片网格求交的问题，由于物体三角片网格中单元数目比较多，因此需要进行快速查找，以便找到可能与虚拟工具相交的三角片集合。常用的方法是采用时间邻接和空间划分方法，并且将碰撞检测分解为粗检测（不相干区域的排除）和精检测（寻找穿透和最近的三角片）两个阶段，以便快速获得感兴趣的三角片集合。

碰撞检测的计算结果通过提供给碰撞响应模块，实现交互力计算。碰撞响应需要计算移动质点工具嵌入静态物体的最短深度以及该深度对应的静态物体的本地几何约束特征（本地三角片的法线方向），同时还需要了解移动质点工具在嵌入物体内部以后的运动轨迹。由于交互过程中质点工具一直在运动，质点工具和牙齿之间的交互状态可能在分离状态和接触状态之间频繁切换，因此要求碰撞检测模块和碰撞响应模块能够协调设计，以保证仿真过程每个循环内计算时间的最优化。

2. 基于虚拟匹配方法的计算框架

如图 4-4 示，虚拟匹配方法 [10] 指力觉交互设备和虚拟工具之间通过一个虚拟匹配单元（虚拟弹簧和阻尼元件）联系，将虚拟工具的运动看作外力和内力联合作用的刚体运动，采用牛顿力学来求解，外力指力觉交互设备的牵引力，内力指障碍物对虚拟工具的反作用力。虚拟匹配方法的优势在于将虚拟环境内的六自由度运动 - 力非线性映射采用一个线性的弹簧阻尼环节来"短路"，通过限制该环境的弹簧和阻尼上限（小于力觉交互设备的阻抗边界）保证了力觉交互设备的稳定性。

基于虚拟匹配方法的计算框架的计算流程如图 4-4 所示，输入为力觉交互设备的三维或六维位置和姿态变化，按照固定的采样频率（一般为 1 kHz）输入力觉合成方法。力觉合成流程内部计算步骤包括：虚拟物体建模（离线）、碰撞检测、碰撞响应（工具响应、虚拟物体响应）、交互力计算等。

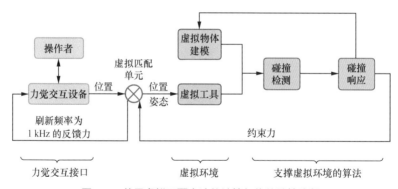

图 4-4　基于虚拟匹配方法的计算架构的计算流程

虚拟匹配的优点是能够解耦虚拟场景与力觉交互设备的运动。然而，当虚拟工具沿着凹凸、凹槽等具有精细几何细节的表面滑动时，力信号的细微变化会被虚拟匹配单元过滤掉，使力觉合成的逼真性降低。

4.3　虚拟环境建模

虚拟环境建模是应用计算机技术生成虚拟世界的基础，是力觉合成的基础环节。虚拟环境建模的目的是根据应用需求，将真实世界的对象物体在相应的三维虚拟世界中重构，并根据系统需求保存部分物理属性和生理（行为）特征。

虚拟环境模型的构建经历了从几何模型、物理模型到生理模型（行为建模）的发展进程。几何模型是虚拟环境模型构建的基础，是真实世界的物体在三维虚拟世界中的视觉重构。与几何模型相比，物理模型综合体现物体的物理特性，如质量、表面纹理、粗糙度、硬度、形状等，在模拟切割、钻削以及软组织的变形等操作时，需要考虑物体的物理属性的影响，因此需要构建物理模型。几何模型与物理模型相结合，就可以构造一个能够逼真地模拟现实世界的虚拟环境，实现"看起来真实、动起来真实"的特征。

图 4-5 所示为构建力觉交互系统的基本流程。以手术模拟的力觉合成为例，在几何模型构建方面，操作者通过几何数据采集装置对真实世界的物体进行扫描或测量，获得几何数据，通过三维重构算法和软件，获得一定格式的几何模型表达。在物理模型构建方面，医生通过物理数据采集装置，对被操作物体（如病人组织器官）进行扫描或测量，获得物理数据，通过数学建模，获得被操作物体的物理模型表达。此外，还需要构建生理模型等。

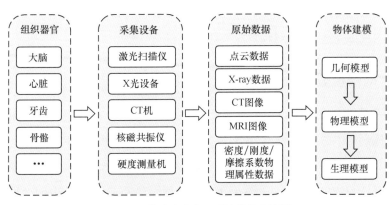

图 4-5　构建力觉交互系统的基本流程

4.3.1　力觉交互场景建模的特点

数字模型指在虚拟环境中建立虚拟工具和虚拟物体的几何表达和物理表达[11]，前者在计算几何、计算机动画和计算机辅助设计（CAD）领域得到广泛研究，后者在弹性力学、计算力学等领域得到广泛研究。

在力觉交互系统中，数字模型不但要描述物体的几何属性，还要描述物体的物理属性，如物体的硬度、弹性模量、摩擦系数等。传统三维重建方法，获得的仅是物体的几何属性表达，为了获取物体的物理属性，目前常用两种方法：一种是理论建模的方法，将物体看作线弹性组织，根据研究和理论计算给定弹性比例系数；另一种是采用试验的方法，实际测量生物体组织，获得不同载荷下的变形曲线，进行拟合得到的近似物理属性。

在力觉交互中，需要研究几何属性与物理属性集成的建模技术，包括属性数据获取和数字模型构建等。典型的数据获取方法是通过激光扫描、CT 等手段测量获取物体三维点云或体数据，然后进行三维重建。激光扫描的优点是数据点规则，便于进行三维重建，但缺点是只能获得物体表面数据，不能反映内部信息；CT 的优点是可以获得物体内部的全局信息，但系统成本高，而且三维重建算法复杂，一般在计算机图形学经典几何模型的基础上，通过添加模拟对象的物理属性参数，如表面硬度、内部组织黏度、摩擦系数等来完成。

对于简单形状的虚拟物体，可以构建解析形式的模型。例如，针对一个虚拟墙采用一个参考点和参考法线构成的平面方程来表达，针对一个球采用球心坐标和半径构成的解析方程来表达；但对于复杂形状的物体，则必须采用离散形式的模型来表达。力觉合成的代表性模型包括网格模型、体素模型、球树模型等。力觉合成方法中建模的难点在于如何平衡模型精细度和计算效率之间的关系。在设计力觉合成算法时，应根据应用需求的不同来进行模型选择。模型的选择将影响后续的物体细节表达精度、碰撞检测方法的效率、模型更新的难易程度，对于力觉合成方法具有全局性的影响。正是由于特点各异，因而根据具体应用特点，选择合适的几何模型是提高力觉合成算法性能的关键。

4.3.2 网格模型

网格模型是力觉合成中应用最早也是最广泛的几何模型。Zilles 和 Salisbury 在 1995 年提出了将计算机图形学中的网格模型应用到触力觉领域的思想，通过采用点、线、面这三种几何元素，以及它们之间的拓扑关系来表示三维实体表面，如图 4-6 所示。从最早期的单点三自由度力觉合成、直线与物体的交互，到最新的六自由度力觉合成[12-13]，如图 4-7 所示，各种新的力觉合成方法相继被提出并在网格模型上进行了验证。

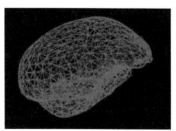
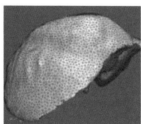
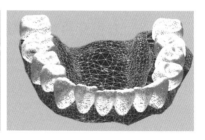

（a）肝脏线框模式　　　　　　（b）肝脏实体模式　　　　　　（c）牙齿牙龈

图 4-6　三角网格模型

网格模型的优点主要在于表面网格细腻，有很好的显示效果，可用于虚拟模型的显示。在多边形网格中，最常用于图形渲染的是三角片网格模型。在得到模型的顶点法线后，加上灯光和材料属性以及贴图，就可以获得十分真实的显示效果。

图 4-7 基于网格模型的六自由度力觉合成

网格模型的缺点是在进行细节渲染时，极易导致力觉合成的穿透效应，可能造成错误的力反馈效果[14]。同时，多边形网格模型碰撞检测的计算效率低。以三角片网格模型为例，任意三角片网格模型之间的接触，在每一个接触区域的接触类型都十分复杂。此外，在模拟材料去除（如牙齿钻削）时，网格模型需在面片级别进行几何关系的测试，并构造新的表面，计算较为复杂。当工具或者物体三角面片数量增多时，无疑增加了碰撞检测求解的复杂性，无法满足视觉交互和力觉交互的刷新频率要求。

基于三角片网格的性能优势，通用型商用力觉合成开发环境（如 OpenHaptics、CHAI 3D 等）一般采用三角片网格表达虚拟物体的几何形状，采用虚拟弹簧和虚拟阻尼来表达物体的物理属性。

在口腔手术模拟中，训练的重点是提高医生的手部精细操作能力，针对牙齿表面探诊手术来说，医生通过探针感受牙齿表面的硬度、粗糙度等来判断病变区域，而牙齿不同病变组织存在微小几何特征，因此要求三角片网格比较精细。虚拟牙齿要提供如此精细的力觉感受，必须建立在拥有大量数据的精细模型基础之上。在口腔手术模拟系统中，全口下牙列数据顶点数为 143 865，面对数量如此巨大的模型，仿真系统难以满足刷新频率为 1 kHz 的力觉合成需求。如果简化数据，虽然能满足力觉合成的实时性，但逼真性难以保证。因此，需要探索新的数字建模方法，既需要支持整体全局对象操作（如针对口腔内所有牙齿）的粗模型，还需要支持局部细节对象操作（如针对某颗病牙）的精细化模型，而且这两类模型的细微程度可以连续控制。此外，不同精度的模型需要随着医生的视角变化和工具移动而动态切换。

为了解决力觉合成实时性和逼真性的矛盾，可运用层次细节（level of detail，LOD）技术建立图 4-8 和图 4-9 所示的不同分辨率的牙齿层次细节模型。根据人在不同速度下探查物体表面的不同触觉特征，通过交互速度调用模型层级，以便满足真实感的力觉合成要求。牙齿原始数据为激光扫描得到的牙齿轮廓数据，经过三维重建可以得到三角片网格表达的表面模型。针对牙齿上不同组织区域的三角片，进行包括面弹性系数、面阻尼因子、面动态摩擦因子、面静态摩擦因子等物理属性的设置，这些参数作为每个三角片的附加信息，存储在三角片网格模型的数据结构中。

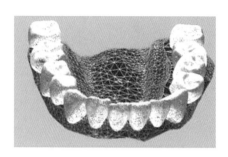

图 4-8　全口腔低层级线框（高分辨率）表示

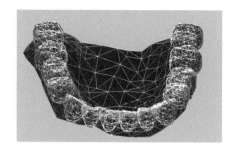

图 4-9　全口腔高层级线框（低分辨率）表示

4.3.3　体素模型

体素模型将整个空间完全分割成相同尺寸和姿态但相互不重叠的立方体（称为体素）。物体的几何信息由一个三维的数组表示。数组的下标对应体素的坐标，数组中的值表示该体素的属性。例如，该体素位于物体的内部还是外部等几何属性。该表示方法不仅可以方便地表示物体的几何属性，而且只需要增加一组数组的属性就能扩展到表示其他属性，如颜色、密度等物理属性。

体素模型最突出的优点是碰撞检测和其他求交测试简单，只需要检测对应的坐标位置的数值即可，求交测试的运算量小。体素模型包含了面模型（如网格模型）难以表达的物体的内部物理属性，因而是逼真手术模拟中通常采用的表示方法。但同时，体素模型的内存消耗大，用256 像素 ×256 像素 ×256 像素的分辨率表示一个物体，至少需要 16 MB 的存储空间。因此为了模拟复杂的手术场景，往往需要对体素模型做一些改进，如只存储物体表面上（或表面附近几层）的体素。正是由于这些特点，体素模型更适用于一些小的场景（内存不是系统瓶颈的应用场合）。

此外，体素的优势在于容易支持变拓扑结构的操作，如钻削等材料去除操作的模拟。Morris 等 [15] 采用体素模型进行骨骼钻削的模拟。图 4-10 所示为虚拟肝脏切割模拟采用体素模型的实例。

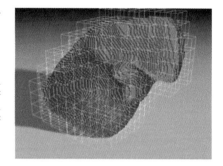

图 4-10　虚拟肝脏切割模拟采用体素模型

4.3.4　球树模型

球树模型 [16] 最早是由 Hubbard 提出的。其核心思想是用尽可能少的球去逼近一个三角片网格模型，同时让球有一个层次化的结构，越往下一层，与三角片网格模型越逼近，这样就可以利用球的层次化结构进行碰撞检测。当执行交互任务时，根据任务所允许的交互时间来确定碰撞检测所深入的层级，实现基于时间任务的碰撞检测方法。

在如何利用尽可能少的球对一个物体进行逼近方面，Hubbard 提出了基于中轴线的理论，其核心思想是找到任意空间物体的中轴，可以理解为物体的骨架，以物体骨架上的点为球心建立的球可以很好地逼近这个物体。

王党校等 [17-18] 以球为基元组合逼近的球树模型来表示虚拟工具和虚拟物体。以口腔手术模拟的牙科探针和牙齿为例，利用中轴理论对口腔探针进行了逼近。从图 4-11 所示看出，采用三层八叉树层次结构的球树模型，对牙齿和探针的形状逼近得到了一个较为理想的结果 [19]，说明了这种方法的有效性。此外，如图 4-12 所示，球树模型可以逼近更复杂形状的物体，包括兔子、龙、虚拟手等。

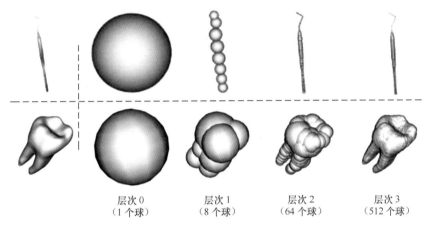

图 4-11　三角网格模型和层次球树模型对比实例：探针（上）和牙齿（下）

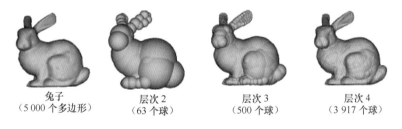

图 4-12　层次化球树模型逼近形状复杂物体

同多边形网格模型相比，球树模型具有各向均匀的性质，这使碰撞检测和单边接触约束的构建极为简单，可以直接在接触的两个物体各自的球对之间建立约束，且只需要让两球球心距离大于半径之和即可保证两个物体不发生互相嵌入，而且球树模型自带层次化结构，利用这个结构很容易实现多分辨率的碰撞检测算法设计。

基于此特点，王党校等 [20-21] 将球树模型和约束优化方法结合，提出了复杂形状物体之间多区域接触的六自由度力觉合成方法，实现了刚体、变形体物体尖锐和细节特征可保持的 1 kHz 刷新频率的实时力觉仿真计算要求。

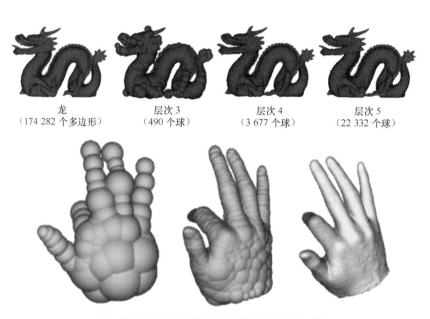

龙	层次 3	层次 4	层次 5
（174 282 个多边形）	（490 个球）	（3 677 个球）	（22 332 个球）

图 4-12　层次化球树模型逼近形状复杂物体（续）

4.3.5　其他模型

样条曲面是计算机辅助设计里的标准格式，因而在工业领域应用中的力觉合成上具有很强的优势。直接基于样条曲面进行力觉合成，避免了将样条曲面转换成通用模型（网格模型和体素模型）的计算过程，也避免由此带来的精度损失，因此适用于对几何精度有很高要求但形状规则的虚拟装配等应用中。美国犹他州立大学的 Johnson 等 [22] 采用样条曲面进行力觉合成（见图 4-13），研究了单点与非均匀有理 B 样条曲面接触交互，B 样条曲面与 B 样条曲面间多点的交互。

图 4-13　基于样条曲面的模型

4.4　实时碰撞检测方法

4.4.1　力觉合成中碰撞检测的特殊性

在基于阻抗控制的力觉交互系统中，力觉交互设备的运动信号为原始输入，根据该信号驱动虚拟环境内的虚拟工具与虚拟物体进行交互。碰撞检测需要实时检测虚拟工具与虚拟物体是否产生接触，并对虚拟工具与虚拟物体之间的接触点位置、接触方向、接触面积、穿透深度和穿透体积等参数进行检测计算，为后续碰撞响应计算提供准确的接触状态信息。

快速而精确的碰撞检测算法是力觉合成的一个技术难点，算法特性具体包括下面三个方面。

（1）快速性。区别于图形显示，在力觉交互设备中，由于人体皮肤的力觉感受器具有高感受带宽的特点，虚拟环境内的力觉信息刷新频率必须在 1 kHz 左右。因此，需要研究新型碰撞检测算法、碰撞响应算法以及虚拟力计算模型等，以保证所有算法组成的总体仿真回路具有 1 kHz 左右的刷新频率。

（2）精确性。碰撞检测算法需要适应不同凹凸复杂的几何形状，要求元素级（如面片级）精确检测。绝大部分的交互物体难以用解析式表达，一般采用大数据量的三角片、体素等离散单元来表达，如何快速判断虚拟工具上的单元与虚拟物体上的单元是否发生碰撞至关重要，难点是快速判断虚拟工具是否与虚拟物体相接触，并且求出准确的接触位置和穿透深度或穿透体积。

（3）实时性。由于虚拟工具的运动受操作者实时控制，其运动速度和运动方向事先不可预测，必须由力觉交互设备实时采集，碰撞检测时要避免工具快速运动的误检测，尤其是针对薄壁物体或物体上的细微几何细节操作时，容易出现虚拟工具穿透现象。

为保障虚拟仿真系统的逼真性和实时性，设计的碰撞检测算法必须权衡碰撞检测的精度和速度，具备快速、准确、稳定可靠、可以用于物理模型的仿真等特性。

4.4.2　碰撞检测算法分类

为了加快碰撞检测的计算效率，在应用中几乎所有的碰撞检测都遵循以下两步：首先是基于空间划分的层次化或多分辨率的思想，尽可能多地去除与交互物体距离较远的单元参与检测；然后再进行基本单元测试，如点—面、球—球等相交测试。换句话说，为加快计算效率，一般采用粗检测和精检测两个阶段。前者是采用物体的包围盒与运动工具进行检测，后者要定位到物体上的元素级精度[23]。

对存在拓扑结构的物体，如由多边形网格表示的物体，网格面片之间的拓扑信息用来表示邻接关系，这些信息可以用来加速检测。建模中得到的网格也有可能没有拓扑信息，此时每个面片都是独立的，物体的碰撞检测无法利用邻接关系来加速。层次包围盒是对物体的组成单元进行空间划分，以加快碰撞检测的最有效的方法之一。通常情况下，在预处理阶段会建立目标物体模型的层次包围盒（一般为树形结构），按照空间距离对物体的组成单元（如网格面片）进行递归划分，直到每个包围盒只包含一个基本单元为止。有了这些信息后，工具和物体分别从各自的层次包围盒的顶层开始递归式遍历。若工具包围盒与物体包围盒有交集，则算法递归至二者的子包围盒继续检测；若无交集，则该包围盒的子节点不需要遍历。这样就避免了很多不必要的基本单元之间的测试。包围盒的选择是此类方法的重点，根据包围盒的紧密性、时间消耗以及动态更新的不同，典型的层次包围盒有包围球、轴向包围盒（AABB）、方向包围盒（oriented bounding box，OBB）、k-dop(discrete orientation polytopes)、凸包包围体（convex hulls）等。图 4-14 所示为各种三维物体包围盒的二维投影。

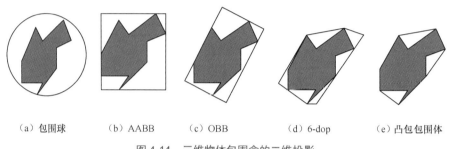

（a）包围球　　　（b）AABB　　　（c）OBB　　　（d）6-dop　　　（e）凸包包围体

图 4-14　三维物体包围盒的二维投影

包围盒测试法在各个应用领域经常用于碰撞的预检测。AABB 重叠测试比较简单，更新比较容易，可用于变形物体的碰撞检测，但其紧凑性不好。OBB 的紧密性较好，但重叠测试的代价比较大，包围盒的更新比较复杂，不适合变形物体的碰撞检测。k-dop 的紧密性在这些包围盒中是最好的，其更新也比较容易，所以也适用于变形物体间的碰撞检测。此外，通过对包含物体的空间进行分割，可以获得物体的体素模型，如八叉树、二叉空间剖分（binary space partitioning，BSP）树等，其碰撞检测只需判断对应的网格空间是否包含体素，故可以大大提升碰撞检测的速度。

针对面向力觉计算的快速碰撞检测问题，Otaduy 等[4] 采用空间包围盒分割和时间相关性原理来解决精确碰撞检测信息的快速计算。但该方法仅能处理网格单元数目在几千个的两个物体之间的力觉交互问题，当扩展到更加复杂的物体时，将会受到计算机内存和计算速度的制约，不能满足刷新频率为 1 kHz 的实时力觉交互要求。针对具有大量网格单元的虚拟场景的力觉交互，通常采用网格简化技术来提高力觉合成效率。

除层次包围盒法外，空间网格划分法也是碰撞检测的常用方法。空间网格划分法对包含物体的空间进行单元划分，碰撞检测只需判断虚拟环境中各个物体的网格空间是否包含空间单元，其优点是可有效地提高检测效率和速度，缺点是检测的相对精度不高。因此，空间网格划分法可用于对速度有很高要求的模型碰撞检测。

4.4.3　基于多分辨率模型的碰撞检测算法

多分辨率建模方法首先在计算机图形学中被提出来，是复杂场景图形渲染的重要方法。为协调对象复杂度和碰撞检测效率的矛盾，基于多分辨率模型的碰撞检测算法得到了广泛研究。该算法一般有两种构造方法：一种是基于小波理论的细分曲面；另一种是 LOD 简化技术。LOD 简化技术是典型方法，该方法有两种，即静态构造离散 LOD 模型和动态构造连续 LOD 模型，后者一般采用渐进式网格来实现。例如，只精细化操作者凝视的局部区域，其他部分保持粗糙的模型，这样就可以同时保持模型准确表达和计算实时性的平衡。

Otaduy[24] 基于人对细节的感知开发了针对凸面片的网格简化方法并对下牙列构建了多分辨率模型，如图 4-15 所示。该方法实现了实时稳定的力觉合成，但由于采用离散 LOD 模型，不支持渐进的传输，不适合具有有限内存空间的力觉合成环境。Yoon 构建了一系列的动态 LOD 渐进式网格，并使用 OBB 加速碰撞检测，但很难获取详细的接触信息。Liu 等[25] 介绍了一种新型的"局部细分"方法来满足力觉合成对快速碰撞检测的要求，精确的碰撞检测只在局部细分的网格上进行。Zhang 等提出在粗糙网格模型上细分感兴趣区域的方法，通过控制模型的节点数，来调和柔软物体变形时力反馈计算要求快速与图形显示要求计算精细的矛盾，以保证仿真能够高效率地进行。Pavel 等将探查速度作为多分辨率模型之间切换的触发条件，利用归并树数据结构构造多分辨率的交互模型，但其数据结构比较复杂，不容易保证算法的稳定性。Barbic 和 James 基于距离场模型进行多分辨率碰撞检测，有效地实现了变形体的力觉合成。

  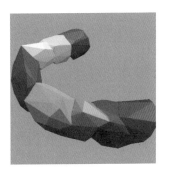

(a) LOD 0: 4万个三角片　　　(b) LOD 3: 1414个三角片　　　(c) LOD 11: 8个三角片

图 4-15　基于网格的多分辨率层级模型

4.4.4　连续碰撞检测算法

连续碰撞检测算法是指在一个连续的时间间隔内，判断虚拟工具与虚拟物体相交的算法，一般涉及四维时空问题或结构空间精确的建模研究。目前多数算法是离散的碰撞检测，这类算法有两个共同的缺陷：一是存在穿透现象，当离散检测步长过大时，两物体可能已经发生了一定深度的穿透才被检测到发生碰撞，这就无法保证物体运动的真实性；二是会遗漏发生碰撞的情况，对于较狭窄的物体，若交互工具在相邻离散时间点处于该狭窄物体的两侧时，离散算法无法正确地检测出碰撞信息。

连续碰撞检测是最自然的方式，可以解决上述两个问题，但它的实现非常复杂，运算开销也很大，往往会成为实时系统尤其是复杂场景渲染的计算瓶颈。故目前大部分碰撞检测还是采用基于离散点的碰撞检测，为了避免物体交叠过深或者彼此穿透，可采用比较小的模拟步长。

4.4.5　常用开发包

有一些共享软件开发包可用于力觉合成的碰撞检测，如 PQP(proximity query package)、SWIFT++、FAST、C2A 等。PQP 的功能包括狭义的碰撞检测、最近距离计算和距离阈值验证。SWIFT++ 功能包括狭义的碰撞检测，以及距离阈值验证、近似和精确最小距离计算、碰撞验证。此外，FAST 支持刚体的连续碰撞检测，即给定刚体的起止位形，FAST 能计算出碰撞第一次发生的时刻，以及该时刻具体的碰撞几何信息 [26]。C2A 支持刚体的连续碰撞检测，不要求拓扑结构信息。这些碰撞检测算法大多基于网格模型，而且适用场合、计算效率各异。

4.5　虚拟工具的碰撞响应

根据阻抗式力觉交互设备的测量原理，交互点会嵌入物体内部，而图形显示上必须保证虚拟工具处于虚拟物体表面，因此存在力觉交互设备运动到虚拟工具运动的映射问题。

4.5.1　碰撞响应算法分类

在三自由度力觉合成中，虚拟工具被简化为一个单点，这样计算相对简单。常用的方法有基于约束的上帝对象（god-object）方法，通过记录力觉交互设备运动过程的历史数据，采取虚拟工具点实现工具的运动映射，可以通过质点和三角片网格的碰撞检测并根据广义最短距离方法计算虚拟工具单点的位置。

六自由度力觉合成比单点交互的三自由度力觉合成复杂得多。最早的代表性工作是 1999 年美国波音公司的 McNeely 等发表的一篇论文。此后，国内外研究者从不同思路开展研究工作。2008 年，美国北卡罗来纳州立大学的 Lin 和其学生 Otaduy 联合十余位国际触力觉领域知名学者，编著了第一本系统化综述力觉合成研究现状的著作 [3]。该书中给出了六自由度力觉合成的通用计算框架，如图 4-16 所示。该计算框架包含两个待解决的核心问题：工具位置和姿态（T）的求解、力和力矩（F）的计算。前者即是本节讨论的碰撞响应，其含义是在碰撞检测模块检测到虚拟工具和虚拟物体发生碰撞或穿透后，基于物体之间的物理约束特性，求解虚拟工具的位置和姿态（T）。

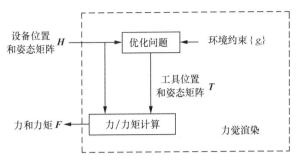

图 4-16　六自由度力觉合成的通用计算框架

碰撞响应的难点主要在于同时满足快速求解和力觉交互稳定性两个条件。六自由度力觉合成中碰撞响应方法可分为基于惩罚的方法（penalty-based method）、基于约束的方法（constraint-based method）和基于冲击的方法（impulse-based method），如图 4-17 所示。以下对三种具有不同特点的碰撞响应方法的优缺点以及适用范围进行介绍。

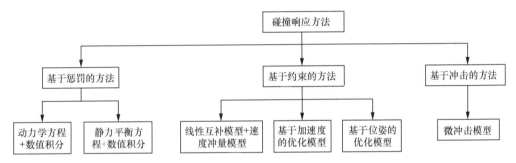

图 4-17　六自由度力觉合成中碰撞响应方法分类

4.5.2　基于惩罚的方法

基于惩罚的方法将虚拟工具的移动和转动加速度作为待求状态变量，通过建立牛顿力学微分方程组，采用隐式积分实现动力学方程解算；将虚拟工具与虚拟物体的相对嵌入深度映射为接触力，通过接触聚类方法来实现多点约束下的接触力合成[12]。六自由度力觉合成中基于惩罚的碰撞响应流程如图 4-18 所示。

McNeely 等[27] 对基于惩罚的方法进行了改进，基于点壳（point shell）模型和体素模型相结合描述刚体接触交互，基于静力平衡方程来计算碰撞响应。Seth 等[28] 使用点壳模型和体素模型来研究基于力觉交互的装配，以供检查装配路径的可行性。研究结果表明，采用体素模型无法装配那些配合间隙比较小（≤ 0.5mm）的零部件。在上述基于惩罚的方法中，由于接触点位置或法线的跳变会带来力矩的跳变，导致力觉和视觉感受的不一致，包括图形工具与物体相互穿透，或存在间隙时却出现反馈力、不真实的摩擦和黏滞效果等，会影响力觉合成的真实感。

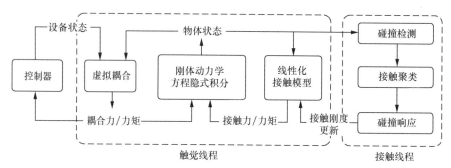

图 4-18　六自由度力觉合成中基于惩罚的碰撞响应流程 [13]

Barbic 等 [13] 对基于惩罚的方法做了进一步改进，通过距离场和层次化点壳模型求解多点接触下的碰撞检测问题，实现了交互力和变形的实时计算，采用虚拟匹配环节在保证交互稳定性的同时，可使力觉交互循环具有较高的刷新频率。

Otaduy 尝试模拟具有纹理的虚拟工具与虚拟物体间的多区域接触。纹理采用基于图像的纹理映射方法表达，虚拟工具和虚拟物体由在一个低精度的网格模型上叠加纹理映射构成的网格 - 高度场点模型来描述。在六自由度下定义虚拟工具与虚拟物体的相对嵌入深度为 "虚拟工具与虚拟物体特征表面的最大垂直距离（高度场）"，并采用基于惩罚的方法和接触聚类方法实现了多点约束下的反馈力计算，如图 4-19 所示。

上述方法为表面具有纹理的物体间交互提供了一种解决思路，但存在着以下局限：物体表面的纹理必须表达成高度场点模型，对其他模型不适用。相对嵌入深度是通过计算采样接触区域表面点间距离的最大值得到的，如图 4-19(a) 所示。因此，当采样密度较小而点间距离过大时，会造成嵌入深度计算失真，无法模拟纹理细节，但若采样密度较大时，又会加重计算负担，导致反馈循环刷新频率降低。此外，该方法无法保证稳定的力觉交互，必须通过虚拟匹配来达到稳定的交互，从而滤掉了原本细节处的细微力觉变化。

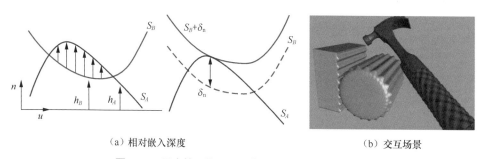

（a）相对嵌入深度　　　　　　　　　（b）交互场景

图 4-19　具有纹理的工具和物体间六自由度交互操作

综上所述，基于惩罚的方法可以提供稳定和快速的力觉交互，但该方法仍存在下面两个局限。

（1）数值积分环节引入计算误差，不适合模拟狭小空间的力觉交互。

（2）没有考虑工具运动的历史信息，在采用当前时刻的嵌入深度来计算惩罚约束力时，存在计算歧义，因此当虚拟工具上多个点嵌入虚拟物体时，在物理工具的微小运动（尤其是转动）输入下，不可避免地产生约束力计算结果的突变。

4.5.3　基于约束的方法

基于惩罚的方法是一种近似和局部的方法，与之相比，基于约束的方法是精确的和全局的方法 [3]。针对基于惩罚的方法的缺点，Ortega 等 [29] 提出了基于约束的计算方法，采用准静态运动优化和连续碰撞检测实现响应计算。该方法不需要依赖虚拟匹配即可实现物体之间的多点接触交互稳定性，但该方法采用加速度作为优化的设计变量，需要通过两次数值积分才能得到虚拟工具的位置和姿态，因此仍然存在数值积分带来的误差问题。此外，由于其采用连续碰撞检测算法，故不能处理滑动接触下的约束识别问题，在处理跨越尖锐特征时的约束识别问题时，优化算法会失效。Zhang 针对机器人路径规划中机器人与障碍的避碰需求，提出了广义的嵌入距离概念，通过在位形空间来建立约束优化问题来求解广义嵌入距离，实现了两个刚体的无嵌套的位形计算，该思想对六自由度碰撞响应有借鉴价值。除了采用优化模型，另外的方法是采用牛顿力学和线性互补问题（linear complementarity problem，LCP）模型求解碰撞响应。Duriez 等 [30] 提出了局部线性化接触模型，实现了快速的接触状态建模和变形计算。这些方法没有考虑不同组织的硬度差异带来的交互力突变问题。Baraff[31] 提出采用 LCP 模型来描述接触状态，但是引入摩擦力时又可能存在无解的情况。

为了提高六自由度力觉合成的逼真性，王党校等 [18, 21, 32] 提出了基于运动工具六维位姿变量优化的多点接触力觉合成方法，基于中轴树层次状模型进行非嵌入单边接触约束建模，模拟了复杂形状物体之间的单边不可嵌入约束（见图 4-20），保证了约束描述的普适性；提出了快速迭代优化求解算法并实现了可保持细节特征的六自由度实时力觉合成。该方法既避免了基于惩罚的方法的误差，也缩短了基于约束的方法的计算时间，并且碰撞响应刷新频率从 100 Hz 提高到了 1 kHz，稳定模拟了复杂多点接触和频繁约束状态切换的力觉交互过程（见图 4-21 ）。

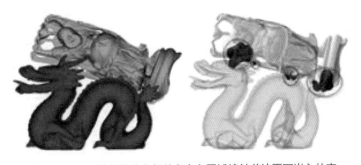

图 4-20　复杂形状物体之间的多点多区域接触单边不可嵌入约束

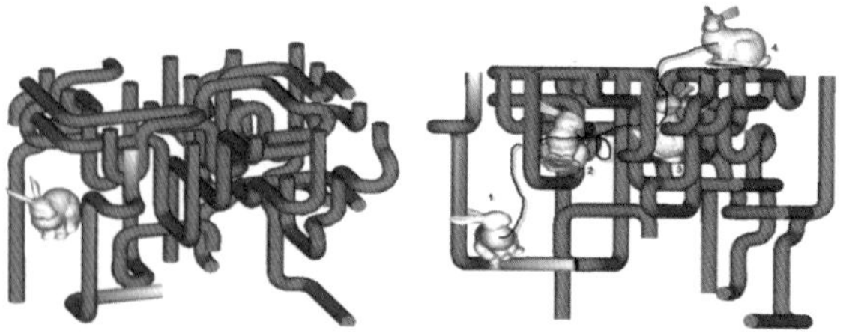

图 4-21 复杂多点接触和频繁约束状态切换的力觉交互过程

4.5.4 基于冲击的方法

基于冲击的方法将运动物体和静止物体之间的接触状态分为分离和冲击接触两种状态，而持续的接触状态则被看作一系列微小冲击的序列。这种方法适合于模拟频繁冲击的交互任务，对于存在持续接触的任务而言计算效率不高 [33]。针对该方法应用于六自由度力觉合成问题的深入研究目前尚未看到。

4.6 交互力计算模型

虚拟工具和虚拟物体之间的交互力计算可以分解为三个方面：垂直于接触面的正压力、相对运动时的摩擦力、物体表面存在纹理等细节特征时的细节力觉合成等。

4.6.1 正压力计算模型

如何根据力觉交互设备的位置和虚拟物体的数字模型，快速、准确计算虚拟力，同时保证交互的稳定性，是交互力计算的难题。基于碰撞检测的结果，计算虚拟工具和虚拟物体之间正压力的方法有两类：基于几何的方法和基于物理的方法。

基于几何的方法主要考虑虚拟物体和虚拟工具的几何外形和物体之间相对嵌入深度或嵌入体积的影响。例如，在单点交互接触模拟时，交互力一般分解为正压力和摩擦力，并需要分别计算。在正压力计算方法中，Zilles 提出基于约束的上帝对象方法，采用基于胡克定律的弹簧力模型，利用嵌入深度计算接触正压力大小，利用距离运动质点最近的表面法线作为接触力方向。该方法通过记录力觉交互设备运动过程的历史数据，采取虚拟工具点实现工具的运动映射，可以计算质点和三角片网格的碰撞检测问题，但该方法仅适用三角片数目在几百个左右的模型。Ruspini 在该方法基础上提出了改进的虚拟代理模式的方法，利用对偶空间理论求解局部约束，可以处理三角片数量比较多的复杂模型，但确定初始约束平面和候补约束平面集合时会存在出错的现象。

基于物理的正压力计算方法主要采用两类：基于质点的建模方法（弹簧质量模型）和基于有限元的建模方法。基于质点的建模方法包含了一组质点形式的集中质量，彼此之间通过一个弹簧阻尼网格连接，这个网格在内力和外力的影响下会发生移动，这种方法可以保持比较高的计算实时性，但模型的真实程度不够好。在基于有限元的建模方法中，物体内部的空间被剖分为有限单元，每个单元的属性独立定义，单元之间具有装配和连接关系。有限元方法可以进行比较精确的建模，但计算速度慢，尤其在切削变形引起材料去除时，会面临切削区域单元重新剖分的问题，导致计算方法非常复杂。

4.6.2　摩擦力计算模型

环境摩擦对于理解和建模系统动力学是必不可少的。例如，摩擦力的细节特征对于区分不同材料至关重要，如果缺乏摩擦，在虚拟平面上滑动时的触觉体验会很不真实。然而，在虚拟场景中增加摩擦力并非易事，一种简单的做法是为平行于表面的运动增加阻尼。

摩擦力是高度非线性的，很少能被完全包括在力觉合成中。图 4-22 所示为几种典型的摩擦模型。其中，线性黏性阻尼是最常见的摩擦模型 [见图 4-22(a)]；库仑模型 [见图 4-22(b)] 表明当速度为非零时摩擦力的大小是恒定的。当速度为零时，摩擦力可取任何必要的值直到静摩擦极限，以抵消其他作用力（保持零速度的条件）；图 4-22(c) 所示为黏性摩擦模型中加入库仑摩擦；如图 4-22(d) 所示，通过允许静摩擦值（图中实心点表示）高于动态摩擦值来模拟静摩擦力或者黏滞现象。该模型的变种包括 Karnopp 模型 [34]，如图 4-22(e) 所示，如果速度小于一个预定义的小值，静摩擦条件存在非零速度。此外，斯特里贝克（Stribeck）效应表明，在摩擦曲线的低速区域，摩擦力的值会随着速度的增加而减小 [见图 4-22(f)]。

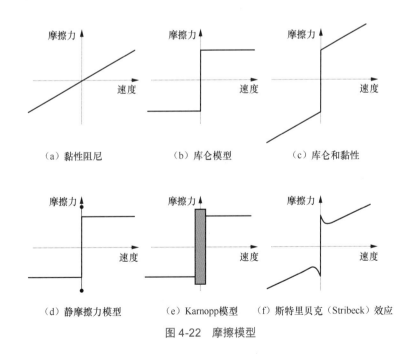

图 4-22　摩擦模型

Armstrong 等 [35] 提出了包含上述所有现象以及附加效应（如摩擦记忆和随停留时间增加的静摩擦）的综合摩擦模型。Chen 等 [36] 以类似于刷子摩擦模型的方式合成摩擦和黏附，该工作在力觉合成中使用单个刚毛来模拟。Dahl[37] 提出将摩擦力描述为位移的函数，该模型是一个微分方程，给出了摩擦力相对于位置的变化，能够捕捉在摩擦中经常观察到的迟滞行为。Hayward 和 Armstrong 成功使用 Dahl 模型在力觉交互上模拟摩擦。为实现力觉摩擦识别，Richard 和 Cutkosky 提出改进版的 Karnopp 摩擦模型。该模型包括库仑摩擦和黏性摩擦，并考虑了正负速度的非对称摩擦值。如图 4-23 所示，C_p 和 C_n 分别为动摩擦的正负值；b_p 和 b_n 分别为黏性摩擦的正负值；$\dot{x}$ 为相交平面之间的相对速度；D_p 和 D_n 为静摩擦的正负值；Δv 为速度小于 0 时的值。

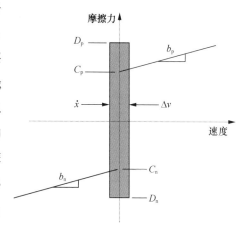

图 4-23　改进版的 Karnopp 摩擦模型参数

上述改进的 Karnopp 模型能够模拟基本的黏滑特性，但无法模拟细微的摩擦特征，即图 4-22(f)所示的斯特里贝克（Stribeck）效应。

4.6.3　细节特征计算模型

针对多点接触交互场景，可保持细节特征的六自由度力觉模拟仍然没有得到解决，主要原因表现在以下三个方面。

（1）现有约束检测算法仍然不能满足对细节特征检测的要求，而且对于相对运动状态的变化不具有适应性。

（2）现有算法绝大多数采用了虚拟匹配，对实际计算得到的接触力进行了过滤，这种方法保证了力觉交互设备的稳定性，但却导致在细节特征处力的变化敏锐性丧失，不能保留细节特征处原本的力觉感受。

（3）细节模拟对算法的效率提出了很高要求。例如，目前主流的连续碰撞检测算法计算效率均远低于 1 kHz，不能满足力觉计算要求，尤其是在需要准确检测细节信息时。

纹理等内在表面属性是物体最显著的触觉特征之一，纹理细节力的合成越来越备受关注。纹理细节产生的交互力模型分为三类：确定性纹理模型、随机模型和触觉记录。

确定性纹理模型不是基于真实纹理特征而是采用确定性函数来刻画纹理的，使得操作者得到感觉上还不错的纹理体验，该方法能够渲染 1D、2D、3D 纹理。如图 4-24(a)所示，当虚拟工具在生成的阻尼区域中滑动时，由于所生成的力是不连续性的，操作者会体验到振动的感觉。

最早的纹理渲染系统之一是由 Minsky 等开发的砂纸系统，当沿着凹凸不平的方向移动操纵杆时，操作者的动作会受到与凹凸不平高度成比例的弹簧力的限制，此技术被扩展到基于局部梯度计算弹簧力的细粒度表面，当操作者在虚拟表面上移动操纵杆时，在运动方向上的高度变化会被记录下来。如图 4-24(b) 所示，在纹理感知过程中，作用于操作者手上的弹簧力是通过表面高度的局部梯度计算出来的。

对于采用确定性模型生成纹理的方法，可以通过添加白噪声或过滤白噪声来提高纹理体验的真实感。但与其他方法相比，确定性纹理更难映射到表面上。

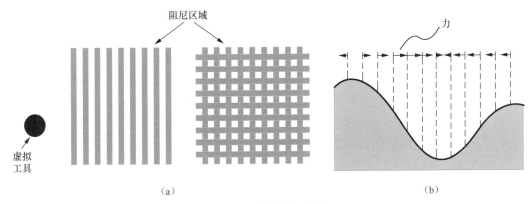

图 4-24　确定性纹理渲染

随机模型采用具有一定结构的随机函数来生成纹理，通过分析实际力数据推导出随机输入参数。Siira 和 Pai[38] 采用随机纹理技术合成表面粗糙度，通过高斯分布计算纹理力。具体而言，他们使用二自由度触觉接口在隐式曲面的某点采样得到该点的当前高度。在每一点上，生成一个随机数来表示表面粗糙度，然后加到采样的高度上，表面粗糙度数值与速度无关，因此无论操作者的速度如何，其分布都是恒定的。为了确保操作者在不移动的情况下不施加纹理细节力，在一个小的速度阈值下，纹理力 F_t 被设置为 0。为了进一步提高真实感，纹理力的大小 $\|F_t\|$ 与约束力的大小成比例，所以越用力推虚拟表面，生成的纹理力就越强。

与确定性纹理模型不同，随机模型生成的纹理通常易于映射到表面上。如图 4-25 所示，以表面法线的方向为准，如果虚拟工具与表面接触并做切向移动，则可计算纹理力并采用纹理交互设备输出给虚拟工具。

触觉记录纹理渲染是采用"触觉相机（ haptic camera ）"的方法记录在实际交互过程中产生的力，按照时间或位置信息将采集的力信号进行存储，在纹理模拟应用过程中将存储的力信息通过回放的方式再现给操作者。

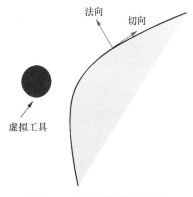

图 4-25　随机模型纹理渲染

在早期的工作中，Wellman 和 Howe 记录了敲击表面的振动波形，并通过力觉交互设备将波形呈现给操作者。Okamura 等 [39] 将上述振动模型扩展到更广泛的材料相互作用中，从敲击到医学培训应用中的膜穿刺，再到用触针触摸纹理。Okamura 等将纹理分为一般纹理和图案纹理，一般纹理是随机的，没有任何可区分的特征，图案纹理有规则的可区分的特征，如凹槽等。

4.7　虚拟物体的动力学响应

在力觉交互中，当虚拟工具与虚拟物体接触时，不但要计算虚拟工具的碰撞响应、虚拟工具与虚拟物体之间的接触力，还需要计算虚拟物体的动力学响应。典型的响应行为包括物体的弹性变形、物体的刚性运动、物体拓扑结构的变化或塑形变形三大类问题。

4.7.1　虚拟物体的几何物理耦合模型

以虚拟手术中的物体模型为例，虚拟手术通常涉及人体内部组织动态特征（如在钻削、切割时软组织的变形等）的描述，因此在构建人体组织和手术器械的物理模型时，既要保证组织器官动态特征的逼真性，也要保证 VR 系统的实时性。逼真性和实时性具有一定的矛盾：使用精确的物理模型可以保证组织器官运动的真实性，但付出的代价就是计算时间的增加。一个实时的 VR 系统在视觉方面要求提供不低于 30 帧 / s 的刷新速度，也就是两帧间隔的时间不能超过 33.3 ms，计算时间太长会影响视觉的连贯性；力觉合成则要求系统保证不低于 1 kHz 的刷新频率，低于这个频率就会出现输出力不连续、力觉交互设备振动等问题。因此，构建近似保持物理精确又能保证实时性的物理模型，在虚拟手术仿真中具有理论价值和实用意义。

构建物理模型时需要考虑对象的质量、惯量、表面粗糙度等物理属性，从而表现出对象物体的物理特性，使其在虚拟环境中的行为遵循一定的运动学、动力学规律。为构建物理模型，一般通过物理数据采集装置（包括采用力传感器和运动测量传感器）构建测量平台，实测手术器械和人体组织作用时的交互力和相应的人体组织变形等动态响应，通过数学模型来表述手术器械运动和作用力之间的动力学关系。显而易见，在活体上测量存在安全风险，因此大多数测量工作会在组织器官替代模型或动物器官等上进行。

由于人体器官除了骨骼之外大部分都是由软组织构成，因此对软组织的物理建模及实时仿真成为了虚拟手术仿真中需要解决的关键问题。除软组织的变形外，虚拟手术仿真中还需要实现人体组织（包括骨骼等刚体组织）的钻削、切割、探查等操作。为此，研究人员提出了多种人体组织物理模型的表示方法。

根据物理模型构建方式的不同，物理模型和几何模型的耦合也有多种方法，其中具有代表性的方法包括质点弹簧模型、有限元模型、无网格模型、位置动力学模型等。

质点弹簧模型具有简单、求解速度快的特点，常被用于软组织或柔性对象的变形仿真。模型由一组粒子（即质点）构成，每个粒子保存各自的质量、位置和速度，相邻的粒子通过一根弹簧连接，这些弹簧将模型中所有粒子组成一个网络，如图 4-26 所示。每根弹簧认为是无重量的，并遵循胡克定律。仿真时，对每个粒子计算外力和由弹簧产生的弹力、拉力的合力，并通过牛顿第二定律计算粒子的加速度，最终得到粒子的位置改变量和新位置。

质点弹簧模型由于物理精度不高、系统稳定性差、变形受网格结构影响大的缺点而受到诟病。

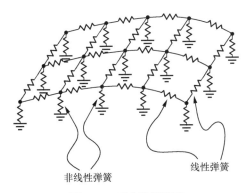

非线性弹簧　　　　线性弹簧

图 4-26　质点弹簧模型

有限元模型将软组织看作一块连续介质，并使用有限元方法（finite element method，FEM）对连续介质求解关于运动的偏微分方程组，进而得到软组织的位置。FEM 的计算步骤包括前处理、物理求解器和后处理环节。前处理环节对待模拟的组织器官进行网格单元划分、边界条件设定等，常用网格单元包括四面体单元、八面体单元等。在物理求解器环节，有限元模型将软组织离散化到微小的单元格中，分别对每个单元格求解其应力和应变，应力度量单元格在各个方向上的力，应变描述单元格中顶点的位置改变，其位置改变的基准是静止状态时的位置。在后处理环节，计算的应力和应变等结果会以彩色云图等方式直观呈现。

使用有限元模型模拟物理变形具有更高的物理真实性。自 2000 年以来，越来越多的研究人员使用有限元模型模拟软组织变形。图 4-27 所示为采用 FEM 模拟手部缝合手术的场景实例。

有限元的优点是计算精度高，但缺点是算法效率难以满足实时仿真的要求，需要特殊的算法设计或高性能的计算机硬件支持。随着计算机硬件水平的提高，使用图形处理器（graphics processing unit，GPU）并行计算物理变形得到了广泛应用。GPU 多核心、多线程、支持浮点计算的特点十分适合对有限元方法进行加速，以处理大计算量的问题。

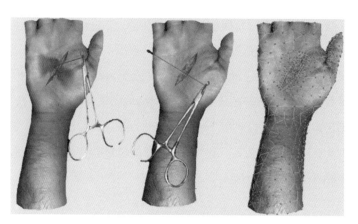

图 4-27　采用 FEM 模拟手部缝合手术的场景实例

在无网格模型中，各个粒子之间没有固定的邻接关系，粒子的位置由当前状态紧邻的粒子决定。无网格模型能解决拓扑改变和大形变的问题，但计算量比有限元模型更大。

基于无网格模型能处理拓扑改变和大形变的情况这个特性，有学者提出混合使用有限元模型和无网格模型模拟软组织变形与切割的方法：在相同材质的部位使用有限元模型进行模拟，在不同材质连接的部位使用无网格模型表示。

位置动力学模型（position based dynamics）的原型来自 2001 年 Jakobsen 设计的物理引擎 fysix。2006 年，Müller 等正式提出了位置动力学模型，该模型包括拉伸、弯曲、自碰撞等用于模拟布料的几何约束。图 4-28 所示为基于位置动力学模型的肝脏拖曳变形仿真效果。位置动力学模型解决了质点弹簧模型过度调整的问题，并由于其稳定、简单、快速的特点被广泛采用。

图 4-28　基于位置动力学模型的肝脏拖曳变形仿真效果

4.7.2　变形体模拟仿真

在变形体的力觉交互过程中，虚拟物体的形变与交互力之间会形成计算闭环，这对算法的设计带来特殊挑战。形变计算需要通过对弹性体进行建模并改变物体的形状以产生变形效果，其难点在于力传递过程太过复杂导致计算烦琐，从而影响变形的计算效率。Baraff 等 [31] 提出了基于单点接触的几何建模计算方法，通过调节控制点或控制网格来改变物体的形状以产生变形效果。其优点是计算效率相对较高，变形方式完全取决于设计者；缺点是由于模型简单、显示效果稍差。因此，该方法更适用于强调实时性的变形计算过程。Delingette 等提出了基于隐式积分的物理建模计算方法并应用于模拟手术仿真系统，物理变形计算指物体的变形遵从牛顿力学定律等物理规律。该方法的优点是可以根据不同物体的物理性质对变形进行真实模拟，而且可以实现更加逼真的变形效果；缺点是物理变形方法特别是有限元变形方法的计算量非常大、实时性较差，而且积分方法的选取会极大地影响变形的效果。因此该方法更适用于强调逼真性的变形计算过程。Wang 等[21]提出了基于弹簧阻尼骨架球树模型的变形体模拟方法（见图 4-29），可以稳定模拟虚拟工具和刚体及弹性体混合组织的多区域接触力觉人机交互过程（见图 4-30），计算刷新频率保持在 1 kHz 以上。

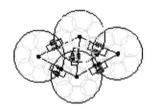

图 4-29　基于弹簧阻尼骨架球树模型的变形体模拟

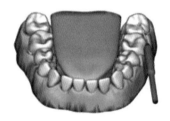

图 4-30　虚拟工具与刚体和弹性体同时接触的力觉合成

4.7.3　拓扑变化的力觉模拟仿真

当交互的形式涉及物体的内部结构（如切割、钻削）时，基于几何的力计算很难做出令人满意的逼真效果，这样的情形下，必须在一定程度上考虑物理规律。最初的思路是借鉴图形学研究中常用的模型驱动的思路，即从交互所处的学科中寻找到相应的理论模型，对其进行改良（主要是考虑计算实时性），然后通过实验调整模型的参数，从而应用到实时交互的系统中去。

同样以口腔手术模拟为例，在对近似刚性的生理组织（如骨骼、牙齿等）的钻削和切割模拟方面，Agus 等[40]提出了一种基于腐蚀的材料去除模型，结合这种材料去除模型，采用基于嵌入体积的方式进行反馈力的计算，并通过测量系统对该方法所计算的力的逼真性进行了验证。针对牙体预备中的力计算，Liu 等[41-42]设计了测量装置，用于采集医生在加工离体牙时牙体所受到的力，从而得出了一个近似的力计算模型。在弹性体的探查以及包括切割的模拟方面，Pai 等通过测量来进行力觉合成，提出了模型选择、测量、参数估计、实时合成 4 个步骤的物理建模思路，并设计了带位置和力传感器的机械臂对真实变形物体的物理属性（变形与受力的关系）进行扫描式测量。Okamura 等[43] 采用一个自由度的机械臂带动针对动物肝脏进行穿刺操作，通过机械臂的载荷计算受力，CT 图像估算操作速度，从而建立了针在生理组织里的手术力模型，并采用类似方法建立了手术剪刀进行剪切时的力模型。

Hover 等[44] 介绍了数据驱动的力觉合成方法，采集了刚性探针和黏弹性刚体和黏性流体的力觉交互的力和位移数据，基于多个弹簧和阻尼并联的 Maxwell 模型构建了力觉计算的插值域维度参数（包括虚拟工具位置、运动速度、速度的低通滤波值以及虚拟工具尖端的减速度）。基于这些参数采用多重调和样条作为径向基函数进行力场插值计算的交互力可以模拟材料应力释放等瞬态效应。

目前手术作业中的切割模拟研究主要集中在网格重建的实时性和稳定性上，高质量的动态网格维护和更新的研究为切割模拟的有效开展奠定了基础。针对手术作业中缝合模拟的研究主流是控制点跟踪（follow the leader，FTL，）方法。Paul 等在 FTL 方法的控制点中间的部分插入了弹簧，结合刚体与弹性体的特点，形变感觉更真实，同时也可以描绘力，对打结操作也可有效处理。但是该方法没有模拟打结过程，这个也是现有 FTL 方法中的一种缺陷。而且 FTL 方法没有表现各种受力，如重力、摩擦力、拉力等。插入弹簧也仅仅能计算两个控制点之间的力，而不能描述缝合线作为一个整体的受力情况，缝合针头的受力更接近于局部的弹簧产生的力而非缝合交互中将组织缝到一起的拉力，这样计算出来的反馈力没有物理基础也就无法评价其真实性。

4.8 力觉合成研究的前沿问题

本节对力觉合成领域的一些前沿问题进行简要介绍。

4.8.1 大规模场景力觉交互

大规模场景力觉交互指虚拟工具需要在具有大量虚拟物体的场景中漫游和执行交互操作，虚拟工具和虚拟物体会产生大量的接触区域和接触点、复杂的接触状态以及约束力的频繁转换。这种操作任务将导致现有的力觉合成方法的计算效率难以满足刷新频率为 1 kHz 的要求。

大规模场景力觉交互的一个典型应用领域是工业操作环境中复杂设备的虚拟维修任务。如图 4-31(a) 所示，波音公司模拟了飞机仪器舱的虚拟装配场景，操作者将一个形状复杂的虚拟工具（虚拟茶壶）在大量的刚性体管道和柔性体电缆中移动，最后到达指定的操作部位。据报道，波音飞机仪器舱内的布线用电缆长度为 30 km，且安装间隙小。虚拟工具的微小尺度运动将导致接触状态的频繁变化，因此需要精确快速的碰撞检测算法，以及稳定的力和力矩计算模型。类似例子还有图 4-31(b) 所示波音公司的飞机起落架虚拟拆装维修、图 4-31(c) 所示北京航空航天大学研制的飞机发动机虚拟装配等。

此类问题模拟的难度在于：具有大规模数量级数据（虚拟物体的三角片数量在千万级以上，导致参与物理计算的单元数目在十万级以上）；接触区域数目（虚拟工具和虚拟物体可能产生上百个接触区域，对于约束求解的效率造成极大挑战）；力的类型多样性（存在法向力、摩擦力、冲击力、弯曲力矩、扭转力矩等）；交互运动的不可预测范围变化（虚拟工具运动尺度范围大、运动精度要求高、运动轨迹不可预测）。目前的力觉合成算法仅能模拟十万以内的元素规模，同时接触的元素对在一百对以内，而且主要处理静态环境交互，不能满足处理虚拟物体拓扑结构变化的实时计算要求。

目前，针对大规模场景的力觉合成问题、数字模型的层级特性和层级间切换方法尚未形成定论。例如，离线网格细化和在线网格细化分别适用于什么场合、如何进行动态切换和多分辨率网格模型的协调等，都是有待深入研究的问题。

(a) 飞机仪器舱虚拟装配　　　　(b) 飞机起落架虚拟拆装维修　　　　(c) 飞机发动机虚拟装配

图 4-31　大规模场景力觉合成实例 [45]

4.8.2　生物组织复杂交互行为模拟

近年来，受虚拟手术等需求的推动，生物组织的复杂力觉交互行为的模拟已成为研究热点，包括人体组织器官非线性非均质物理属性建模、刚性手术器械与骨骼肌肉脏器混合组织的多点接触力觉合成 [46]（见图 4-32）、复杂交互行为（如腹腔镜手术的切割打结缝合等）的力觉交互模拟（见图 4-33）；无穷多自由度的柔性手术器械（如心脏介入手术柔性导管）与人体血管壁以及内部血液流体的流固耦合对象的接触交互（见图 4-34）、个性化病变组织（如牙石和牙龈发炎）细腻力觉感受的模拟等 [46]（见图 4-35）。

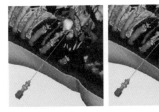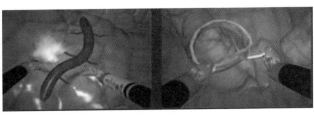

图 4-32　刚性手术器械与骨骼肌肉脏器混合组织的多点接触力觉合成　　图 4-33　腹腔镜手术的切割打结缝合力觉交互模拟

为达到上述目标，需要深入认识待模拟物体的几何结构、物理及生理特性。为保证操作者对生物组织特性的细节感知和可信合成，力觉生成算法需要着重研究如何提高模拟精细度和准确性。

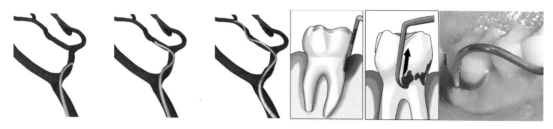

图 4-34　心脏介入手术柔性导管和人体血管壁的接触交互　　图 4-35　口腔手术细节病变组织力觉交互模拟

4.8.3　开发标准库建设

正如计算机图形学的蓬勃发展推动了 OpenGL 和 Direct3D 等图形绘制和渲染库，力觉合成的产业化和大规模工业应用也离不开开发标准库和共享资源库的建设。表 4-1 列出了现有的力觉合成开发库，但还远未达到标准化，不便于 VR 开发人员的快速二次开发以满足不同领域应用力觉交互需求。理想的开发库应该具有兼容不同力觉交互设备、便于开发人员使用、便于功能扩展等特点。

表 4-1　现有的力觉合成开发库

库名	提出者	功能	局限
Open Haptics	Geomagic（SensAble）	提供 HL 和 HD 两种开发模式，便于初学者和专家级开发者建立力觉交互场景	仅支持 3DoF 力觉合成；仅具有初步的变形体交互功能
CHAI 3D	Force Dimension	基于 C++ 库，集成图形绘制和触觉实时仿真的开放源码软件，支持诸多商业力觉交互设备	集成难度大，要求使用者熟练掌握 C++；涉及复杂的矩阵操作和专业数学知识
H3D	Sense Graphics	支持网页格式力反馈交互场景开发	仅提供 SensAble 设备连接接口，无法和其他设备集成
SOFA	INRIA	手术模拟的通用平台，支持力觉交互计算的基本功能	仅提供 Haption 设备连接接口，无法和其他力觉交互设备集成

Kuchenbecker 等 [47-48] 提出了触觉照相（haptography）的概念并研制了手持式力觉测量装置，如图 4-36 所示，可以测量人手持工具划过一个平板表面的压力、摩擦力、振动信号、滑动速度等信息；提出了分段自回归模型（autoregressive model）拟合出振动加速度和压力、滑动速度之间的映射模型。进一步，该研究组基于该装置测量了十大类（纸张、金属、碳纤维、织物、塑料、木质、石头、泡沫、瓷砖、地毯）一百个不同纹理物体力觉交互过程的数据（见图 4-37），包括振动（加速度）、滑动速度、压力、摩擦力等参数。基于该数据，操作者可以手

持一个力觉交互设备（如 Phantom）来触摸虚拟场景中的球，可以赋予球的各类测量数据库中的纹理触摸感受。

图 4-36　手持式力觉测量装置　　　图 4-37　通过力觉交互设备来触摸不同材质的虚拟球

4.8.4　新型交互应用开发

技术的发展与应用的推动相辅相成。力觉合成方法的发展动力来自于新型应用的推动，力觉交互呼唤着"杀手级"应用需求。

Raya 等[49] 将力觉交互用于探查一个具有超过 8000 个分支的果蝇丝状神经结构，操作者控制的工具被简化成一个球并被约束在丝状结构内运动，借助力反馈，操作者可以被导航至预期路径 [见图 4-38(a)]。Corenthy 等[50] 在对人脑 CT 数据进行特征分析时，将工具的运动约束在等值面上并加以力反馈可以增强操作者对大脑特征的识别 [见图 4-38(b)]。此外，SensAble 公司开发了系列交互设备 Phantom 和相关软件 FreeForm，辅助艺术家进行虚拟雕刻，从而方便地从毛坯开始设计，为数字化设计提供了自然、高效的实现途径。Immersion 公司开发的力觉交互设备 FeelIt 和 CyberTouch/Grasp/Force 系列力觉交互数据手套，可以方便地集成到游戏软件中，为增强游戏逼真性和趣味性提供了极富潜力的途径。Wang 等[46] 研制了口腔手术模拟器（见图 4-39），可用于手眼协调和双手配合的口腔手术力反馈操作训练。该手术模拟器在北京大学口腔医学院开展了上百名医生用户评测实验，为力觉合成方法的改进提供了大量医学数据。

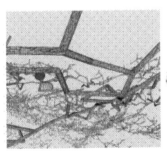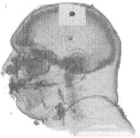

(a)　丝状神经结构导航　　　　　　(b)　基于CT数据的人脑分析

图 4-38　复杂生理结构的力觉交互

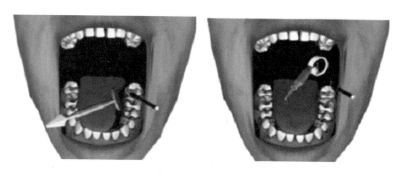

图 4-39　手眼协调双手配合口腔手术精细操作力反馈应用场景

4.9　力觉合成方法实例

本节通过两个实例，介绍刚体交互力觉合成的基本原理。在此假设交互对象（即虚拟物体）为规则形状物体（虚拟墙、虚拟球），并且交互过程中处于静止状态。换句话说，操作者手持力觉交互设备的末端手柄，控制虚拟工具去触碰或操作一个静止的虚拟刚性物体。

4.9.1　虚拟墙力觉合成实例

在操作者手持力觉交互设备触碰虚拟墙的交互实例中，将虚拟工具看作一个点，则在设定的坐标系内［见图 4-40（ a ）］，虚拟工具位置 p_m 的坐标为 (x_m, y_m, z_m)。

如图 4-40（ b ）所示，对于与坐标轴对齐（如 x 轴）的虚拟墙而言，如果 $x_m > x_w$，则判定虚拟工具与虚拟墙发生了碰撞，接下来执行碰撞响应算法，在检测到碰撞的情况下将虚拟工具保持在虚拟墙表面。与此同时，根据虚拟工具嵌入虚拟墙的深度计算反馈力，即反馈力 $F = k(x_w - x_m)$。其中，刚度 $k > 0$。

如果不将虚拟工具看做一个点，如图 4-40（ c ）所示，当虚拟工具为半径为 r 的球时，虚拟工具与虚拟墙发生碰撞的条件为 $x_m + r > x_w$，反馈力的计算公式为 $F = k(x_w - x_m - r)(k > 0)$。

如图 4-40（ d ）所示，如果虚拟墙与坐标轴不对齐，则虚拟工具与虚拟墙发生碰撞的条件为：$r \cdot n_w < 0$。其中，n_w 为虚拟墙的单位法向量，r 为虚拟工具与虚拟墙之间的位移，即

$$r = \begin{bmatrix} x_m - x_w \\ y_m - y_w \\ z_m - z_w \end{bmatrix}$$

当检测到虚拟工具与虚拟墙发生了碰撞（即 $r \cdot n_w < 0$），虚拟工具嵌入虚拟墙的深度 $d = \left| (r \cdot n_w) n_w \right|$，反馈力的计算公式为：$F = k d n_w$。

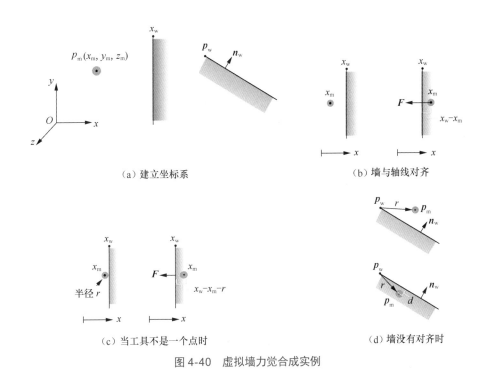

（a）建立坐标系　　　　　　　　　　　　　（b）墙与轴线对齐

（c）当工具不是一个点时　　　　　　　　　（d）墙没有对齐时

图 4-40　虚拟墙力觉合成实例

4.9.2　虚拟球力觉合成实例

在操作者手持力觉交互设备与虚拟球交互的实例中，将虚拟工具看做一个点，如图 4-41 所示，虚拟工具到虚拟球球心的距离 r 为：

$$r = \sqrt{\left(x_{\mathrm{m}} - x_{\mathrm{s}}\right)^2 + \left(y_{\mathrm{m}} - y_{\mathrm{s}}\right)^2 + \left(z_{\mathrm{m}} - z_{\mathrm{s}}\right)^2}$$

式中，$\left(x_{\mathrm{m}}, y_{\mathrm{m}}, z_{\mathrm{m}}\right)$ 为虚拟工具坐标，$\left(x_{\mathrm{s}}, y_{\mathrm{s}}, z_{\mathrm{s}}\right)$ 为虚拟球的球心坐标。

假设虚拟球的半径为 R，则虚拟工具与虚拟墙发生碰撞的条件为 $r < R$，反馈力的计算公式为 $\boldsymbol{F} = k\left(R - r\right)\hat{\boldsymbol{r}}$。其中，$\hat{\boldsymbol{r}}$ 为虚拟工具相对于虚拟球面的法向量。

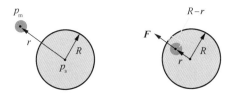

图 4-41　虚拟球力觉合成实例

◦⋯⋯ **小　结**

力觉合成算法是计算和生成人与虚拟物体交互力的过程，是力觉人机交互的软件核心，是使人感受到虚拟环境丰富多彩的关键。逼真的力觉合成技术需要研究复杂形状物体的几何建模与物理建模、高效率的碰撞检测算法，实时的工具碰撞响应算法、交互对象（虚拟工具、虚拟物体）的逼真碰撞响应算法以及交互力的稳定计算力学模型。这些计算模块要兼顾高逼真性、实时性、稳定性的要求，才能够满足多样性交互状态下力觉交互的体验。

展望未来，面向大规模复杂场景的力觉合成、人体组织复杂交互行为的力觉合成逼真性、力觉合成开发标准库的研究，以及新型应用的开发，都是有望取得突破的方向。

思考题目

（1）请简要论述力觉合成的计算挑战。

（2）计算机图形学中的碰撞检测和力觉合成中的碰撞检测在功能和性能指标上有哪些异同点。

（3）对比阐述针对不同物体的建模方法的优点和不足。

（4）请阐述力觉合成的虚拟匹配架构与直接计算架构的区别与联系。

参考文献

[1] WITZIG W F, STUART M R, HERWIG L O. Computational and experimental techniques in nuclear reactor design[J]. Transactions of the American Institute of Electrical Engineers, Part I: Communication and Electronics, 1959, 78（2）: 155–163.

[2] SALISBURY K, BROCK D, MASSIE T, et al. Haptic rendering: programming touch interaction with virtual objects[C]//1995 Symposium on Interactive 3D Graphics. New York, USA: ACM, 1995: 123–130.

[3] LIN M C, OTADUY M A.Haptic rendering: foundations, algorithms, and applications[M]. New York: AK Peters, 2008.

[4] OTADUY M A, GARRE C, LIN M C. Representations and algorithms for force–feedback display[J] Proceedings of IEEE 2013, 101（9）: 2068–2080

[5] BOWYER S A, DAVIES B L, BAENA F R. Active constraints/ virtual fixtures: a survey[J]. IEEE Transactions on Robotics, 2014, 30（1）: 138–157.

[6] SALISBURY K, CONTI F, BARBAGLI F. Haptics rendering: introductory concepts[J]. IEEE Computer Graphics and Applications, 2004, 24（2）: 24–32.

[7] 史建成, 刘检华, 宁汝新, 等. 虚拟装配中基于导纳控制的力觉渲染技术[J]. 计算机辅助设计与图形学学报, 2012, 24（2）: 227–235.

[8] FAULRING E L, LYNCH K M, COLGATE J E, et al. Haptic display of constrained dynamic systems via admittance displays[J]. IEEE Transactions on Robotics, 2007, 23（1）: 101–111.

[9] 王党校. 牙科手术模拟的力觉交互仿真方法研究[D]. 北京: 北京航空航天大学, 2004.

[10] COLGATE J E, STANLEY M C, BROWN J M. Issues in the haptic display of tool use[C]// 1995 IEEE/RSJ International Conference on Intelligent Robots and Systems. Piscataway, USA: IEEE, 1995, 3: 140–145.

[11] WANG D X, ZHANG Y R, YONG W, et al. Haptic rendering for dental training system[J]. Science in China Series: Information Sciences, 2009, 52（3）: 529–546.

[12] OTADUY M A, LIN M C. A modular haptic rendering algorithm for stable and transparent 6–dof manipulation[J]. IEEE Transactions on Robotics, 2006, 22（4）: 751–762.

[13] BARBIČ J, JAMES D L. Six–dof haptic rendering of contact between geometrically complex reduced deformable models[J]. IEEE Transactions on Haptics, 2008, 1（1）: 39–52.

[14] JOHNSON D E, WILLEMSEN P, COHEN E. Six degree–of–freedom haptic rendering using spatialized normal cone search[J]. IEEE Transactions on Visualization and Computer Graphics, 2005, 11（6）: 661–670.

[15] MORRIS D, SEWELL C, BARBAGLI F, et al. Visuohaptic simulation of bone surgery for training and evaluation[J]. IEEE Computer Graphics and Applications, 2006, 26（6）: 48–57.

[16] HUBBARD P M. Approximating polyhedra with spheres for time–critical collision detection[J]. ACM Transactions on Graphics, 1996, 15（3）: 179–210.

[17] WANG D X, ZHANG X, ZHANG Y R, et al. Configuration–based optimization for six degree–of–freedom haptic rendering for fine manipulation[J]. IEEE Transactions on Haptics, 2013, 6（2）: 167–180.

[18] WANG D X, ZHAO X H, SHI Y J, et al. Six degree–of–freedom haptic simulation of a stringed musical instrument for triggering sounds[J]. IEEE Transactions on Haptics, 2016, 10（2）: 265–275.

[19] ZHANG X, WANG D X, ZHANG Y, et al. Configuration–based optimization for six degree–of–freedom haptic rendering using sphere–trees[C]//2011 IEEE/RSJ International Conference on Intelligent Robots and Systems. Piscataway, USA: IEEE, 2011: 2602–2607.

[20] YU G, WANG D X, ZHANG Y R, et al. Simulating sharp geometric features in six degrees–of–freedom haptic rendering[J]. IEEE Transactions on Haptics, 2015, 8（1）: 67–78.

[21] WANG D X, SHI Y J, LIU S, et al. Haptic simulation of organ deformation and hybrid contacts in

dental operations[J]. IEEE Transactions on Haptics, 2014, 7(1): 48-60.

[22] JOHNSON D E, THOMPSON T V, KAPLAN M, et al. Painting textures with a haptic interface[C] //1999 IEEE Virtual Reality. Los Alamitos. Piscataway, USA: IEEE, 1999: 282-285.

[23] LIN M C, OTADUY M A. Haptic rendering: foundations, algorithms and applications[M]. Boca Raton: CRC Press, 2008.

[24] OTADUY M A, LIN M C. Sensation preserving simplification for haptic rendering[J]. Acm Transactions on Graphics, 2003, 22(3): 543-553.

[25] LIU P, SHEN X, GEORGANAS N. Multi-resolution modeling and locally refined collision detection for haptic interaction[C]//The Fifth International Conference on 3-D Digital Imaging and Modeling. Piscataway, USA: IEEE, 2005: 581-588.

[26] ZHANG X Y, LEE M Y, KIM Y J. Interactive continuous collision detection for non-convex polyhedra[J]. Visual Computer, 2006, 22(9-11): 749-760.

[27] MCNEELY W A, PUTERBAUGH K D, TROY J J. Voxel-based 6-dof haptic rendering improvements[J]. Haptics, 2006, 3(7): 1-12.

[28] SETH A, SU H J, VANCE J M. Development of a dual-handed haptic assembly system: SHARP[J]. Journal of Computing and Information Science in Engineering, 2008, 8(4). DOI: 10.1115/1.3006306.

[29] ORTEGA M, REDON S, COQUILLART S. A six degree-of-freedom god-object method for haptic display of rigid bodies with surface properties[J]. IEEE Transactions on Visualization and Computer Graphics, 2007, 13(3): 458-469.

[30] DURIEZ C, DUBOIS F, KHEDDAR A, et al. Realistic haptic rendering of interacting deformable objects in virtual environments[J]. IEEE Transactions on Visualization and Computer Graphics, 2006, 12(1): 36-47.

[31] BARAFF D. Analytical methods for dynamic simulation of non- penetrating rigid bodies[J].Computer Graphics, 1989, 23(3): 223-232.

[32] WANG D X, ZHANG Y R, YANG X X, et al. Force control tasks with pure haptic feedback promote short-term focused attention[J]. IEEE Transactions on Haptics, 2014, 7(4): 467-476.

[33] CONSTANTINESCU D, SALCUDEAN S E, CROFT E A. Haptic rendering of rigid contacts using impulsive and penalty forces[J]. IEEE Transactions on Robotics, 2005, 21(3): 309-323.

[34] KARNOPP D. Computer simulation of stick-slip friction in mechanical dynamic systems[J]. Transaction of the ASME, 1985, 107: 100-103.

[35] ARMSTRONG–HÉLOUVRY B, DUPONT P, DE WIT C C. A survey of models, analysis tools and compensation methods for the control of machines with friction[J]. Automatica, 1994, 30（7）: 1083–1138.

[36] HAESSIG D A, FRIEDLAND B. On the modeling and simulation of friction[J]. Journal of Dynamic Systems, Measurement, and Control, 1991, 113（3）: 354–362.

[37] DAHL P R. Solid friction damping of mechanical vibrations[J]. AIAA Journal, 1976, 14（12）: 1675–1682.

[38] SIIRA J, PAI D K. Haptic texturing–a stochastic approach[C]//1996 IEEE International Conference on Robotics and Automation. Piscataway, USA: IEEE, 1996: 557–562.

[39] OKAMURA A M, DENNERLEIN J T, HOWE R D. Vibration feedback models for virtual environments[C]//1998 IEEE International Conference on Robotics and Automation. Piscataway, USA: IEEE, 1998: 674–679.

[40] AGUS M, GIACHETTI A, GOBBETTI E, et al. Real–time haptic and visual simulation of bone dissection[J]. Presence, 2002, 12（1）: 110–122.

[41] LIU G Y, ZHANG Y R, WANG D X, et al. Stable haptic interaction using a damping model to implement a realistic tooth–cutting simulation for dental training[J]. Virtual Reality, 2008, 12（2）: 99–106.

[42] LIU G Y, ZHANG Y R, TOWNSEND W T. Force modelling for tooth preparation in dental training system[J]. Virtual Reality, 2008, 12: 125–136.

[43] OKAMURA A M, SIMONE C, O' LEARY M D. Force modeling for needle insertion into soft tissue[J]. IEEE Transactions on Biomedical Engineering, 2004, 51（10）: 1707–1716.

[44] HOVER R, LUCA M D, SZEKELY G, et al. Computationally efficient techniques for data–driven haptic rendering[C]// Third Joint EuroHaptics conference and Symposium on Haptic Interfaces for Virtual Environment and Teleoperator Systems. Piscataway, USA: IEEE, 2009: 39–44.

[45] MCNEELY W A, PUTERBAUGH K D, TROY J J. Voxel–based 6dof haptic rendering improvements[J]. Haptics, 2006, 3（7）: 1–12.

[46] WANG D X, ZHANG Y R, HOU J X, et al. iDental: a haptic–based dental simulator and its preliminary user evaluation[J]. IEEE Transactions on Haptics, 2012, 5（4）: 332–343.

[47] CULBERTSON H, UNWIN J, KUCHENBECKER K J. Modeling and rendering realistic textures from unconstrained tool–surface interactions[J]. IEEE Transactions on Haptics. 2014, 7（3）: 381–393.

[48] CULBERTSON H, UNWIN J, GOODMAN B E, et al. Generating haptic texture models from un-constrained tool−surface interactions[C]// 2013 IEEE World Haptics Conference. Piscataway, USA：IEEE, 2013：295−300.

[49] RAYA L, OTADUY M A, GARCIA M. Haptic navigation along filiform neural structures[C] //2011 IEEE World Haptics Conference. Piscataway, USA：IEEE, 2011：71−76.

[50] CORENTHY L, MARTIN J S, OTADUY M A, et al. Volume haptic rendering with dynamically extracted isosurface[C]//2012 IEEE Haptics Symposium. Piscataway, USA：IEEE, 2012：133−139.

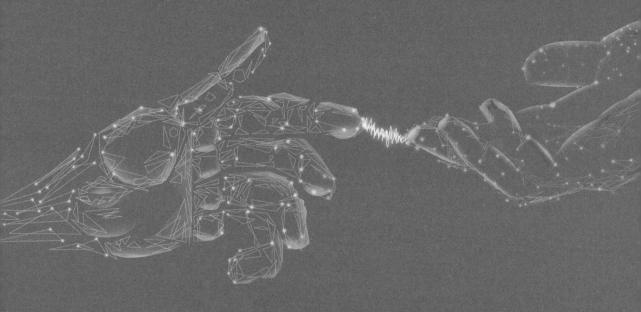

CHAPTER **05**

第 5 章

桌面式力觉交互系统

基于桌面式力觉交互设备和力觉合成方法可以构建桌面式力觉交互系统，从而满足不同领域的力觉交互需求。力觉交互系统的典型实例最早来源于机器人遥操作，用于增强主从操作的临场感和操作效率 [1-2]。20 世纪 90 年代初期，以麻省理工学院研制的 Phantom 系列桌面式力觉交互设备为标志，力觉交互方式开始得到国内外学者广泛的关注，力觉交互逐渐应用在人与计算机、人与机器人的交互领域 [3-4]。

本章首先概述了桌面式力觉交互系统在医疗手术模拟、机器人主从操作、虚拟样机产品设计和装配设计、肢体康复、科学数据可视化、娱乐游戏等典型领域的应用概况，然后重点介绍了口腔手术模拟系统和飞机发动机虚拟装配系统两个典型应用实例。

5.1 桌面式力觉交互的典型应用领域

5.1.1 医疗手术模拟

基于 VR 技术的医疗手术模拟作为一种全新的培训手段，对医学教学的发展有着极为重要的意义。对计算机体层成像（computer tomography，CT）或核磁共振成像（magnetic resonance imaging，MRI）等图像数据进行三维可视化技术处理，构建出医疗手术的视觉环境，可以让手术过程有明确的可视性并真实地显示出来，方便学生立体地从各个角度观察和学习，了解细节操作特征，同时配合力觉交互设备和力觉合成算法，不仅可以在虚拟的医学模型上进行手术训练，节省训练材料，还可以获得更加真实的力觉体验，提升训练效果。

美国加利福尼亚大学伯克利分校开发的力觉 VR 系统，模拟手术工具与软组织交互的操作过程，并且作为操作接口控制手术机器人实现微创手术；斯坦福大学和卡内基梅隆大学针对切割变形手术进行了模拟 [5]；法国国家信息与自动化研究所研究了具备力觉交互的手术模拟系统；三菱电子实验室开展了手术模拟系统研究，讨论了基于体素模型的图形加速渲染方法和力觉交互控制研究；德国亚琛大学实现了具备力觉交互的人体触诊虚拟显示系统。此外，意大利比萨大学、德国卡尔斯鲁厄大学等还分别开发了骨骼切削模拟系统、变形和切割模拟系统、穿刺仿真系统、腹腔镜手术模拟系统等 [6-8]。

在各类虚拟手术模拟器中，口腔虚拟手术方面的力觉交互研究较为深入。荷兰 Moog 公司研发了面向牙科手术模拟的 Simodont 系统 [见图 5-1(a)]，包含专为牙科培训设计的导纳控制力觉交互设备 HapticMaster 以及真实手术操作视野大小的力觉、视觉融合显示平台，提供了牙齿探查和牙体预备手术中力觉、视觉以及听觉交互 [9]。美国伊利诺伊大学芝加哥分校工程学院和口腔医学院共同开发了牙科手术模拟的 PerioSim 系统 [见图 5-1(b)]，该仿真系统目前专注于牙周科手术的图形和力觉合成，具备手术动作轨迹的录制播放功能 [10]。北京航空航天大学和北京大学口腔医学院合作研究开发了口腔手术模拟系统[11]，针对牙面探查、牙体预备开展了力觉交互设备和力觉合成算法等研究工作 [见图 5-1(c)]。英国伦敦国王学院和雷丁大学基于 Falcon 力觉交互设备开发了 hapTEL 牙科手术仿真系统 [见图 5-1(d)]。

(a) Simodont系统

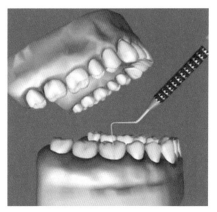

(b) PerioSim系统

(c) 口腔手术模拟系统

(d) hapTEL牙科手术仿真系统

图 5-1 口腔手术力觉交互应用示例

在医疗教育领域，相对传统的训练途径，虚拟手术仿真技术具有下面显著优势。

（1）降低了医疗训练的成本和风险。传统的手术训练操作对象一般是尸体（或离体组织）、动物或者人工合成物（如硅胶）等，训练成本高、资源稀少且不可重复利用。虚拟手术仿真能够减少医生培训教学中对动物和尸体的依赖，医生借助虚拟手术模拟器进行手术训练及手术规划，可降低手术训练以及治疗的成本，同时避免了实习医生在病人身体上直接学习受训给病人带来的风险。

（2）提供精准系统化的操作技能训练工具，缩短了医生训练的时间。虚拟手术仿真系统能提供一个较真实的手术环境，具有手术环境及器械响应可控、可重复演练等多项优点，受训者可以根据自己的训练目的重复进行一项手术实验，直至达到手术操作的标准。依靠虚拟仿真系统中传感器的实时测量，手术过程的器械运动和操作力等数据可以全程记录，便于回放分析和客观评价，同时也可以及时发现技能学习中的瓶颈环节，实现有针对性的个性化精准训练。

（3）模拟稀有病例。虚拟手术仿真系统的优势在于能模拟临床中少见的病例或复杂病例，为提升复杂操作的诊断和治疗技能提供了灵活的工具，解决了传统教学中稀有病例稀缺的难题。

（4）解决了师资不足的问题。在传统的临床教学中，熟练的临床专家一次只能指导有限数量的学生，而虚拟手术仿真系统可以集成手术专家的经验知识，为受训者提供手术指导，从而扩大培训范围，有助于解决高水平医护人员数量不足的困境，节约了培训医务人员的费用和时间。同时，利用专家学者的手术经验和实例可以对年轻医生，特别是小医院、边远地区医院的医生进行远程培训，这对提高医学教育与训练的效率和质量以及改善我国医疗手术水平发展不平衡的现状有着重大的意义。

此外，虚拟手术仿真技术在手术规划、手术方式创新、医疗器械研发等方面，也具有明显优势。例如，在进行复杂疑难手术前，通过 CT 设备获得病人病变组织数据，医生就可以在虚拟环境中进行各类复杂手术的预演，对比不同手术方案的优劣，寻找更加合理的手术流程和操作，规避手术风险、提高手术成功率。通过虚拟手术仿真技术，医生可以尝试新的手术方法，在虚拟环境中观察病人的治疗情况，以及对比不同的医疗器械与病理组织的作用效果差异，以提高临床医学诊断和治疗的精度，达到减轻患者的治疗痛苦、缩短住院时间、降低医疗支出的目标。

5.1.2　机器人主从操作

机器人主从操作主要应用于在危险场合或者航天等只能依靠远程操作的特定情况，可以帮助操作者完成有危险的高难度任务，是一种本地人的智能与远处机器人的操作相结合的应用：操作者远离危险的操作环境，对本地的设备（主端）进行操作，输出的控制信息发送给控制系统分析处理后，以操作指令的形式发送给被控对象（从端），使被控对象能够根据操作指令执行相应的动作，实现对操作者运动指令的跟随性；与此同时，被控对象在运动过程中的形态、姿态、受力以及其他的运动参数信息都由传感器采集，经通信设备将信息发送给操作者，通过控制系统实现从端的力、位置、场景等信息的反馈。

在机器人控制领域，遥操作机器人周围工作环境的再现是遥操作中最重要的问题之一。借助力觉交互设备，可以为操作者提供远处机器人在工作中的力觉交互信息，使操作者能准确实时感知机器人在工作环境中的力变化，为精准调整操作指令提供可靠依据。基于力觉交互的远程操控技术由美国、日本、欧洲等发达国家或地区首先提出，并在 20 世纪七八十年代进入高速发展时期，形成了双向力反馈（bilateral force reflecting）的控制结构以及临场感的概念，远程操控系统结构基本形成，并逐渐走向成熟。

1949 年，Goertz 在解决核物质原料及其废物的抓取问题的过程中，首次提出了力觉主手的概念，并设计了第一台可编程控制的工业机器人，通过伺服电机作为执行元件，将力、位置信息反馈给操作者的机电遥操作系统。虽然该设备只能够在十几米的范围内工作，但是为后来具有力觉交互的遥操控技术奠定了坚实的基础 [12]。

经过一段时间的发展，远程操控技术逐步应用到工作和生产实践中。1970 年，美国普渡大学牵头完成了通过计算机技术远程控制机械手的研究工作。随后加拿大 SPAR 公司建造了具有六个自由度的遥控操作臂用于国际空间站的建设与维护 [13]。1989 年，Buzan 研制出具有力觉预测现实的实验系统，可以为操作者提供预测的力和位置信息 [14]。1990 年，MasaoInoue 等设计出一种具有力觉临场感的机器人系统，其力觉主手即力觉交互设备采用直角坐标结构，三个相互垂直的滑轨实现位置运动，三个旋转轴则实现姿态运动，在运动形式上完全解耦。1991 年，Kim 等研发了"力觉临场感遥操作机器人仿真系统"。1992 年，Kototu 等在"幻影机器人"基础上给虚拟从手加入了力反馈。1993 年，德国宇航中心和美国国家航空航天局联合研究小型空间机器人系统 ROTEX，并在"哥伦比亚号"航天飞机空间实验室内完成实验 [15]。1997 年，日本发射工程实验卫星 ETS-VII 进行了空间机器人研究，同时也是世界上第一个利用机械手臂的卫星。该空间机器人长度约为 2 m，有六个转动关节，每个关节都是由直流无刷电机协调驱动齿轮和分角器进行转动，并结合安装在每段机械臂上的摄像头提供视觉信息，每秒有五个视频图像可以通过 JPEG 图像格式发送到地面，使地面操控者顺利完成操作任务 [16]。美国在 2000 年首次利用"达·芬奇"机器人进行远程手术，目前已在全世界各个国家获得广泛应用。2001 年，美国橡树岭国家实验室研制出可模仿人类手臂运动的远程操控机器人用于核装置的维护和修复工作。

随着社会的不断进步，对人员伤亡重视程度也逐步增强，主从控制系统越来越受科研人员的重视，在传统的军事、航空航天产业外的新领域也开始发挥作用。例如，在抗击新冠疫情的工作中，我国的科研人员和医护人员就发现了机器人主从控制系统的新用途。

在新型冠状病毒的医疗诊疗操作过程中，医务人员需要避免与患者近距离接触。核酸检测是目前检测新冠病毒感染的主要手段，而咽拭子采样是目前核酸检测最主要的采样方法。为了避免咽拭子采样操作过程中医务人员与患者的近距离接触，钟南山院士团队与中国科学院沈阳自动化研究所联合提出了主从控制咽拭子采样的解决方案。如图 5-2 所示，新型智能化咽拭子采样机器人由蛇形机械臂、双目内窥镜、无线传输设备和人机交互终端构成。蛇形机械臂具备灵巧精确作业以及具备与咽部组织接触的力感知能力，双目内窥镜提供高清的 3D 解剖场景，WIA-FA 工业无线网络保障了控制指令的实时可靠传输，人机交互终端提供操作沉浸感。机器人以远程人机协作的方式，可以轻柔、快速地完成咽拭子采样任务。该机器人系统已开展多次临床试验，数据结果表明机器人咽拭子采样可以达到较高的质量且采样力度均匀，一次成功率大于 95%，采样力量低于医务人员平均操作力量，受试者咽部均无红肿、出血等不良反应。

 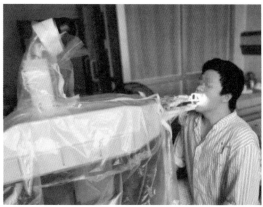

(a) 机器人主端力觉交互设备　　　　　　　　(b) 机器人从端在病人口内采样

图 5-2　新型智能化咽拭子采样机器人

5.1.3　虚拟样机产品设计和装配设计

在产品建模、虚拟装配、人机工程等领域，力觉的重要性不言而喻。基于 VR 技术，设计人员在产品开发过程中不仅能看到和听到产品，还可以感受到产品表面的纹理和力的存在。这种基于力觉交互的建模技术能在很大程度上提高 VR 环境的沉浸性，激发设计师的创新灵感，从而提高产品开发的效率。

基于力觉交互的建模技术是力觉在虚拟样机领域的重要应用。在这一领域，国外起步早且发展迅速，国内最近几年也紧跟步伐并取得了快速的进步。图 5-3 所示为 Immersion 公司开发的 FreeForm 力觉交互计算机辅助设计系统，是世界上第一套在计算机上实现 3D 力觉感受的虚拟辅助软件。它具有辅助设计人员完成 3D 虚拟模型雕刻、珠宝设计、汽车模型设计等多种功能。

FreeForm 完全摆脱了一般 3D 设计软件的限制，提供了力觉感受，并使开发者可以与模型进行直接和自然的互动。研究表明，构建一个像恐龙一样复杂的三维数字模型，设计师建模的时间可以缩短至 30 min。同时，FreeForm 也将实体功能带入了数字领域，让用户可以通过一个自然、类比的互动过程获得数字化的三维模型。

(a) 虚拟场景中的虚拟雕刻角色　　　　　(b) 设计者手持力反馈交互设备末端手柄

图 5-3　FreeForm 力觉交互计算机辅助设计系统

随着三维建模技术的进步和发展，虚拟样机的应用范围也在不断拓展。

美国波音公司与 SensAble 公司合作进行了飞机的数字化设计，用六自由度力觉交互设备 Phantom Premium 构建了一个虚拟原型系统来实现飞机仪器舱虚拟样机设计，采用力觉交互模拟仪器舱内操作设备的碰撞检测和操作友好性测试，操作过程中既可以感觉到交互力，也可以感受到交互力矩，如图 5-4 所示。

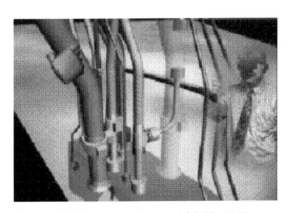

图 5-4　波音公司飞机仪器舱虚拟样机设计

虚拟装配设计和训练在现代制造业有着举足轻重的作用——工人们对装配流程越熟悉，所需要的装配时间就越短，装配出错的概率就越小。虚拟装配培训作为 VR 的分支，正在不断地获取大量的关注。相比于传统的装配培训，虚拟装配培训具有下面显著的优势。

（1）装配零件可以通过三维建模完成，节省了大量的加工制造时间。

（2）训练过程中不存在零件损耗，受训人员可以多次任意进行虚拟装配操作。

（3）系统可以给予受训人员提示，使其能够独立完成装配操作，避免过多的人员投入。

（4）可以规避真实装配中由于不熟悉操作而带来的风险，并且不会受外界天气等因素的影响。

在虚拟装配领域引入力觉交互，可以使设计人员在维修或装配时不仅可以看到产品，而且还可以触摸到产品模型，在高度沉浸的环境中根据自身感受到的力觉进行装配和操作，不但节省了大量的资源，还提高了设计质量和速度，使设计方案更精确可靠[4-5]。随着硬件设备的快速发展，虚拟装配系统有了很大的发展。典型的飞机虚拟装配系统如图5-5所示，操作人员佩戴HMD头盔或者3D眼镜，使用力觉交互设备或者数据手套就可完成装配操作。

美国艾奥瓦州州立大学VR应用中心设计了一个桌面式力觉交互装配系统SHARP。SHARP使用基于物理模型的建模方法来模拟虚拟环境中零件与零件之间以及人手与零件之间的交互，并使用波音公司的碰撞检测软件计算了零件之间的碰撞力。

西班牙的Iglesias在单人力觉交互虚拟装

图5-5　典型的飞机虚拟装配系统

配系统HAS的基础上，建立了一个多人协同式力觉交互虚拟装配系统CHAS，可以实现三种功能：触摸物体、移动抓持物体和装/拆CAD组件，重点解决了协同式力觉交互环境中同步和通信问题。

5.1.4　肢体康复

将力觉交互应用于康复训练设备，可以实时采集患者训练过程的有用信息，并针对不同症状不同阶段的患者对症下药，制定出合理的康复评价机制。开发带有力觉交互的虚拟游戏，将康复训练寓于娱乐，可极大地调动康复训练者的训练积极性以及对美好生活的追求，从心理角度对患者产生积极的影响，从而取得意想不到的康复效果[17]。

20世纪90年代，美国麻省理工学院研制出了世界上第一款上肢康复人机交互系统MIT-MANUS，用于协助脑卒中偏瘫患者展开运动神经功能康复[18]。MIT-MANUS的结构如图5-6所示，该系统的人机交互方式建立在末端执行器的基础上。病人作为康复人机交互系统的参与者，主要通过末端执行器与机器人系统建立交互连接，且末端执行器是双方向的，即可感受力又可施加力。该系统主要侧重于病人上肢在二维平面上的运动技巧训练，虽然可以通过一组弹簧实现在垂直方向上的小范围运动，但是康复系统不支持三维空间中平滑轨迹的多轴联动运动训练。患者在使用时佩戴末端执行器，通过康复人机交互系统参与运动训练，运动内容可以通过计算机系统进行图形化加工处理后在屏幕上实时显示给患者观看。

在脑卒中偏瘫病人的康复治疗过程中，通过趣味性的人机交互形式和内容，可缓解病人在治疗过程中的焦虑暴躁情绪，有效地延长了病人连续接受治疗的持续时间，并通过对患者运动表现数据的分析，实现了康复评价功能和康复策略的动态调整。经过临床试验，MIT-MANUS 取得了较好的康复效果，是一种有效的脑卒中偏瘫上肢康复工具。

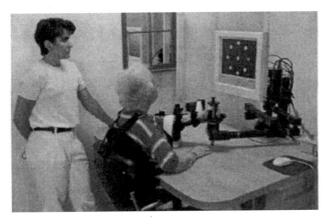

图 5-6　上肢康复人机交互系统 MIT-MANUS

得益于康复医学的不断进步和机器人技术的快速提高，近年来国内外从事肢体康复训练设备研究的科研机构不断增多，投入市场的上肢康复产品也急速增加。2000 年，美国罗格斯大学和斯坦福大学联合研制了一套利用网络实现远程监护的康复训练机器人系统，患者在虚拟游戏任务执行过程中可以完成对腕、肘关节或膝、踝关节的康复训练。网络化的康复训练机器人旨在为不便就医但却急需康复训练的患者服务，患者可以非常方便地选择康复训练时间和地点，在家人陪伴下愉快地进行康复训练。

2004 年，美国威斯康星医学院和马凯特大学合作开发了一种可商业化的低成本家用康复训练设备 TheraDrive，利用 VR 技术创建了驾驶游戏等用于上肢康复训练的虚拟场景界面，为患者在驾驶游戏过程中提供力觉交互刺激，通过游戏激励的方式让患者完成与实际活动相关的功能训练 [19]。

2011 年，瑞士 Hocoma 公司的三维上肢多关节训练与评估系统 Armeo Spring 研制成功并投入商业化运营。Armeo Spring 是一款具有一体式弹性机构的重力支撑可变的上肢外骨骼式康复器械，也是一种适用于脑卒中偏瘫上肢康复主动训练的人机交互系统 [20]。如图 5-7 所示，

图 5-7　脑卒中偏瘫上肢康复主动训练的人机交互系统 Armeo Spring

Armeo Spring 共具有五个自由度，其中肩关节有三个自由度，肘关节有一个自由度，前臂还有一个自由度。所有关节无动力装置，只是通过具有可调节弹性水平的机械结构给使用者的上肢提供重力支撑。这允许使用者通过上肢体的残存功能，在不借助协助力的情况下完成在三维空间中较大活动范围的运动。

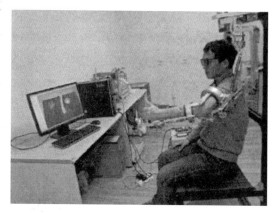

图 5-8　上肢康复训练系统

2012 年，上海交通大学研制出了无动力六自由度上肢外骨骼式可穿戴机器人形式的上肢康复训练系统，如图 5-8 所示。该系统不含电机驱动装置，主要融合了三维空间交互式场景，辅助病人进行主动康复训练，并将机械结构中的传感器采集到的使用者的运动信息数据与三维空间交互式游戏进行数据共享。

2015 年前后，天津理工大学研制出了基于双边训练模式的上肢康复系统（见图 5-9）。该系统由力觉交互设备（Phantom Premium）、外骨骼式机械臂、运行 VR 交互游戏的计算机、力量角位置传感器等组成。该人机交互系统的训练模式为双边互为主从式的同步随动。双边上肢作用于力传感器和角度传感器，各个传感器信号送给计算机进行运动控制计算并融合 VR 交互场景，实现了人体上肢左右双边的实时动作跟随[21]。

图 5-9　基于双边训练模式的上肢康复系统

5.1.5　科学数据可视化

Raya 等将力觉交互用于探查一个具有超过 8000 个分支的果蝇丝状神经结构，操作者控制的工具被简化成一个球并被约束在丝状结构内运动，操作者借助力反馈可以非常容易被导航至

预期路径 [见图 5-10(a)]。Corenthy 等在对人脑 CT 数据进行特征分析时，将工具的运动约束在等值面上并加以力反馈可以增强操作者对大脑特征的识别 [见图 5-10(b)]。

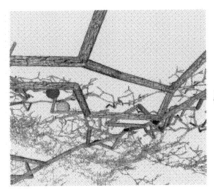 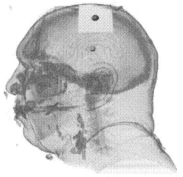

(a) 丝状神经结构导航　　　　　　　　(b) 基于CT数据的人脑分析

图 5-10　科学数据可视化力觉交互应用示例

5.1.6　娱乐游戏

力觉交互最早应用于军事领域，主要用于飞行员、航天员的模拟训练。随着计算机技术的发展，游戏厂商开始将这一技术引入电子游戏，普通的游戏玩家也能获得力觉交互体验带来的乐趣。随着游戏产业的蓬勃发展，人类对射击类、操作类、驾驶类游戏中力觉交互的要求也来越高 [22]。由刚开始的振动手柄，逐步发展到根据游戏的角色、场景、特效等信息改变而改变交互力大小的力觉交互控制器，操作者根据力觉交互设备反馈的力，可以获得仿佛身处真实场景的感受，增加了游戏操作的沉浸感。目前多家大型公司都开始研发自家的游戏手柄，比如 Logitech 的力觉交互产品和 Microsoft 的产品。Pong 是一款古老经典且颇受玩家喜爱的弹球游戏，玩家需要在游戏中控制球拍并将球击打出去，同时在回接球时尽量不让球漏空。有相关研究团队将力觉交互引入到 Pong 中，使玩家不仅能够借助力觉交互设备控制球拍将球击打回去，还能体验挥动球拍击球时产生的力感和振动感，增加游戏的趣味性。

在支持力觉交互的教育游戏中，玩家可以借助特定的力觉交互设备在计算机生成的虚拟环境进行自由探索和交互实践，以达到深入学习理论知识的目的。与传统的以视觉、听觉交互为主的教育游戏相比，力觉交互教育游戏不仅能为玩家提供丰富的视听信息，同时允许玩家通过操纵力觉交互设备身临其境地感知虚拟环境中物体的运动和力觉信息，增强学习活动的真实性和沉浸感。

"分子对接"是分子生命科学教育的核心概念，同时也是操作者在学习过程中备受困惑的抽象概念。分子对接是通过受体的特征以及受体和药物分子之间的相互作用来进行药物设计的方法。康拉德等借助力觉交互构建了分子对接模型，使操作者能够通过操纵力觉交互设备改变药物分子的位置和方向来寻找理想的对接位置，同时感知药物分子与受体对接过程中作用力的变化。针对齿轮工作原理的教学，韩仁淑等以互相啮合的两个齿轮为例，设计实现了一个力觉交互教学实验。在实验过程中，操作者借助力觉交互设备转动其中一个齿轮并带动另一齿轮，这时就能感受到两个齿轮间的啮合力。实验结果表明，操作者通过该仿真实验的实践操作能够加深对齿轮工作原理的理解。闫峰新等构建了一个集物理、数学、生物、化学仿真为一体的实验平台，该实验平台不仅教学内容丰富，而且还提供了一系列实验操作工具用以辅助操作者的学习活动。操作者通过该实验平台能够控制物体的质量、绕行速度和与另一物体的距离，并借助力觉交互设备感受向心力的变化。

力觉交互在教育领域的另外重要应用是公共场所如博物馆和展览馆等的虚拟场景再现[23]。在日常的文物展览馆，为了保护文物的完整性，绝大多数展品都设有禁止触摸的标识，参观者只能通过眼睛观察文物的特征。使用 VR 技术和数字技术再现这些文物，既能允许参观者触摸这些文物，又能够保证文物的安全。展馆对这些文物进行 3D 建模，在模型表面添加纹理、材质等信息，最后连接力觉交互设备，可实现力觉交互设备与场景中物体的互动。参观者借助力觉交互设备，可以"触摸"到文物的纹理和材质信息。此外，在诸如珊瑚礁、沙漠等特殊场景中加入力觉交互，参观者不仅可以身临其境地观察场景中的鱼、珊瑚、仙人掌等物体，还可以使用力觉交互设备在场景中进行自由探索，并获得相应的力觉信息。

5.2　口腔手术模拟系统

口腔手术模拟是医学数字化仿真的一个典型应用领域，国内外的许多研究机构都进行过口腔手术模拟器的开发探索。

5.2.1　口腔手术模拟系统的需求分析

口腔手术模拟的力觉合成必须如实反映口腔手术工具和牙齿在不同交互方式下的作用力。图 5-11 所示为牙齿和典型口腔手术工具的图片。牙齿表面具有微小几何特征，内部具有多种物理组织。口腔手术模拟系统的功能如下。

（1）模拟典型手术，如牙面龋坏组织探查、牙体预备、牙齿纵截面多组织属性感知等。

（2）力觉感受逼真。牙齿的数据模型应具有复杂几何外形和多种物理属性，能够实现细微几何特征的感知（如咬合面的窝沟变化、龋坏组织和健康组织之间的物理属性差异）；钻削过程中力觉感受逼真、视觉效果真实。

（3）不同粒度的交互控制：牙齿的数据模型既要支持全局场景（如整个口腔内多颗牙齿）

的快速力觉交互，还要支持局部场景（如单颗牙齿局部龋坏区域）的细腻力觉交互。

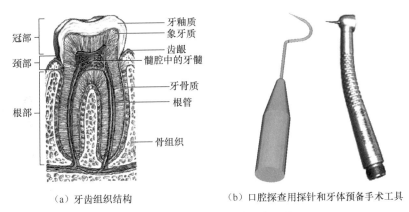

（a）牙齿组织结构　　　　　（b）口腔探查用探针和牙体预备手术工具

图 5-11　牙齿和典型口腔手术工具

　　口腔手术模拟系统提供的手眼协调操作训练模式，给受训医生提供了更加接近临床的训练环境，医生不仅能够看到正在操作的虚拟牙齿，还可以看到握持的虚拟手术工具（如探针），以及自己正在进行操作的手，从而能更好地掌握正确的手部位形、控制操作力度等。

　　与传统的离体牙、假牙的临床操作教学训练方式相比，口腔手术模拟系统可以模拟实际临床中常规病例和疑难病例，供学生练习其诊断和治疗要领，如视线不可达部位的"盲"操作或折镜下的精确治疗操作等，另外还可连续记录操作过程的三维运动和力数据，进行操作动画回放和分析，以便于教学和考核等。

　　为建立上述口腔手术模拟系统，实现高保真的力觉合成与再现，必须基于物理规律建立虚拟工具和虚拟物体之间的动力学模型。高保真的力觉合成，包括虚拟环境建模方法、接触状态确定算法、动力学响应计算算法等。

5.2.2　口腔手术模拟系统的组成

　　下面以北京航空航天大学研制的 iDental 口腔手术模拟器为例介绍口腔手术模拟系统的组成。该模拟器突破了手术模拟的多个关键技术，如多点接触六自由度力觉合成方法、变形体力觉模拟、全口腔复杂环境模拟和力觉 - 视觉的空间配准方法等 [24-29]。iDental 口腔手术模拟器已先后推出了三代样机，研发出牙齿钻削、牙周探诊和洁治、龋坏探查和拔牙等多个典型操作，并开展了样机的教学评估试验。

　　如图 5-12 所示，iDental 口腔手术模拟器包括受训医生、虚拟病人、交互接口三个子系统。受训医生子系统包括医生和手持的手术器械；虚拟病人子系统包括虚拟人体模型、虚拟手术器械库和虚拟病例数据库；交互接口子系统包括实时指令采集系统（包含手术器械运动跟踪装置、医生语音指令采集装置、医生眼动信号采集装置等）和多通道信息反馈系统（包含视觉反馈、声音反馈、力觉反馈等）。

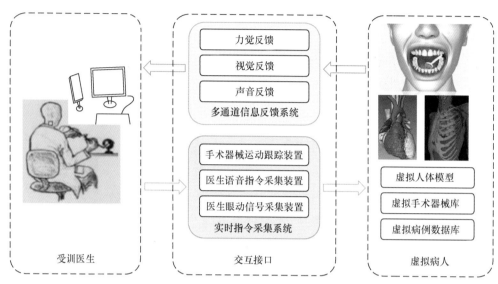

图 5-12　iDental 口腔手术模拟器的组成

iDental 口腔手术模拟器的硬件平台为视觉和力觉融合的配准平台，内置用于建立虚拟环境的液晶显示器，实现双手协同控制的两台力觉交互设备 Phantom Omni 和主机，并连有实现触屏控制的大显示器。建立视觉和力觉融合的配准平台的根本目的在于实现视觉空间和力觉空间的配准，增强操作者的沉浸感。为了满足口腔临床操作需要，iDental 还加入了支点和脚踏板等元素。

如图 5-13 所示，操作者在使用过程中，透过观察窗口观察口腔虚拟环境，可以避免外界的视觉干扰，增加沉浸感；

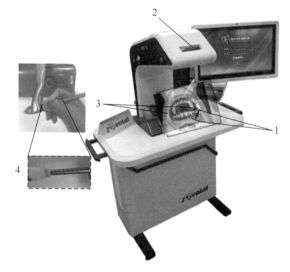

图 5-13　iDental 口腔手术模拟器硬件平台

1—口腔虚拟环境；2—观察窗口；3—操作手柄；4—操作手柄末端

经过镜面反射后操作者看到的是 12 点位的口腔环境，更加符合口腔临床的实际体验。为适应口腔手术器械的使用特点，将真实的口腔工具手柄和力觉交互设备相结合，设计出具有真实感的操作手柄。为了满足多科室操作的需求，操作手柄末端还可进行更换，以便有效地训练学生掌握真实口腔手术工具的使用方法。

5.2.3　口腔手术模拟系统功能的设计与实现

口腔手术模拟系统除模拟口腔若干科室（包括牙周科、修复科、口腔外科等）的典型临床操作，如牙周袋深度探诊（见图 5-14 和图 5-15）、牙石洁治操作（见图 5-16）、牙齿钻削（见图 5-17）外，还需借助力觉交互训练学生的力觉感知、工具姿态控制和牙体认知等基本技能，帮助学生由浅到深，逐渐掌握高级的口腔手术操作技能。此外，该系统还需自带数据记录和技能考核功能，以帮助老师及时地了解学生对理论知识和操作要领的掌握情况。下面以 iDental 口腔手术模拟器为例来介绍口腔手术模拟系统的基本技能、数据记录和技能考核功能的设计与实现。

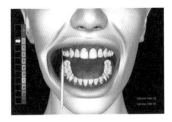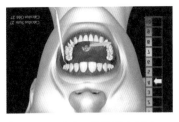

图 5-14　全口腔环境下的软组织变形及双手协同牙周袋深度探诊

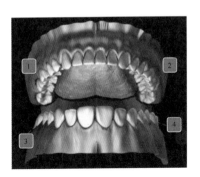

图 5-15　四颗指数牙的牙周袋深度探诊测试

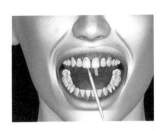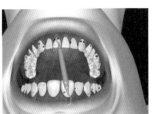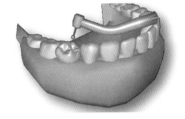

图 5-16　不同视角下的龈上牙石洁治操作　　　　图 5-17　牙齿钻削

在口腔这种狭小操作环境下，众多的口腔组织都比较脆弱，而牙科手术器械一般都比较锋利尖锐。因此，学生在接触正常科室训练前要先接受一些最基本的力度控制训练，后期才能更好地适应模拟教学。iDental 口腔手术模拟器重视学生的基本功的训练，针对每项科室操作，都会设置单独的示例进行强化训练，这样后续临床技能的训练才能达到事半功倍的效果。

iDental 口腔手术模拟器的基本技能主要包括牙体认知、牙齿雕刻、25 g 力感知和位姿引导等。牙体认知通过 3D 触控全方位地认识牙齿外部结构、内部结构以及病变牙齿特征，帮助学生熟悉关于牙齿的基本理论技能；牙齿雕刻要求学生在力觉和视觉提示下，将一个虚拟的蜡块雕刻成牙齿的形状，考察学生对牙齿精细结构的认识；25 g 是指学生借助力觉交互设备，通过反复的肌肉记忆训练，能够精确保证牙周袋深度探诊时需要满足的 25 g 左右的输出力条件；位姿引导则是练习探诊不同牙周袋的姿态特征，帮助学生适应狭小的口腔操作环境。

在使用过程中，iDental 口腔手术模拟器可以为每位学生创建一个单独的数据库，并且在操作前需要登录。另外，iDental 口腔手术模拟器还可以记录每位学生的操作信息，具体分为被动记录和主动记录两部分。

（1）被动记录。学生在使用过程中，需要根据提示进行数据录入。例如，学生在探测完牙周袋的深度后，需要将测得的点位深度输入到设备界面中去。

（2）主动记录。系统自带的数据库会记录学生的操作时间、误操作（探针尖端扎到舌头）信息，系统会将学生的重要操作信息以图表的形式展示出来，帮助学生更直观地获得操作反馈。本着公平公正的思想，系统自带的后台数据库只对老师开放，可以方便老师获得学生的操作数据，并进行评分和指导。

iDental 口腔手术模拟器交互场景的特色在于搭建了真实比例的全口腔环境，并且可以实现全口腔范围内对任意组织（包括硬质牙齿和可变形软组织如舌头、牙龈等）的操作。舌头和牙龈的变形对学生的训练具有重要的意义：舌头的变形可帮助学生训练双手协调操作，牙龈的精细变形则可用于牙周袋深度探测和龈下牙石洁治的训练。

iDental 口腔手术模拟器的虚拟环境满足的各项真实感指标如下。

（1）建立了带有力觉交互的 1 : 1 口腔空间，可通过脸颊限制工具的运动，训练学生在狭小空间内进行精细操作的能力。

（2）双手操作的模拟：iDental 口腔手术模拟器可实现双手力觉交互，即操作者进行双手协调操作时左右手工具可同时提供力觉交互，如图 5-18 所示。此外，iDental 口腔手术模拟器的左手口镜工具还具有反射作用，可以增强操作者的视野，完成背面遮挡牙石的剔除等进阶训练。

（3）多点接触的模拟：虚拟工具和虚拟物体可进行多点接触，如口腔探针同时接触牙齿和牙龈，可以获得触碰软组织和硬组织的混合力感。

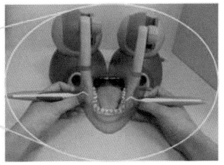

图 5-18　双手力觉交互视觉与力觉融合的配准平台

5.3　飞机发动机虚拟装配系统

本节在力觉合成方法研究的基础上，设计了一个面向飞机发动机拆装培训的虚拟装配系统，并在涡喷 7- 乙型飞机发动机上得到了应用。

5.3.1　飞机发动机虚拟装配系统的需求分析

拆装维护对于保持飞机发动机的工作性能及长寿命、高可靠性工作至关重要，需要高水平操作人员严格按照拆装规程加以实施。各级操作人员上岗前需要经过长期严格的培训并获得相应等级的技术资质，因而拆装培训是发动机维护工作的重要组成部分，需要高水平的培训教师和先进的培训设施和环境。目前，拆装维护技术人员主要通过工程图纸、拆装工艺规划等纸质资料来完成拆装任务。

对于飞机发动机的某些零部件（如花键螺栓和低压联轴器）而言，操作者的视线在拆装过程中会被发动机的其他部件遮挡，只能依靠操作者手部力觉及生产生活经验来判断转角是否合适以及零件是否已经装配到位等，而对于不熟练的操作者来说，需要经过较长时间的尝试和摸索才能顺利将零件装入。因此，建立具有力反馈的飞机发动机虚拟装配系统，更加符合飞机发动机装配任务的真实场景，可用来培训操作者拆装花键螺栓和低压联轴器等零部件的技巧。

飞机发动机零件众多，并且每个零件模型都是由顶点数量巨大的三角片网格构成，是典型的复杂场景。因此在构建基于飞机发动机拆装培训的虚拟装配系统时，从技术层面上而言，需要用到复杂场景内有力觉交互的虚拟装配的算法。

飞机发动机虚拟装配系统的重点是操作者手部精细操作能力的训练，针对发动机拆装来说，操作者通过工具与零件之间的碰撞、转动等来判断是否装配到位。发动机零件装配模拟要为操作者提供精细的力觉感受，必须建立在拥有大量数据的精细模型基础之上。例如，涡喷 7- 乙型飞机发动机的模型文件共包括 161 种发动机零部件 3D 模型，模型总量 1214 个，其中发动机压气机部分 884 个模型、燃烧室 10 个模型、涡轮部件 309 个模型，发动机拆装工具 11 件。其中，仅发动机的整体外壳就有 322 671 个顶点。面对数量如此巨大的模型，仿真系统不仅无法满足刷新频率为 30 Hz 的图形实时绘制要求，更无法实现刷新频率为 1 kHz 的力觉合成。

设计复杂场景内的基于力觉交互的虚拟装配系统需要考虑的因素有以下几点。

（1）力觉合成的刷新频率要求达到 1 kHz

有力觉交互的虚拟装配属于力觉合成的一种应用，需要用到力觉交互设备。由于力觉交互设备运动信号的采集和输出力的控制必须要维持在 1 kHz 左右的刷新频率，才能够满足人的力觉感受器的特点，这就要求力觉合成计算必须要满足实时性的要求。

（2）场景复杂

在虚拟装配系统内，用于装配的零件非常多，且每个零件模型都是由数量巨大的三角片网格构成，如果用现有的力觉合成算法，仅仅碰撞检测就要消耗很长时间。

（3）物体比较规则

用于装配的物体都是比较规则的机械零件。

（4）对力觉合成算法的精度要求高

为了验证设计的合理性，以及训练操作者的装配技能，要求虚拟装配系统内可以模拟的装配精度比较高。

综合考虑复杂场景内有力觉交互的虚拟装配的特点，可选用基于解析模型的力觉合成方法构建基于飞机发动机拆装培训的虚拟装配系统。

5.3.2　飞机发动机虚拟装配系统的组成

飞机发动机虚拟装配系统的框架如图 5-19 所示。首先，根据飞机发动机装配体和零件信息，构建发动机零件的三角片网格模型，然后对发动机零件的机械几何特征进行提取，并构建发动机零件的简化参数模型，最后通过力觉交互设备，采集操作者手握的操作工具的位置和姿态，并将操作者手部的这些运动信息传输给装配系统。一方面，装配系统根据操作工具的位置信息和发动机零件信息（包括零件三角片网格信息和简化参数信息），计算操作工具与发动机零件的接触状态以及接触力，随后通过力觉交互设备，将交互力（接触力、接触力矩）信息输出到操作者的手部；另一方面，装配系统根据操作工具的姿态信息、工具与零件的接触位置等信息创建工具模型并通过显示器即时显示，以便操作者获取工具视觉信息，增强虚拟装配的真实感。另外，装配系统还可根据工具和发动机零件的碰撞向声音通道提供声音信息。由此构成了融合视觉、触觉和听觉交互的多通道发动机虚拟装配系统。

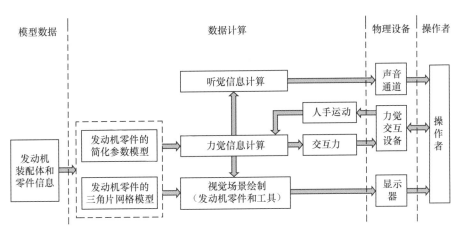

图 5-19　飞机发动机虚拟装配系统的框架

飞机发动机虚拟装配系统具有可移植性，不仅能在商用的六自由度力觉交互设备 Phantom Premium 3.0 上操作，还可以在北京航空航天大学虚拟现实与系统国家重点实验室（人机交互实验室）设计开发的 iFeel 6-BH1500 绳驱动设备上操作[30]。

图 5-20 所示为飞机发动机虚拟装配系统在 Phantom Premium 3.0 设备上的使用情况。

图 5-20　飞机发动机虚拟装配系统在 Phantom Premium 3.0 设备上运行

图 5-21 所示为飞机发动机虚拟装配系统在 iFeel 6-BH1500 设备上的使用情况。

图 5-21　飞机发动机虚拟装配系统在 iFeel 6-BH1500 设备上运行

5.3.3 飞机发动机虚拟装配系统功能的设计与实现

1. 双机网络通信

力觉交互设备运动信号的采集和输出力的控制必须要维持在 1 kHz 左右的刷新频率，才能够满足人体力觉感受器的特点，这就要求力觉计算必须要满足实时性的要求。这里，可采用基于 UDP 协议的双机网络通信的方式，来满足力觉交互刷新频率为 1 kHz 的要求。图 5-22 所示为发动机虚拟装配系统的双机网络通信结构。

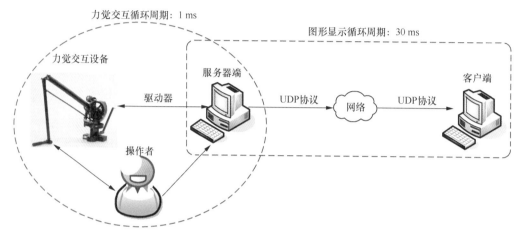

图 5-22　双机网络通信结构

2. 系统虚拟环境的构建

图 5-23 所示为在 Unigraphics NX 里建好的涡喷 7- 乙型飞机发动机的模型。

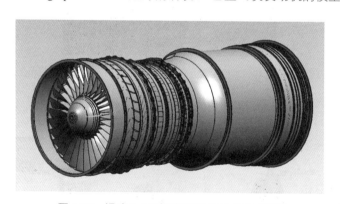

图 5-23　涡喷 7- 乙型飞机发动机的 CAD 模型

由于采用双机网络通信，因此，需要分别构建服务器端虚拟环境和客户端虚拟环境。

（1）服务器端虚拟环境的构建

由于服务器端的虚拟环境主要是用来进行力觉合成计算的，因此只需要构建在花键螺栓和低压联轴器的装配过程中进行力交互的 19 个零件模型。

首先通过模型格式转换软件 Deep Exploration 将 UG 的 .prt 格式文件转换成 .stl 格式；然后通过 CATIA 软件将 .stl 格式文件进行模型简化（平均简化了 50% 的顶点）；最后通过 Deep Exploration 将简化了的 .stl 格式转换成 .obj 格式，这样就把由数学形式表达的 CAD 格式模型文件转换成了几何格式文件。这种转换保留了零部件几何信息，但是丢失了装配约束信息，因此，在构建虚拟环境时还需要根据发动机装配体之间的关系，给零部件设置合适的位置和姿态矩阵，从而保证装配约束信息的完整性。

服务器端构建的发动机场景如图 5-24 所示。

图 5-24　服务器端构建的发动机场景

（2）客户端虚拟环境的构建

OGRE（Object-Oriented Graphics Rendering Engine）是一款面向对象的图形渲染引擎，使用 C++ 语言开发。它的类库对底层的图形渲染接口（OpenGL 和 Direct3D）的全部使用细节进行了抽象和封装，并提供了基于现实世界对象的接口和类。OGRE 功能完善、可移植性强，在 Windows、Linux 等操作系统下都可以使用，并且已经应用于游戏设计、科学模拟等多种领域。

由于涡喷 7- 乙型飞机发动机的模型总量为 1214 个，为了更好地对复杂场景进行管理，客户端的虚拟环境可采用 OGRE 图形渲染引擎进行场景的管理。

通过模型格式转换软件 Deep Exploration 将 UG 的 .prt 格式文件转换成 .3ds 格式，这样就把由数学形式表达的 CAD 格式模型文件转换成了几何格式文件。这种转换保留了零部件几何信息和产品结构树信息，但丢失了装配约束信息，故需要设计装配约束描述文件并由用户输入，最终完成装配约束的定义。

进行格式转换后的 3ds 格式模型如图 5-25 所示，为了实现真实感的绘制，体现发动机的金属材质，本系统编辑了各种发动机的各种金属材质，并定义在模型上。另外，在发动机拆装的车间中还加入了环境映射。

由于在实际装配过程中，操作者无法观察到发动机内部的结构，给学习和理解发动机的内部结构带来困难，发动机虚拟装配系统对发动机内部结构进行了剖分显示，解决了这一问题。图 5-26 所示为拆卸低压联轴器步骤中剖分显示的发动机内部结构。

图 5-25　客户端构建的发动机场景

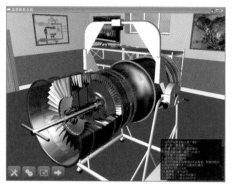

图 5-26　发动机模型剖分图

3. 交互过程

对于涡喷 7- 乙型飞机发动机的花键螺栓和低压联轴器的拆装任务，可利用基于解析模型的力觉合成方法，进行带有力觉交互的虚拟装配的模拟。

对于三自由度单点力觉交互操作来说，定义物理空间中力觉交互设备末端对应的运动点为 HIP（ haptic interface point ），虚拟空间的工具位置点为 SCP（ surface contact point ），当力觉交互设备处于自由空间（没有发生碰撞）时，这两个点重合；当发生碰撞后，HIP 进入物体内部，SCP 停留在物体的表面上 [27]。同理，将 HIP 和 SCP 引入到六自由度力觉交互操作中。HIP 代表力觉交互设备末端对应的 4×4 的位置和姿态矩阵，SCP 代表虚拟环境中跟工具映射的物体对应的 4×4 的位置和姿态矩阵。

花键螺栓的拆卸过程包括两步：第一步是拆花键锁圈，第二步是拆花键螺栓轴。在花键螺栓的拆卸过程中，不需要使用拆装工具，徒手拆卸即可，为了表示方便，用一个拾取球来代表手的位置，若拾取球在某个物体的包围盒内，则可选中该物体进行操作。

花键螺栓拆卸过程中的力觉合成流程如下，在每个力觉合成的循环周期内，执行以下操作。

（1）读取力觉交互设备的位置和姿态（HIP）。

（2）判断当前时刻与力觉交互设备末端映射的是哪个物体（初始状态时为拾取球）。

（3）若拾取球为工具，则需要判断拆卸任务进行到哪个阶段：第一个阶段是花键锁圈和花键螺栓轴都未被拆掉，如果拾取球在花键锁圈内部，则选中花键锁圈为当前操作对象；第二个阶段是花键锁圈被拆掉，如果拾取球在花键螺栓轴内部，则选中花键螺栓轴为当前操作对象；第三个阶段是花键锁圈和花键螺栓轴都被拆掉，则该拆卸任务结束。

（4）若花键锁圈为工具，则进行装配模拟，计算 SCP 和碰撞力 / 力矩；如果该花键锁圈已经被拆掉，则重新选中拾取球为当前工具。

（5）若花键螺栓轴为工具，则进行装配模拟，计算 SCP 和碰撞力 / 力矩；如果该花键螺栓轴已经被拆掉，则重新选中拾取球为当前工具。

低压联轴器的拆卸包括三个过程，首先将拆装工具与球形螺母配合并压紧弹簧，然后将拆装工具与球形螺母锁紧，最后将球形螺母与低压涡轮轴分离。在低压联轴器的拆卸过程中，需要用到拆装工具的不同部分，因此在不同的阶段中，需要切换与力觉交互设备末端映射的物体。

低压联轴器拆卸过程中的力觉合成流程如下，在每个力觉合成的循环周期内，执行以下操作。

（1）读取力觉交互设备的位置和姿态（HIP）。

（2）判断当前时刻与力觉交互设备末端映射的是哪个物体（初始状态时原物体为拆装工具的总体）。

（3）若拆装工具的总体（内轴、外套、弹簧）为工具，则拆装工具的内轴和球形螺母的内孔属于花键特征装配，进行装配模拟，计算 SCP 和碰撞力 / 力矩，如果拆装工具的内轴已经压紧弹簧，则选中拆装工具的外套为当前工具。

（4）若拆装工具的外套为工具，则拆装工具的外套和球形螺母的端部螺纹属于螺纹特征装配，进行装配模拟，计算 SCP 和碰撞力 / 力矩，如果拆装工具的外套已经完全与球形螺母配合，则拆装工具和球形螺母连接在一起，选中它们的组合体为当前工具。

（5）若拆装工具和球形螺母为工具，则转动球形螺母使之和低压涡轮轴的螺纹部分分离，进行装配模拟，计算 SCP 和碰撞力 / 力矩，如果球形螺母已经和低压涡轮轴彻底分离，则该拆卸任务结束。

小　结

特定领域应用对力觉交互设备的性能指标（如工作空间、可模拟刚度范围、力觉交互精度等）提出了不同要求，需要根据任务需求，设计定制化的力觉交互设备，以达到交互性能的优化。与此同时，力觉合成方法的研究也面临很多有待深入解决的技术难题，包括大规模复杂场景的力觉合成算法（如飞机维修场景中大量管道和电缆线的力觉交互操作模拟）、精细操作的力觉合成算法（如复杂手术场景中不同组织器官病变产生的差异化力觉感受模拟）、特殊力学现象的力觉合成算法（如流固耦合场景的力觉交互感受模拟）等。

正如鼠标和 GUI 作为桌面式计算机（PC）的通用人机交互接口，推动了桌面式计算机深入提升了人类的工作和生活质量。基于力觉交互设备和力觉合成方法的桌面式力觉交互系统，将使得用户与桌面式计算机的交互更加自然和高效，有望应用于医疗手术模拟、虚拟样机产品设计和装配、肢体康复、娱乐游戏等领域，推动人机交互范式的新革命。

思考题目

（1）请从 *IEEE Transactions on Haptics* 中查阅文献，选择三个典型的桌面式力觉交互系统，从需求分析、系统总体设计、力觉交互设备设计、力觉合成方法、系统性能评测等方面，总结该系统设计的基本原理、创新点、不足之处等。

（2）请结合第 3 章、第 4 章的学习内容，结合工业制造、医疗健康、普适娱乐等领域的需求，提出一个桌面式力觉交互系统的研究创意，撰写技术报告论述该系统的需求分析、系统总体设计、力觉交互设备设计方案、力觉合成方法、系统性能评测等。

参考文献

[1] SALISBURY K, CONTI F, BARBAGLI F. Haptics rendering: introductory concepts[J]. IEEE Computer Graphics and Applications, 2004, 24（2）: 24–32.

[2] SRINIVASAN M A, BASDOGAN C. Haptics in virtual environments: taxonomy, research status, and challenges[J]. Computers & Graphics, 1997, 21（4）: 393–404.

[3] EL SADDIK A. The potential of haptics technologies[J]. IEEE Instrumentation and Measurement Magazine, 2007, 10（1）: 10–17.

[4] HOLLERBACH J M. Some current issues in haptics research[C]//2000 IEEE International Conference on Robotics and Automation. Piscataway, USA: IEEE, 2000, 1: 757–762.

[5] MOR A B. Progressive cutting with minimal new element creation of soft tissue models for interactive surgical simulation[M]. Pittsburgh: Carnegie Mellon University, 2001.

[6] KWON D S, KYUNG K U, KWON S M, et al. Realistic force reflection in a spine biopsy simulator[C]//2001 IEEE International Conference on Robotics and Automation. Piscataway, USA: IEEE, 2001: 1358–1363.

[7] MISHRA R K, SRIKANTH S. GENIE–an haptic interface for simulation of laparoscopic surgery[C]// 2000 IEEE/RSJ International Conference on Intelligent Robots and Systems. Piscataway, USA: IEEE, 2000: 714–719.

[8] LAWRENCE A. Stability and transparency in bilateral teleoperation[J]. IEEE Transactions on Robotics and Automatio, 1993, 9（5）: 624–637.

[9] 柳毅, 郑园娜, 刘月莲, 等. 虚拟实验室Simodont在荷兰口腔医学教学中的应用简介[J]. 上海口腔医学, 2013, 22（2）: 237–239.

[10] KOLESNIKOV M, ZEFRAN M, STEINBERG A D, et al. PerioSim: haptic virtual reality simulator for sensorimotor skill acquisition in dentistry[C]//2009 IEEE International Conference on Robotics and Automation. Piscataway, USA: IEEE, 2009: 689–694.

[11] WANG D X, ZHANG Y R, HOU J X, et al. iDental: a haptic–based dental simulator and its pre-

liminary user evaluation[J]. IEEE Transactions on Haptics, 2012, 5（4）: 332–343.

[12] GOERTZ R C. Master–slave manipulator[J]. Office of Scientific & Technical Information Technical Reports, 1949: 531–540.

[13] XIE H P, KALAYCIOGLU S, PATEL R V. Control of residual vibrations in the Space Shuttle remote manipulator system[C]//1997 IEEE International Conference on Robotics and Automation, 1997. Proceedings. Piscataway, USA: IEEE, 1997: 2759–2764.

[14] PARK J H, CHO H C. Sliding–mode controller for bilateral teleoperation with varying time delay[C]//1999 IEEE/ASME International Conference on Advanced Intelligent Mechatronics. Piscataway, USA: IEEE, 1999: 311–316.

[15] HIRZINGER G, BRUNNER B, DIETRICH J, et al. Sensor–based space robotics–ROTEX and its telerobotic features[J]. IEEE Transactions on Robotics and Automation, 1993, 9（5）: 649–663.

[16] ODA M. Experiences and lessons learned from the ETS–VII robot satellite[C]//2000 IEEE International Conference on Robotics & Automation. Piscataway, USA: IEEE, 2000: 914–919.

[17] 李会军, 宋爱国. 上肢康复训练机器人的研究进展及前景[J]. 机器人技术与应用, 2006, 4: 32–36.

[18] HOGAN N, KREBS H I, CHARNNARONG J, et al. MIT–MANUS: a workstation for manual therapy and training. I[C]//1992 IEEE International Workshop on Robot and Human Communication. Piscataway, USA: IEEE, 1993. DOI: 10.1109/ROMAN.1992.253895.

[19] JOHNSON M J, TRICKEY M, BRAUER E, et al. Theradrive: a new stroke therapy concept for home–based, computer–assisted motivating rehabilitation[C]//The 26th Annual International Conference of the IEEE Engineering in Medicine and Biology Society. Piscataway, USA: IEEE, 2004: 4844–4847.

[20] GIJBELS D, LAMERS I, KERKHOFS L, et al. The Armeo Spring as training tool to improve upper limb functionality in multiple sclerosis: a pilot study[J]. Journal of NeuroEngineering and Rehabilitation, 8（5）. DOI: 10.1186/1743–0003–8–5.

[21] 张武. 基于双侧训练模式的上肢康复训练机器人系统研究[D]. 天津: 天津理工大学, 2015.

[22] GESCHEIDER G A. Psychophysics: the fundamentals[M]. 3rd ed. Mahwah, New Jersey, Lawrence Erlbaum Associates, 1997.

[23] ASANO T, ISHIBASHI Y. Adaptive display control of exhibits in a distributed haptic museum[C]// The 3rd IEEE International Workshop on Haptic, Audio and Visual Environments and Their Applications. Piscataway, USA: IEEE, 2004: 19–23.

[24] WANG D X, ZHANG Y R, WANG Y H, et al. Cutting on triangle mesh: local model–based haptic display for dental preparation surgery simulation[J]. IEEE Transactions on Visualization and Computer Graphics, 2005, 11（6）: 671–683.

[25] WANG D X, ZHANG Y R, WANG Y, et al. Haptic rendering for dental training system[J]. Science in China Series F: Information Sciences, 2009, 52（3）: 529–546.

[26] 王党校, 张玉茹, 王玉慧, 等. 约束切换与阻抗显示力反馈设备的稳定性研究[J]. 机器人, 2004, 26（2）: 97–101, 106.

[27] 周万琳, 王党校, 张玉茹, 等.速度驱动的复杂场景多层级力觉交互算法[J].计算机学报, 2009, 32（8）: 1560–1570.

[28] WU J, WANG D X, WANG C C L, et al. Toward stable and realistic haptic interaction for tooth preparation simulation[J]. Journal of Computing and Information Science in Engineering, 2010, 10（2）. DOI: 10.1115/1.3402759.

[29] LIU G Y, ZHANG Y R, WANG D X, et al. Stable haptic interaction using a damping model to implement a realistic tooth–cutting simulation for dental training[J]. Virtual Reality, 2008, 12（2）: 99–106.

[30] CHEN, Z Y, ZHANG Y R, WANG, D X, et al. iFeel 6–BH1500: a large–scale 6–DOF haptic device[C]//2012 IEEE International Conference on Virtual Environments Human–Computer Interfaces and Measurement Systems. Piscataway, USA: IEEE, 2012: 121–125.

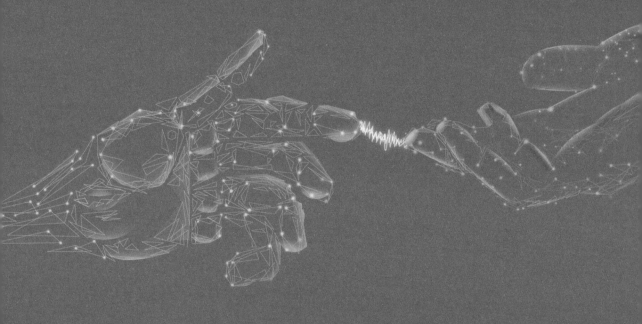

CHAPTER **06**

第 6 章

振动触觉交互

在各种触觉呈现形式中，振动触觉最为常见。振动触觉的研究从 20 世纪初期开始，至今振动触觉交互已经广泛应用在手机、游戏手柄、穿戴式设备等消费产品中。本章将对振动触觉感知机制、振动触觉交互的硬件装置、振动触觉交互设备的分类及振动触觉交互的应用领域进行介绍。

6.1 振动触觉感知机制

6.1.1 人体振动触觉感知的生理机理

1. 感受器换能机理与过程

微弱的机械振动刺激使人感受到振动反馈，人体触觉感受器就是感知振动等刺激因子的"传感器"，主要包括触觉小体、梅克尔盘、环层小体和鲁菲尼氏小体四种（见图 6-1）。

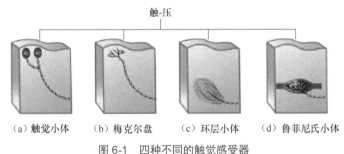

（a）触觉小体　　（b）梅克尔盘　　（c）环层小体　　（d）鲁菲尼氏小体

图 6-1　四种不同的触觉感受器

机械振动对人体感受器进行刺激后，会引起过渡性电位变化，该过渡性电位变化包括感受器细胞的感受器电位变化和传入神经末梢的发生器电位变化，由此叠加产生传入神经动作电位，大脑接收到该电位信号后进行解码分析，得到振动刺激信号的具体信息。具体过程如下。

（1）当感受器 [图 6-2(a) 中感觉神经游离末梢] 接收到机械振动刺激时，在感受器部位只能产生等级性的感受器电位，该电位随传播距离的增大而衰减，而在传入神经纤维的第一个郎飞结处时更小，但它足以达到阈电位，进而触发动作电位，如图 6-2(a) 所示。

（2）电压门控钠通道是对感受器电位进行"放大"的生理结构通道，而电压门控钠通道的密度大小对感受器电位有明显的作用和影响。每个郎飞结部位的电压门控钠通道密度明显高于感受器部位，所以在感受器部位只能产生感受电位，而在第一个郎飞结才能触发高幅值的动作电位，进而使电位信号经传入神经到达大脑，如图 6-2(b) 所示。

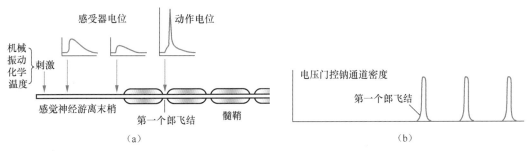

图 6-2　感受器电位转变为传入神经纤维上动作电位

感受器在受到刺激并进行换能的过程中，还会同时进行编码。把刺激信号所包含的各种信息转移到动作电位序列中的现象称为感受器的编码功能。该功能主要完成对刺激性质和刺激强度的编码。

2. 感受器对刺激性质编码

刺激性质编码指在感受器的换能过程中，特定感受器经过特定的传入途径到达大脑皮质特定部位形成的对刺激性质的编码。即在人的手上或其他皮肤部位，当特定的感受器被激活时，会产生特定性质的触觉感知。前面讲的四种触觉感受器的放电都会产生与物体的接触感。但是激活梅克尔盘和鲁菲尼氏小体时，人产生的是压力感；而相同的放电模式若发生在触觉小体和环层小体时，人所感受到的会是振动感。故感受器对刺激性质的编码属性，由感受器性质决定。

3. 感受器对刺激强度编码

单一神经纤维上的动作电位的频率和产生动作电位的神经纤维的数目形成对刺激强度的编码称为刺激强度编码。

（1）感受器在受到感觉性刺激时引起等级性的局部电位改变叫感受器电位。当感受器电位极化达到阈电位水平时，可在感觉神经上产生动作电位，如图 6-3 所示。

（2）感受器对不同强度刺激的反应具备不同的响应强度。较低强度的刺激可产生较

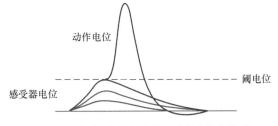

图 6-3　感受器电位阈电位和动作电位的关系

小幅度的感受器电位，但达不到阈电位水平，因而不能产生动作电位；当增加刺激强度，使感受器电位去极化达到阈电位水平时，即爆发动作电位；当进一步增加刺激强度，只要感受器电位持续在阈电位水平以上，动作电位就会重复发生，结果使动作电位的频率增加，如图 6-4 所示。

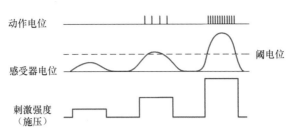

图 6-4　感受器对不同强度刺激的反应具备不同的响应强度

4. 感受器部位与空间编码属性

刺激的部位和其他空间属性由所刺激的感受器的空间分布编码。感受器能够感受到的刺激范围和能力称为该感受器的感受野。只有当刺激作用于感受器的感受野时，即靠近神经末梢的皮肤被接触时，感受器才会有触发动作电位的可能，同时人才能体会到该刺激作用于人的物理位置。

如图 6-5 所示，手指尖端红色的区域代表该部位感受器的感受野，对不同的触摸刺激，感受器会反馈不同触感，包括刺激位置、刺激强度以及刺激的分辨率。而感受野的大小和感知精细度往往是相反的。梅克尔盘和触觉小体对刺激的定位最精确，它们的感受野却最小，而小的感受野使得梅克尔盘和触觉小体对最小的压力刺激也最敏感。

图 6-5　手指尖不同感受野

6.1.2　振动触觉感觉阈限

1. 人体振动感受器频率阈限

人体对振动的感知具有最佳的反应频带，每种感受器对敏感信号的感受性质和感知的振动频率如表 6-1 所示。

表 6-1　感受器对敏感信号的感受性质和感知的振动频率

神经通道	SA I（NP III）	RA（FA I，NP I）	SA II（NP II）	PC（FA II，P）
感受器	梅克尔盘	触觉小体	鲁菲尼氏小体	环层小体
适应速度	慢	快	慢	快
感受野	小	小	大	大
振动频率 /Hz	<5	3～100	15～400	10～500
感受性质	压力	震颤	牵拉	振动

机械感受器的特征表现在它们对刺激频率、时间的分辨率以及感受野的大小。能够快速适应机械振动的感受器能够捕获瞬态信号，而缓慢适应的感受器则主要捕获静态的刺激信号。例

如，触觉小体具备快速适应机械振动信号的能力，该感受器就可以响应低频振动并感应皮肤变形的速度（时间）。而环层小体则能够对更广泛的高频振动做出响应，并可以捕获有关瞬态接触的信号。梅克尔盘是缓慢适应的感受器，可检测边缘和空间特征。鲁菲尼氏小体则主要感知皮肤舒展以及物体运动或力的方向。

身体不同位置的感受器的密度大小不同，在手和脚等无毛皮肤中感受器的数量相比多毛的皮肤更多，因此触摸定位在无毛皮肤上会更准确。在光滑皮肤中，环层小体和触觉小体的密度都很高 [1]，因此对捕获触觉线索的能力更强。在多毛皮肤中，环层小体的空间密度显著降低 [2]，触觉小体则完全消失 [3]。

在无毛的皮肤中，触觉小体感知低频振动，环层小体感知高频振动 [1]。在与物理对象进行交互的过程中，触觉小体还可感知由于手在抓握物体时引起的滑动、表面不连续或手指移动引起的接触切面皮肤的变形率 [1]。在带纹理的表面进行抚摸或发生碰撞时，环层小体会感知与物体接触过程中产生的高频振动 [4]。

常见的振动致动器，如偏心旋转质量电机或线性共振致动器，通常会以高于 100 Hz 的频率产生振动，这会激活环层小体。环层小体的感受野很大 [4]，因此用户很难区分放置在皮肤表面很近的两个或多个振动致动器。通过皮肤的振动传播进一步加剧了可辨别性的问题 [5]。而环层小体没有方向敏感性也导致了人类无法判断或区分高频振动的方向 [6]。

利用振动触觉设计产品设备的设计师，必须了解人类触觉感知的阈限，从而创建有效刺激感受器的设备，以获得按设计要求进行触觉交互的系统。为了创建真正有效的触觉交互，设计人员必须在设计设备和驱动设备的信号时，充分考虑四种感受器的位置依赖性和各感受器对信号的识别特殊性。

2. 单点振动触觉感觉阈限

进行触觉合成的最简单方式就是刺激皮肤上的某一个单独的位置，即单点振动刺激。在这种情况下，要考虑的第一个问题就是可感知性，即操作者是否可以感觉到正在呈现的触觉提示，如果能，那么刺激的多大强度可以触发人体的触觉感知；心理物理学研究人员通过绝对（检测）阈值来表示对物理刺激的敏感性：超过这个阈值的最弱的刺激强度会使人有效地感知刺激的存在 [7]。

触觉刺激的绝对阈值很大程度上取决于振动频率。每个触觉感知通道都有与频率相关的绝对阈值。对每个特定频率状态下，具有最小阈值的通道将确定该状态下的绝对阈值。如果刺激强度超过多个通道的感受器最小阈值，则在这些通道上的所有感受器都会做出反应，并且该情况有助于对刺激的性质进行感知和判断 [8]。

在无毛皮肤中，在低频或无振动情况下，SA I 通道显现出对变形程度约 5 μm 的恒定挠度范围的绝对阈值。在较高频率的刺激信号作用下，该阈值由 PC 通道决定，而该通道的阈值与频率变化呈现 U 形曲线关系。故通常刺激信号在振动频率为 150 ～ 300 Hz 时可观察到最小阈值（感受器感测到的最小位移），该阈值可以小于 0.1 μm。在触觉感知中，这些绝对阈值会受到身体部位、接触面积、刺激持续时间、刺激波形、接触力大小、皮肤温度、年龄以及其他一些屏蔽等因素的影响 [9]。例如，如果接触面积或刺激持续时间增加，由于存在叠加求和效应，则 PC 通道的所有阈值都会出现降低的现象。文献 [9-10] 列出了在有关对皮肤进行直接刺激的条件下测得的绝对触觉阈值，而通过器具刺激条件下获得的绝对触觉阈值情况，请参阅文献 [11-12]。

因此，在明确刺激可以被检测到之后，第一个需要思考的问题便转化为操作者是否可以区分正在显示的不同振动触觉提示？该问题可以通过可辨别阈值和可区分不同的刺激数量进行量化分析。可辨别阈值就是操作者能够可靠辨别的两个刺激之间的最小差异的值。由于差异阈值很大程度上取决于相关刺激的强度，因此可分辨性通常由韦伯分数（差异阈值与刺激强度的比值）来衡量和表示。根据韦伯定律 [7]，相同种类刺激的韦伯分数往往保持恒定，而与刺激强度无关。尽管已知触觉感知呈现出该法则的某些例外情况 [13]，但韦伯划分的振动强度幅度差异大多集中在 10%～30%(范围可以在 4.7%～100%)，大部分振动频率差异在 15%～30%(变化范围可介于 2%～72%)[14]。根据经验，在实际应用中，至少要具有 20%～30% 的幅度或频率差异，人才能对触觉刺激进行可靠的区分。需要注意的是，可识别刺激的实际数量也受到与信息传递相关的其他感知和认知因素的限制 [15]。

第二个需要思考的问题是振动触觉提示对操作者有多强烈？当刺激强度 I 高于其绝对阈值时，人感知到的强度为 $\psi(I)$（以感知力为单位）。设 k 为常系数，则两者的关系由如下幂关系确定：$\psi(I) = kI^e$ [7]，指数 e 决定了感知幅度的增长率，触觉刺激的变化范围为 0.35～0.86[12]。该指数关系的计算结果取决于刺激条件，尤其是刺激频率 [12]。这种关系意味着感知强度是振幅和频率的函数。同样，振幅和频率都会影响用户对振动感知程度 [16]，而很多应用开发人员对这种非正交的感知特性并不清楚。

第三个需要考虑的问题是操作者判断振动触觉提示的时机是否准确？通常认为人的触觉感知能力是很强的。例如，我们可以以小于 5 ms 的时间间隔区分开连续的脉冲 [10]。这种对时间的触觉灵敏度优于视觉（25 ms），但比听觉敏锐度（0.01 ms）差 [9]。而通过设计使刺激的幅值随时间按照一定规律进行变化（称为包络），可以产生节奏感。人类对触觉的节奏差异非常敏感，具有很高的辨别能力。因此，该特性有助于在实际应用领域中设计大量有意义的振动触觉刺激。

最后一个需要考虑的问题是振动触觉提示会产生其他效果吗？振动触觉刺激的主观印象在触觉系统设计中具有重要作用。如果振动频率低于 3 Hz，则被认为是缓慢的感知运动 [17]。在 10～70 Hz 的频率下，人会感到运动不平稳或颤动；在 100～300 Hz 的频率下，人反而会感到平稳。在振动触觉刺激的感知空间中，这种差异可分别由 40～100 Hz 和 100～

250 Hz 的振动组成的两个不同的感知轴表示[18]。此外，修改振动幅值的包络来控制触觉刺激的主观印象，会形成不同的反馈效果。例如，将低频包络函数与高频正弦函数（幅值调制）相乘会产生不是原高频平滑振动的触感反馈，而是一种低频粗糙感觉[19]。这样的方法对于带宽有限的振动触觉致动器相关的系统的设计非常有用，可有效控制其输出的主观印象和可辨别性。

3. 多点振动触觉感知阈限

人体中枢神经系统可以准确地判断施加在身体上触觉刺激的位置[13]。这种特性容易给人带来方向上的注意力引导。例如，在右肩上轻按一下通常会使一个人向右拐。身体是如同一张具有位置映射关系的地图，以自我为中心的方向定位，对于需要刺激身体上多个部位的触觉交互设备设计来讲，这无疑是一个很好的特性。与此同时，设计人员需要知道：人如何区分应用于身体上邻近部位的振动触觉提示？这便是多点振动触觉感知需要讨论的问题。

一般情况下，这种空间可分辨性可以通过测量两点的间距阈值（即两个同时施加的刺激被可靠感知的情况下，两个点能够靠近的最短距离）获得。尽管研究人员可以使用麻醉仪测量用于临床研究的两点阈值，但这种方法的准确性，以及作为空间敏锐度的指标是否合适，依然还有争议。该方法还有一个易引起混淆的因素是，两个紧密放置的探针会增加刺激的强度，从而提供额外的触觉提示[9]。目前，触觉研究人员更多地依赖于点定位阈值和光栅方向辨别阈值，这两种方式都给出了更高的空间分辨率。前者改进了两点阈值测试方法，一次测试只在皮肤上施加一种刺激[20]。后者找到了可以可靠区分方向的最小光栅周期[21]。由于皮肤的不同区域具有不同的感受器神经支配密度，因此身体触觉空间的敏锐度的阈值在整个身体范围内，存在很大差异。同时还应注意到，这些阈值通常是使用静态皮肤按压方式测量的。通过具有不同形状和大小的接触器施加的不同频率的触觉刺激几乎肯定会影响空间辨别力和位置[9]，因此通常需要进行定制的实验设计。例如，使用 12 个等距触觉执行器，在腰部周围以 250 Hz 振动频率，进行触觉刺激的定位测试，获得的定位精度为 74%；而使用 8 个触觉执行器时，该精度提升至 92%，使用 6 个则定位精度变为 97%[22]。人体具备的这种自然取向映射的高识别能力，使触觉设备成为方向导航的可行解决方案。

此外，研究者还开展了关于双臂上多点振动刺激感知定位能力研究[23]，其主要目的是探索基于体表多部位刺激的触觉空间信息感知的能力，尤其是在皮肤表面不同部位的多个振动刺激能否都被人准确地感知和定位。以及在相同刺激数目下，多点振动刺激的体表分布模式对于定位感知精度有何影响。

在穿戴设备中，利用单点的振动刺激进行信息的呈现已屡见不鲜，然而单点振动刺激无法满足多信息同时呈现的需求，因此多点振动刺激定位能力的研究势在必行，研究结果将为多点振动刺激的穿戴式运动训练设备的设计提供参考。人的皮肤面积巨大，适合在不同部位布置振动触觉刺激源。为了准确感知刺激源的位置，被试需要集中精力来进行目标感知。对于不同数量下刺激源的定位能力研究，是探索通过激励源空间感知定位作为目标任务，来进行注意力调控的基础科学问题。例如，尽量控制振动刺激的数量不超过两个，且在位置布置上，不同数量的振动刺激源，其对应的布局可择优选取。

Wang 等 [23] 基于运动训练中各个手臂的外张和内收两种动作，测量了双臂内外侧的八个部位的振动触觉激励的空间定位能力，如图 6-6 所示。实验结果表明定位精度随着振源数量的增加呈现单调下降趋势，而且振源位置的组合方式对于定位误差具有显著性影响（见图 6-7）。该结果揭示了人对于全身多部位振动触觉机理的空间定位精度，证明了定位精度在振源数量超过两个时急剧衰减的特性，以及振动激励的空间布局对于定位能力的显著影响，为构建基于穿戴式振动触觉激励的运动引导设备提供了生理指导依据。

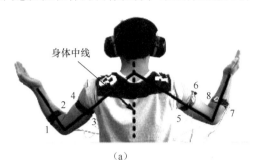

（a）

（b）

图 6-6　电机在手臂上的固定位置及实验场景

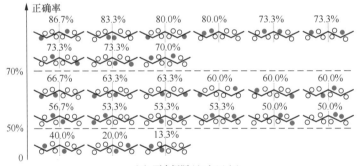

（a）两个振源（红色圆点）

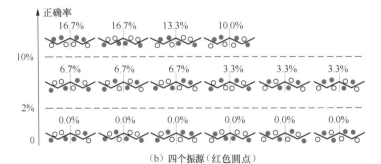

（b）四个振源（红色圆点）

图 6-7　给定刺激数量时各种振动布局的识别正确率

6.1.3　幻触效应

人体振动触觉的生理基础决定了人对振动触觉感知的能力，即感觉阈限。而人体在对振动刺激具有的定量感知属性以外，还有一个重要的感知效应——幻触效应。

幻触效应是在人处于不同的振动触觉的时空状态下，感受到的不同的错幻觉振动触觉现象，主要以下面两种方式呈现。

（1）利用不同的刺激信号以及对各个振动器之间的时间和物理间隔的控制，可以产生一种连续振动幻觉。例如，在图 2-25 所示的 "皮肤兔子错觉" 的案例中，在这种触觉欺骗中，皮肤上三个不同位点连续传递的一系列短脉冲被视为一种刺激，这种刺激在皮肤上逐步移动，就像一只小兔子从第一个刺激器平稳地跳跃到第三个刺激器。刺激器 1 首先产生三个短脉冲，在短暂的时间间隔后，刺激器 2 执行相同操作，然后是刺激器 3 执行相同操作。这种方法会使用户感觉到振动从刺激器 1 连续振动传播到了刺激器 3 的位置，从而在身体表面上产生不间断振动的连续感 [24]。

（2）通过控制触发的振动刺激器的开始时间和结束时间可以产生明显的连续触觉运动感 [9]。

（3）通过分别控制两个振动刺激点的振动时间间隔和强度，可以在两个振动点之间的某个位置之间产生一个虚拟的振动点 [25]，即该虚拟点位置取决于两个振动点的相对振幅。

这三种幻触的呈现方式，可以为定向显示的设备或是特定的一些游戏效果创造出清晰的流状振动感，甚至可以在皮肤上使用二维振动触觉交互的阵列，达到其他的一些耦合的幻触效果 [26]。在文献 [27] 中可以找到对稳健幻触呈现相关的详尽介绍。

6.2　振动触觉交互的硬件装置

想要将触觉提示设计到特定设备或应用中，设计人员需要做出两个主要的硬件决策：采用哪种类型的触觉致动器，以及如何在空间上布置和安装它们，以便用户可以感受到它们的振动。这些决策会对系统最终呈现的触觉信息的有效性产生深刻影响。

即使有了选型等指导原则，触觉感知的复杂性以及与皮肤机械耦合的重要性也使设计人员很难提前知道某种设计的效果。因此，与潜在用户频繁多次的测试，以及设计迭代，是帮助确保最终系统具有高水平功能的有效措施。各种各样的致动器都可以用来产生人类可以感觉到的振动。在控制器的控制作用下打开和关闭触觉致动器，就会产生一系列随振幅、频率和波形变化的感觉。重要的工程项目需要考虑的因素通常包括尺寸、形状、成本、可用性、耐用性、响应速度、输入要求、功耗以及对其他系统组件的潜在干扰。有关触觉致动器的更详尽的概述可参阅文献 [28-30]。

下面介绍在创建新的触觉交互系统时应考虑的主要商业致动器的信息。图 6-8 所示为用于振动触觉交互设备设计的致动器样品。表 6-2 所示对最常见的触觉致动器类型进行了定性比较，以帮助设计人员选型。需要注意的是，几乎所有的触觉致动器都需要将控制器输出的模拟或数字驱动信号通过驱动电路提高功率后才能实现正常工作。

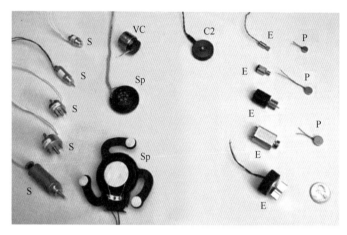

图 6-8　用于振动触觉交互的样品致动器

S—五个大小不同的螺线管致动器[31]；VC—不带轴承的商用音圈致动器；Sp—两个音频扬声器；C2—来自EAI的触头；E—5种圆柱偏心旋转质量电机；P—三个无轴纽扣式偏心旋转质量电机

表 6-2　对最常见的触觉致动器类型的定性比较与评价

触觉致动器类型	性价比	结构复杂度	电气复杂度	定制化程度	响应性能
螺线管致动器	中	中	中	中	中
普通音圈致动器	低	低	中	高	高
触觉音圈致动器	中	高	中	低	高
偏心旋转质量电机	高	高	高	低	低
陶瓷压电致动器	低	中	低	中	高

按照触觉致动器的机械运动形式及原理，主要可分为线性电磁类致动器、旋转电磁类致动器以及非电磁类致动器。

6.2.1　线性电磁类致动器

最常用于产生触觉刺激物理现象的是电磁与通电导线或铁磁材料的相互作用。电线（如铜）被电绝缘材料（如清漆）覆盖并包裹成连续的线圈，恒定的电流通过该线圈就会产生一个稳定的电磁场，该磁场在线圈内部最强。一块铁磁材料（如钢）如果被带到该线圈附近将被拉向电磁场。当通过线圈的电流关闭时，电磁力将消失，而永磁体（具有自发磁场的磁性体）则会吸引或排斥线圈。向线圈施加振荡电流会产生类似的随时间变化的振荡磁场，从而提供了一种产生触觉振动的简单方法。音频扬声器使用相同的物理原理来创建人类感知为声音的宽频气压变化。

　　包围可移动铁磁材料片的线圈通常称为螺线管。与振动触觉合成最相关的螺线管是最小的商业版本，其尺寸约为 10 mm。设计时需要注意的是，螺线管传递的感觉可能会有些不一致，因为作用在运动元件上的力在很大程度上取决于其在磁场中的位置，该因素受设备相对于重力的方向、传感器的机械特性的影响。包围可移动永磁体的线圈通常被称为音圈。

　　可用于振动触觉合成的普通音圈致动器尺寸通常在几十毫米的数量级。带有内置线性衬套的音圈致动器使用起来很方便，但是在其滑动接触面处存在的静摩擦会导致小振动无法呈现，并且在某种程度上会使大振动的感觉扭曲。没有内置衬套的音圈致动器更复杂，无法集成到定制系统中，因为设计人员必须限制两个零件保持对齐，同时允许一个零件（线圈或永磁体）相对于另一零件移动而产生振动。这样的装置通常需要弹簧来使移动元件返回中心，因此常见的解决方案是使用一个或两个柔性膜。另外，调整音频扬声器也能产生可检测到的触觉振动 [32]。与螺线管致动器一样，施加到音圈致动器的电信号必须随时间变化以产生振动。与螺线管致动器不同，音圈致动器通常具有线性动力，因此除提及的静摩擦外，触觉输出易于控制和建模 [33]。

6.2.2　旋转电磁类致动器

　　当施加恒定电压或电流在旋转直流（DC）电机时，此类电机会连续旋转，并且产生振动感。最常见的设计方法是将偏心质量块固定在电机输出轴上，以使其在电机的主体上旋转进而施加较大的径向力，就像洗衣机在旋转衣物偏心带来的振动感一样。需要注意的是，这种设计方式产生的振动，其频率和振幅都与电机的转速（以每秒周期数或赫兹为单位）耦合，无法实现解耦控制。当施加在电机的电压较小时，用户会感到小而缓慢的振动，而对于大的输入电压，他们会感到强烈而快速的振动。因此，使用这种类型的致动器不能以频率和振幅的任意组合产生振动。此外，当施加的电压很小时，内部静摩擦通常会阻止此类电机旋转，从而导致触觉提示的启动延迟。

　　目前设计人员可以从各种商业的偏心旋转质量（ERM）电机中进行选择。例如，英国精密控制器公司提供了广泛的选型参考，从用于在移动设备中传递振动警报的微型电机到通常在制造和按摩应用中使用的更大的振动致动器。市场上可供选择的旋转电磁类致动器大致有三种：（1）可见偏心块的有轴偏心电机，有时称为圆柱电机或传呼机电机；（2）密封的圆柱电机，其设计与可见偏心块的有轴偏心电机相似，但要用物体覆盖旋转轴，以防止其与周围物体发生干扰；（3）偏心块完全封闭的无轴电机，通常制成扁平形状的硬币或煎饼状电机。

　　尽管上面介绍了旋转类振动电机在触觉合成方面存在的一些限制和问题，但偏心旋转质量电机的简单性和可靠性使其成为一种不可或缺的选择。

6.2.3　非电磁类致动器

特定的固体材料在受到压力作用时会在材料两端面间出现电压，这种材料就叫压电材料。这种效应是可逆的，因此压电材料通常用作传感器（将机械变形转换为电信号）。触觉交互设备通常使用多层陶瓷压电致动器，其形状类似于盘或梁。这种执行器能够非常快速地响应施加的输入信号，并且可以输出任意波形，但是它们通常也需要 100 V 量级的输入，这给系统集成带来了挑战。

6.3　振动触觉交互设备的分类

使用上节介绍的振动触觉致动器，就可以创建有效的振动触觉交互设备。按照振动产生的触觉交互目的和效果不同，振动触觉交互设备可分为全局振动触觉交互设备和局部振动触觉交互设备。

1. 全局振动触觉交互设备

当操作者握住一个小的固体物体或工具时，最好的选择通常是使整个刚性设备振动。由上节振动触觉致动器的介绍可知，振动触觉致动器通常由两个彼此相对运动的部件组成，例如，音圈致动器中的磁体和线圈，或者偏心旋转质量电机中的偏心块和电机本体。对于这种类型的触觉交互设备，致动器的一个部件必须牢固地连接到接口对象的框架上，并且提供足够的空间以使另一个致动器元件自由移动。如果致动器的主体没有牢固地固定在物体上，则不会有效地将振动传递到操作者的手上，全局振动触觉交互效果将会很有限。此外，物体还需要具有足够的刚度，因为柔性物体会在致动器附近弯曲，并阻止振动传播。

固定的致动器尺寸和激活所产生振动的大小与物体的质量成反比 [33]，因此设计人员应设法使设备的整体质量尽可能小。如果有必要，可以使用多个致动器来增加感受强度。松散的元件（如纽扣盖和电线）将受到振动影响，如果未固定，则会发出"喀哒"响声。为了量化这种系统的振动输出性能，设计人员可以在待测位置附近安装一个小型的高带宽三轴加速度计，记录在操作者手中激活该设备时发生的振动 [34]。需要注意的是，操作者握持的振动触觉交互设备的位置和强度会影响所产生的振动的大小和形态。

2. 局部振动触觉交互设备

当振动触觉交互设备是一个大体积物件、一个可穿戴的设备以及一个需要多点位刺激的设备时，最佳的触觉交互方式就是振动一个或多个小的区域，这种方法称为局部振动触觉交互。例如，对于一系列紧密堆积的触觉元件，如用于指尖探查的大头针，设计人员应该在传递振动触觉提示的元件与系统的其余部分之间寻求轻巧且高度灵活的连接，而不是进行刚性连接。对于 C2，它已经成为设备的一部分，其设计可以与由螺线管和音圈构建的定制触觉致动器相仿。如果整个致动器外壳都振动，如像 ERM 电机等一样，则需要仔细地选择每个致动器与系统其余部分的连接方式，以产生一致的局部振动反馈感觉。

6.4 振动触觉交互的应用领域

6.4.1 物理信息传递

振动触觉交互可以巧妙地将物理信息传达给操作者。通常是操作者在虚拟的物理世界感知产生的运动或动作时，物理信息通过提供振动响应来反馈。操作者的运动与所产生的触觉之间的紧密耦合要求振动触觉交互应具有尽可能小的时间延迟。该领域的研究主题主要集中在物理对象的属性和对象接触的位置上。

1. 物理对象的属性

当人通过手持式工具触摸物体时会产生大量的有形振动[1]，在触摸的开始和结束时会发生强烈的振动瞬变，并且当一个物体沿着另一个物体滑动或切穿时，会不断产生振动。这些振动信号包含了两个对象的属性以及它们如何移动的有用信息，如同行走在虚拟砂砾路面时的感觉[35]。为了获得逼真的效果，这些项目使用的致动器可以对输出振动进行出色的控制。此外，它们都专注于传递可实际调节以适应当前物理条件下的相互作用的振动触觉提示，如敲击工具的接触速度、剪刀的闭合速度、触控笔的扫描速度和法向力，以及操作者脚部的接触力等。

2. 对象接触位置

振动触觉交互也可以用来通知操作者在虚拟世界中发生接触的身体位置。不幸的是，在大面积的人体上，特别是在运动过程中，施加接地接触力在技术上尚不可行。所以，可以将大量的触觉致动器集成到服装中并独立激活以指示接触位置，这是一种称为感觉替代的总体方法。这种方法已经在军事模拟中与集合触觉马甲（TactaVest）配合使用，用于通知操作者与头戴式显示器视野之外的虚拟物体发生身体碰撞以及碰撞的位置[36]。现在，这种使用触觉交互来教导手臂运动的想法已经获得了初步实践，通常使用大约四个 ERM 电机沿圆周分布在每个肢体节段的一条织物带中[37]。相比单独的视觉交互，触觉交互不仅可以加快运动学习过程，还可以在头部使用惯性传感器测量倾斜度，同时设计使用一组触觉致动器将其反馈给操作者，通过振动纠正操作者的头部姿态，帮助他恢复受损的双耳平衡感[38]。

6.4.2 抽象信息传递

特定使用环境条件下对刺激进行优化后，触觉交互可以提供高度可靠的抽象信息。过去十年的研究表明这种通信方式是行之有效的，特别是在以下情况下：（1）视觉音频信息无法获得或者是视听觉获得的信息质量差；（2）操作者的感觉能力超负荷；（3）需要多余的感觉提示；（4）环境和互补信号很有用。该领域的主要应用如下。

1. 通信

振动触觉交互最传统的，也许是最关键的用途是用于有感觉障碍的人的通信设备中。该领域的商业示例是光学到触觉转换器（Optacon），它是在 20 世纪 70 年代开发的，主要用于为视障人士提供阅读帮助。Optacon 使用由压电悬臂致动器驱动的二进制振动触针阵列[39]，将来自手持式光学扫描仪的图像显示在用户另一只手的指尖上。尽管依然还存在特殊的用户群体，但 Optacon 现在已经不生产了。相反，当前的商业重点是电子盲文系统，而研究界最近一直在关注触觉交互呈现更细节的信息，如几何形状[40]。

将语音转换为触觉刺激是触觉早期最重要的研究主题之一。最主要的方法是触觉声码器，它将语音频谱划分为多个信号，并使用一组独立的触觉致动器进行反馈和呈现[41]。在许多研究中，无论是单独还是结合唇读，都对触觉声码器的功效进行了测试。

2. 导航

如前所述，触觉刺激的身体部位，身体会以自我为中心进行方向判断。在使用指南针读数和全球定位系统（GPS）的触觉导航辅助设备的开发中已经利用了这一特征。例如，使用八个触觉致动器形成振动方向，即可在导航中显示方向以及通过触觉脉冲周期调制来表示距离，该系统对行人、直升机驾驶员和快艇驾驶员已被证明是有效的[42]。Elliott 等[43]在相对嘈杂的室外环境，或军事行动背景下对类似的触觉导航系统进行了测试，结果表明在具有较高认知和视觉工作量的条件下其性能甚至超过了视觉显示。

3. 移动设备

由于具有商业影响，故利用触觉交互来升级移动设备的用户界面（UI）一直受到众多的关注。触觉交互的使用可以追溯到寻呼机，寻呼机是最早内置 ERM 电机无声警报的移动设备之一。配备了更高级的触觉交互的当代蜂窝电话和智能手机已经继承了这一传统，现在，移动设备已成为触觉交互新思想的高度优先测试平台。

从无声警报演变而来，大量可识别的触觉刺激设计一直是中心问题。文献 [44] 进行了专门的讨论。由振动触觉向人传递触觉信息时产生的信息映像称为触觉图标，它们可以传递有用的抽象信息，如呼叫者的身份或呼叫的紧急性。研究表明，可以可靠地设计划分出 80 多个触觉图标，并且振幅、频率、包络和节奏都是触觉图标设计的有用变量，其中节奏是最有效的。此外，包括触觉图标的多模式振动图标也受到越来越多的关注。多模式图标提出了许多新的研究问题，如视觉和触觉刺激之间的一致性。

现在的移动设备通常是没有物理键盘的触摸屏。一个明显的缺点是按键时缺乏触觉交互。

触觉交互可以提高触摸屏上文本输入的准确性和完成时间，同时显著减少操作者的主观工作量。由于触摸屏不限于移动设备，因此将自然和有效的触觉交互添加到更通用的触摸屏交互范例中变得越来越重要。

4. 汽车

驾驶车辆时要求驾驶员具有很高的视听感觉技能，触觉交互在这方面可以发挥很大作用。这个应用方向主要分为两种类型，一种是通过某些方式简化复杂的手动控制，使用具有改善感官反馈的统一控制器。宝马公司的 **iDrive** 系统是一个典型的商业示例，该系统包括带有动觉反馈的旋钮。在这样的控制器上增加触觉交互来传递抽象信息，如菜单状态，可以扩大其信息传输能力[45]。另一个种是针对危险驾驶情况使用触觉警告。大多数这样的系统通过车辆的座椅，安全带或转向盘向驾驶员提供振动提示信号。危害的位置通常通过触觉刺激的位置进行编码[46]。例如，振动转向盘以发出前向碰撞警告，或振动座椅靠背右侧以产生向右车道漂移警告。一些商用汽车已经安装了包括振动触觉交互的多模式警告系统。

6.4.3　多媒体

正如目前出现的 **4D** 电影所证明的一样，触觉交互具有极大的潜力，可以使多媒体体验更具表现力、活力和逼真性。本节将阐述在多媒体应用程序中利用触觉表现的最新研究，重点应用包括创作、建模和压缩以及广播等触觉内容。参阅文献 [30] 可获得更详细的信息。

1. 创作

在多媒体应用中，触觉刺激需要与视觉和听觉刺激及其语义同步呈现。因此，帮助设计人员构成触觉场景的软件工具非常有价值。

目前，用于触觉内容认证的特殊方法有两种。一种是使用专门用于该任务的软件从头开始制作触觉场景。例如，空间触觉效果可以从视频文件中逐帧手动合成，然后由可穿戴式触觉交互设备或放置在椅子上的一系列触觉致动器呈现[26]。视觉和触觉刺激之间的空间对应性是此设计的关键因素。对于音频刺激，使用乐谱隐喻的图形编辑器可以使人们快速创建触觉模式[47]。另一种是可以从视频或音频文件自动生成触觉内容，在条件允许的情况下，甚至可以实时生成。例如，突出重要视觉事件的空间位置的触觉刺激可以增强视频观看体验。为此，可以通过计算图的视觉显著性来预测观众在视频的每个帧中所处的位置，然后可以使用该图确定触觉刺激的身体部位和强度。对于声音，可以通过强调声音信号的低频能量的触觉刺激的回放来增强节拍的感觉。这种低音增强功能在商业产品中已经得到成熟应用。作为一种替代方案，声音信号可以分为多个频带，并通过触觉信号传递到多个身体部位，非常适合听力受损的人[48]。

为了在质量和效率之间达到最佳平衡，用于触觉内容创作的软件工具需要提供完整的逐帧设计界面以及有效的自动化内容制作功能。

2. 建模与压缩

在多媒体应用中，存储和带宽要求至关重要。有关触觉数据压缩的问题已经进行过大量研究，尤其是在远程触觉交互（控制远程机器人）的情况下。由于运动感反馈在远程交互系统中具有较高的优先级，因此主要目标是在不明显降低感知质量的情况下压缩力相关参数的数据。与触觉合成相比，力觉交互具有不同的感知特性，并且在合成稳定性和通信延迟方面有更严格的要求。因此，现有的力觉数据压缩算法[49]可能不会直接应用于触觉。相反，专门用于触觉数据建模和压缩的研究很少。一个有趣的例子是使用触觉感知的绝对阈值进行频域信号压缩[50]。考虑到音频和触觉信号之间的信号级别相似性，我们也许可以采用更高级的音频压缩算法。

3. 广播

广播触觉场景可能是这方面研究的终极目标。然而，自从 Touch TV 这个概念被创造以来，相关研究的进展一直缓慢。最近一些显著的发展包括可触摸的 3D 视频系统，该系统从深度图像[51]呈现触觉提示，到以 MPEG 格式广播触摸数据[52]等做了相应工作。

触觉广播需要整个技术和商业生态系统。仅在触觉技术方面，我们就需要高性价比的触觉交互设备、优质内容的产品、高效的广播方法等。即使触觉广播尚处于"胚胎移植"阶段，它对社会的影响依然可能是很大的。实际上，多触觉感觉广播相关的研究已经在广播工程技术路线图中列出。鉴于这些最新趋势与方向，触觉广播值得引起足够关注。

小结

本章首先概述了人类振动触觉感知的生理机理，重点讨论了振动触觉感觉阈限和触幻效应等问题，然后介绍了常见振动触觉致动器的主要类型、工作原理、性能，以及各类致动器的优缺点，接着讨论了振动触觉交互设备的分类，强调了致动器和操作者皮肤之间机械连接方式的重要性，最后对振动触觉交互应用领域进行了分类阐述。

随着对人类振动触觉感知生理机理认识的深入，以及新型高频带范围微型化振动致动器和新型软体材料驱动控制技术的进步，振动触觉交互将有望应用在更多领域，为人们带来更加丰富的触觉交互体验。

思考题目

（1）请列举人体振动触觉交互的感受器的种类，以及各自对振动刺激的频率响应范围。

（2）有毛与无毛的皮肤表面，人体对振动感知的各个感受器在密度上，有什么区别？

（3）单点振动触觉感知阈限的定义与多点振动触觉感觉阈限的定义分别是什么，有什么不同，之间是什么关系？

（4）触觉致动器按照其发生运动的形式划分，分为几类？结构上各有什么特点？

（5）请分别设计一个利用振动触觉交互传递物理信息与抽象信息的实例。

（6）在设计多点局部振动触觉交互设备的时候，触觉致动器与设备的结构件的能量传递包含哪些方式的损耗？优化的方式有哪些？

（7）设一个 ERM 电机的转速为 1000 r/m，已知偏心质量的偏心半径为 20 mm，求将此 ERM 沿转轴垂直安装于人体皮肤表面时，忽略能量损失，能传递给人的最大振动频率值。

（8）若使用线性致动器 LRA 进行触觉合成，呈现一个斜坡包络输出的振动感，设 LRA 的共振频率为 175 Hz。那么，斜坡包络输出函数的理论最小控制周期是多少？而在实际设计中，该参数会受到哪些因素影响？

参考文献

[1] JOHANSSON R S, FLANAGAN J R. Coding and use of tactile signals from the fingertips in object manipulation tasks[J]. Nature Reviews Neuroscience. 10（5）：345–359.

[2] BOLANOWSKI S J, GESCHEIDER G A, VERRILLO R T. Hairy skin: psychophysical channels and their physiological substrates[J]. Somatosensory & Motor Research. 11（3）：279–290.

[3] ACKERLEY R., CARLSSON I., WESTER H et al. Touch perceptions across skin sites: differences between sensitivity, direction discrimination and pleasantness[J]. Frontiers in Behavioral Neuroscience, 2014, 8: 1–10.

[4] JOHNSON K O, YOSHIOKA T, VEGA-BERMUDEZ F. Tactile functions of mechanoreceptive afferents innervating the hand[J]. Journal of Clinical Neurophysiology. 17（6）：539–558.

[5] SOFIA K O, JONES L. Mechanical and psychophysical studies of surface wave propagation during vibrotactile stimulation[J]. IEEE Transactions on Haptics, 6（3），320–329.

[6] BELL J, BOLANOWSKI S, HOLMES M H. The structure and function of pacinian corpuscles: a review[J]. Progress in Neurobiology, 42（1），79–128.

[7] GESCHEIDER G A. Psychophysics: the fundamentals[M]. 3rd ed. Mahwah, NJ: Lawrence Erlbaum, 1997.

[8] MORIOKA M, GRIFFIN M J. Magnitude-dependence of equivalent comfort contours for fore-and-aft, lateral, and vertical hand-transmitted vibration[J]. Joural of Sound and Vibration, 2006, 295：633‑648.

[9] JONES L A, LEDERMAN S J. Human Hand Function[M]. New York: Oxford University Press, 2006.

[10] GESCHEIDER G A, WRIGHT J H, VERRILLO R. T. Information-processing channels in the tac-

tile sensory system: a psychophysical and physiological analysis[M]. New York: Psychology Press, 2008.

[11] MORIOKA M, GRIFFIN M J. Thresholds for the perception of hand-transmitted vibration: dependence on contact area and contact location [J]. Somatosensory & Motor Research, 22 (4), 281–297.

[12] RYU J, JUNG J, PARK G, et al. Psychophysical model for vibrotactile rendering in mobile devices[J]. Presence: Teleoperators and Virtual Environments, 2010, 19 (4): 364–387.

[13] JONES L A, SARTER N B. Tactile displays: guidance for their design and application[J]. Human Factors: The Journal of the Human Factors and Ergonomics Society, 2008, 50 (1): 90–111.

[14] ISRAR A, TAN H Z, REED C M. Frequency and amplitude discrimination along the kinesthetic-cutaneous continuum in the presence of masking stimuli[J]. The Journal of the Acoustical Society of America, 2006, 120 (5): 2789–2800.

[15] TAN H Z, REED C M, DURLACH N I. Optimum information-transfer rates for communication through haptic and other sensor modalities[J]. IEEE Transactions on Haptics, 2010, 3 (2): 98–108.

[16] MORLEY J W, ROWE M J. Perceived pitch of vibrotactile stimuli: effects of vibration amplitude, and implications for vibration frequency coding[J]. The Journal of Physiology, 431 (1), 403–416.

[17] TAN H Z, DURLACH N I, REED C M, et al. Information transmission with a multifinger tactual display[J]. Perceptin Psychophysics, 1999, 61 (6): 993-1008.

[18] HWANG I, CHOI S. Perceptual space and adjective rating of sinusoidal vibrations perceived via mobile device[C]//2010 IEEE Haptics Symposium. Piscataway, USA: IEEE, 2010, 1–8.

[19] PARK G, CHOI S. Perceptual space of amplitude-modulated vibrotactile stimuli[C]//2011 IEEE World Haptics Conference. Piscataway, USA: IEEE, 2011: 59–64.

[20] STEVENS J C, CHOO K K. Spatial acuity of the body surface over the life span[J]. Somatosensory & Motor Research, 1996, 13 (2): 153–166.

[21] VEGA-BERMUDEZ F, JOHNSON K O. Differences in spatial acuity between digits[J]. Neurology, 2001, 56 (10): 1389–1391.

[22] CHOLEWIAK R W, BRILL J C, SCHWAB A. Vibrotatile localization on the abdomen: effects of place and space[J]. Perception & Psychophys, 2004, 66 (6): 970–987.

[23] WANG D X, PENG C, AFZAL N, et al. Localization performance of multiple vibrotactile cues on both arms[J]. IEEE Transactions on Haptics, 2017, 11 (1): 97–106.

[24] GELDARD F A. Sensory saltation: metastability in the perceptual world[M]. Oxford: Lawrence Er-

lbaum, 1975.

[25] ALLES D S. Information transmission by Phantom sensations[J]. IEEE Transactions on Man-Machine System, 1970, MMS-11（1）: 85‑91.

[26] ISRAR A, POUPYREV I. Tactile brush: drawing on skin with a tactile grid display[C]//The SIGCHI Conference on Human Factors in Computing Systems. New York: ACM, 2011: 2019‑2028.

[27] LEDERMAN S J, JONES L A. Tactile and haptic illusions[J]. IEEE Transactions on Haptics, 2011, 4（4）: 273‑294.

[28] BURDEA G C. Force and touch feedback for virtual reality[M]. New York: Wiley, 1996.

[29] KERN T A. Engineering haptic devices[M]. New York: Springer, 2009.

[30] SADDIK A E, OROZCO M, EID M, et al. Haptics technologies: bringing touch to multimedia[M]. New York: Springer, 2011.

[31] CHOI S, KUCHENBECKER K J. Vibrotactile display: perception, technology, and applications[J] Proceedings of the IEEE, 2012, 101（9）: 2093‑2104.

[32] KONTARINIS D A, HOWE R D. Tactile display of vibratory information in teleoperation and virtual environments[J] Presence: Teleoperators and Virtual Environments, 1995, 4（4）: 387‑402.

[33] MCMAHAN W, KUCHENBECKER K J. Haptic display of realistic tool contact via dynamically compensated control of a dedicated actuator[C]//2009 IEEE/RSJ International Conference on Intelligent Robots and Systtem. Piscataway, USA: IEEE, 2009: 3170‑3177.

[34] ROMANO J M, KUCHENBECKER K J. Creating realistic virtual textures from contact acceleration data[J]. IEEE Transactions on Haptics, 2012, 5（2）: 109‑119.

[35] PARK G, CHOI S, HWANG K, et al. Tactile effect design and evaluation for virtual buttons on a mobile device touchscreen [C]//The 13th International Conference on Human Computer Interaction with Mobile Devices and Services. New York: ACM, 2011: 11‑20.

[36] LINDEMAN R W, YANAGIDA Y, NOMA H, et al. Wearable vibrotactile systems for virtual contact and information display[J]. Virtual Reality, 2006, 9: 203‑213.

[37] BARK K, KHANNA P, IRWIN R, et al. Lessons in using vibrotactile feedback to guide fast arm motions[C]//2011 IEEE World Haptics Conference. Piscataway, USA: IEEE, 2011: 355‑360.

[38] WALL C, WEINBERG M S, SCHMIDT P B, et al. Balance prosthesis based on micromechanical sensors using vibrotactile feedback of tilt[J]. IEEE Transactions on Biomedical Engineering, 2001, 48（10）: 1153‑1161.

[39] GOLDISH L H, TAYLOR H E. The optacon: a valuable device for blind persons[J]. Journal of Vi-

sual Impairment, 1974, 68（2）: 49–56.

[40] LEVESQUE V, HAYWARD V. Tactile graphics rendering using three laterotactile drawing prim–itives[C]//2008 IEEE Symposium on Haptic Interfaces for Virtual Environments and Teleoperator Systems. Piscataway, USA: IEEE, 2008: 429–436.

[41] BROOKS P L, FROST B J. The development and evaluation of a tactile vocoder for the profoundly deaf[J]. Canadian Journal of Public Health/Revue Canadienne de Sante' e Publique, 1986, 77: 108–113.

[42] VAN ERP J B F, VAN VEEN H A H C, JANSEN C. Waypoint navigation with a vibrotactile waist belt[J] ACM Transactions on Applied Perception, 2005, 2（2）: 106–117.

[43] ELLIOTT L R, VAN ERP J B F, REDDEN E S, et al. Field–based validation of a tactile navigation device[J]. IEEE Transactions on Haptics, 2010, 3（2）. 78–87.

[44] MACLEAN K E. Foundations of transparency in tactile information design[J]. IEEE Transactions on Haptics, 2008, 1（2）: 84–95.

[45] RYU J, CHUN J, PARK G, et al. Vibrotactile feedback for information delivery in the vehicle[J]. IEEE Transactions on Haptics, 2010, 3（2）: 138–149.

[46] HOGEMA J H, DE VRIES S C, VAN ERP J B F, et al. A tactile seat for direction coding in car driving: field evaluation[J]. IEEE Transactions on Haptics, 2009, 2（4）: 181–188.

[47] LEE J, CHOI S. Evaluation of vibrotactile pattern design using vibrotactile score[C]//2012 IEEE Haptics Symposium. Piscataway, USA: IEEE, 2012: 231‑238.

[48] KARAM M, RUSSO F A, FELS D I. Designing the model human cochlea: An ambient crossmodal audio–tactile display[J] IEEE Transactions on Haptics, 2009, 2（3）: 160–169.

[49] STEINBACH E, HIRCHE S, KAMMERL J, et al. Haptic data compression and communication[J]. IEEE Signal Processing Magazine, 2011, 28（1）: 87–96.

[50] OKAMOTO S, YAMADA Y. Perceptual properties of vibrotactile material texture: effects of ampli–tude changes and stimuli beneath detection thresholds[C]//2010 IEEE/SICE International Sympo–sium on System Integration. Piscataway, USA: IEEE, 2010: 384–389.

[51] CHA J, EID M, SADDIK A E. Touchable 3D video system[J]. ACM Transactions on Multimedia Computing, Communications, and Applications, 2009, 5（4）: 1–25.

[52] CHA J, HO Y S, KIM Y, et al. A framework for haptic broadcasting[J]. IEEE MultiMedia, 2009, 16（3）: 16–27.

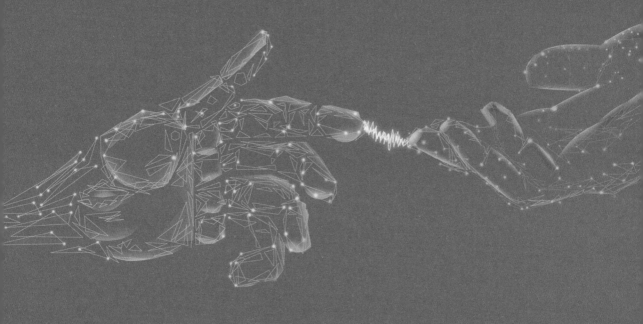

CHAPTER **07**

第 7 章

纹理触觉交互

进入 21 世纪，随着计算机技术和通信技术的快速发展，VR 技术逐步从专业领域下沉至大众商用消费领域，这给触觉交互的发展带来新的机遇，同时也提出了更高的要求。目前 VR 设备在视觉通道能够让用户获得沉浸式的视觉交互，在听觉通道能够实现三维立体的声音交互，而在触觉通道仅能在手柄上实现简单的振动触觉交互。逼真触觉的缺失成为 VR 技术进一步普及发展的巨大障碍之一。例如，在 VR 购物场景中，消费者可"看"可"听"不可"触"。有研究表明 [1]：在实体购物环境中，有 50% 的消费者会在浏览完商品后选择购买，而仅有 3.2% 的消费者会在虚拟环境中浏览完商品后完成购物。造成这种购物差异的原因在于虚拟环境虽然能使消费者更加方便快捷地浏览海量商品，但是同时也剥离了对消费者购物决策起到至关重要作用的触觉体验。富含触觉体验的虚拟购物环境对某些需要触觉信息参与的商品（如织物类商品）显得更加棘手。

为此，研发一种表面材质再现的触觉交互设备，使消费者通过裸指触摸触觉交互设备就能感知虚拟物体的材质属性（纹理、柔软度、温度等）[2] 就显得极为迫切。本章首先介绍纹理触觉的定义，然后介绍人对于纹理触觉的感知维度，最后系统化介绍纹理触觉的仿真方法，包括基于机械振动的纹理触觉仿真方法、基于调节表面摩擦力的纹理触觉仿真方法、基于改变表面形貌的纹理触觉仿真方法、基于电刺激的纹理触觉仿真方法等。

7.1　纹理触觉的定义

在人们生活的物理空间内，任何物体（人造物体和自然形成的物体）表面都存在不同尺度的纹理。一般意义下，物理纹理是指由物体尺寸、形状、密度、排列和元素比例等决定的表面形貌和外观。物理纹理可以被人的视觉通道和触觉通道感知，形成纹理视觉和纹理触觉 [3]。纹理视觉是指纹理对观察者产生的视觉印象，它与图像中颜色、方向和强度等简单刺激的局部空间变化有关。本章介绍的纹理触觉是指从触摸中获得的物体表面材料和微观几何形貌的综合感受。

当我们触摸物体时，皮肤与物体表面的相互作用会诱发触觉感受器产生电信号，经由大量神经纤维传到大脑皮质，大脑皮质经过信息加工后会形成触觉感受。纹理触觉可以在触觉空间中用多个维度描述，如粗糙 / 光滑、冷 / 暖、硬 / 软和摩擦等，尽管学术界目前对描述纹理触觉的维度还没有形成共识，但粗糙是其中被广泛使用的维度之一。

7.2　纹理触觉的感知维度

纹理视觉可在视觉空间中用红绿蓝（RGB）三种基色描述，许多学者也尝试在触觉空间中用多个维度描述纹理触觉。

1993 年，Hollins 等 [4] 探究了 17 种材料表面纹理的主观感知维度，并根据 20 名被试触摸感知的主观相似性对这 17 种材料纹理进行了分类，通过多维尺度变换（multidimensional scaling，MDS）方法分析表明，被试的主观感受数据可在一个三维的感知空间近似表达。若某一维度与所使用任何形容词量表都没有显示出强烈的相关性，就将其定义为"弹性维度"，并将其主要用于具有压缩性质的材料。显然，这个定义是相当不准确的。

随后，Hollins 使用相似性估计方法重新研究了这 17 种纹理的感知维度，即让被试成对比较 17 种纹理间的主观差异 [5]。结果显示粗糙 / 光滑和硬 / 软是纹理知觉空间中的两个主要维度，黏 / 滑维度的重要程度小于粗糙 / 光滑和硬 / 软维度。

Picard 等 [6] 探索了人在触觉空间中对汽车座椅材料纹理的感知维度。与文献 [4] 中的方法相同，让 20 名被试根据材料纹理触觉相似性对 24 种汽车座椅材料进行了分类，如天鹅绒、塑料和人造绒面革等。通过 MDS 方法分析表明，可以通过四个主要维度构建这些纹理的感知空间。维度一用柔软、粗糙等标签描述；维度二用薄和厚描述；维度三用"浮雕"图案描述，反面是用光滑描述；维度四与坚硬尺度相关。

Soufflet 等 [7] 同样使用纹理分类方法研究了 26 种织物的纹理维度。根据形容词标签和织物之间的对应关系，抽象出三个独立维度用于构建织物纹理的感知空间。第一个维度被认为是粗糙的，第二个维度由薄 / 厚表示，冷 / 暖被认为是第三个维度。Ballesteros 等 [8] 研究了 20 种材料纹理的感知空间，包括瓷砖、肥皂、胶带和海绵，通过 16 名被试对 20 种材料纹理自由分类和空间排列，使用 MDS 方法进行分析，结果表明第一个维度可用粗糙 / 光滑描述，第二个维度被命名为冷 / 暖，第三个维度是干 / 湿，第四个维度为硬 / 软。Shirado 等 [9] 使用语义差异法（semantic differential method，SDM）评估 20 种材料纹理的主观感受，这些纹理材料分属为九个大类，如织物、羽绒类和纸张等。这 20 种材料可以用四个维度描述，结果表明第一个维度为粗糙 / 光滑，第二个维度为硬 / 软，第三个维度是光滑 / 黏滞。Yoshioka 等 [10] 探究了物理纹理的裸指感知和工具感知的差异，实验中被试通过裸指感知和工具感知评估 16 种材料纹理的感知差异，通过 MDS 方法分析被试的相异度得分。结果表明两种交互方式下被试都通过三种维度来评估这些材料纹理的不相似性，分别是粗糙 / 光滑、硬 / 软和光滑 / 黏滞。2012 年，Okamoto 等 [11] 详细调研总结了纹理触觉感知的维度，他们的综述结果显示纹理触觉在触觉空间可以用五个维度描述，分别为宏观的粗糙 / 光滑、微观的粗糙 / 光滑、冷 / 暖、硬 / 软和摩擦。其中，宏观的粗糙 / 光滑是指图案形状，摩擦涵盖干 / 湿、黏 / 滑等。

尽管研究者很早就开始了纹理维度的解构，但由于对纹理触觉的定义不同、采用的心理物理学研究方法不同、选择的纹理激励多样和其他的差异，导致对纹理触觉维度并没有形成共识。通过上述对纹理触觉研究的调研，我们发现粗糙度维度广泛存在各个研究结果中。

7.3 纹理触觉的仿真方法

人通过裸指触摸物理纹理而感受到纹理触觉的简要过程如图 7-1 所示。物理纹理具有某些固有属性（如粗糙度、刚度、温度、颜色、形状等），人与物理纹理裸指交互，产生的一些反应固有属性的物理刺激（如热量、振动、摩擦力、法向力等）作用于手指皮肤，进而被相应触觉感受器捕获并产生相应的动作电位，经过神经传导至大脑产生相应纹理触觉（粗糙/光滑、冷/暖、软/硬、光滑/黏滞等）。根据感受真实纹理过程中的不同阶段，纹理仿真方法可以分为以下几种（见图 7-1）：仿真人体与物理纹理交互过程中激励的基于机械振动的纹理触觉仿真方法和基于调节表面摩擦力的纹理触觉仿真方法；直接形成与物理纹理相类似物理微观结构的基于改变表面形貌的纹理触觉仿真方法；通过模拟触觉感受器产生的电信号实现纹理触觉生成的基于电刺激的纹理触觉仿真方法；通过模拟感受物理纹理过程中的多种模态信息，如温度、摩擦力、硬度等的基于多模态信息联合反馈的纹理触觉仿真方法。

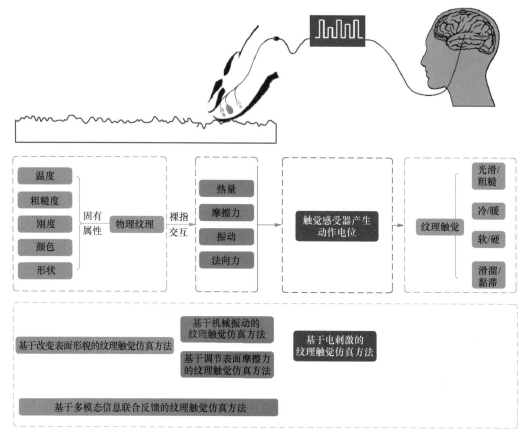

图 7-1 裸指触摸物理纹理的生理感受过程

7.3.1　基于机械振动的纹理触觉仿真方法

通过直接触摸和通过工具感受（如笔在物体表面滑动）的纹理触觉是探索物体表面纹理的常用交互方式。基于机械振动生成工具交互的纹理触觉已有大量的研究并取得了较多的研究成果[12-15]，但基于机械振动生成裸指交互的纹理触觉感受的相关研究还比较少。裸指直接触摸时手指表面皮肤会产生相应的机械振动，基于机械振动的纹理触觉仿真方法能复现这些机械振动，使人产生粗糙 / 光滑的感觉。

2015 年，Lim 等[16] 开发了一种基于静电力的透明平面振动器，用于手持式触摸设备，如图 7-2 所示。该振动器即使在最小力（接近 10 mN）的情况下，用户在触觉设备表面依旧能够感知生成的振动。Asano等[17] 开发了一种可以产生不同粗糙感的振动纹理触觉显示器，如图 7-3 所示。他们在真实的材料（如织物，木材和皮革）上施加两种类型的振动触觉刺激，通过调节振动的模态可以选择性地改变它们的精细和宏观粗糙感，同时保持其原始的感知特性。此外，他们的方法结合了振动触觉刺激和真实材料，无论材料类型如何都可有效应用。上述振动纹理触觉交互设备都是把振动器放在真实材料下，通过驱动真实材料来产生额外的机械振动。

图 7-2　基于静电力的透明平面振动器

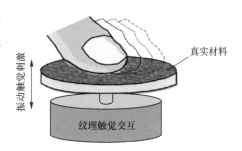

图 7-3　法向振动的纹理触觉交换原理

在此基础上，Asano 等[18] 进一步开发了一种穿戴式的振动纹理触觉交互设备，如图 7-4 所示。其基本原理是通过佩戴在手指上的音圈致动器来修改纹理表面的粗糙度。为了增加粗糙度感觉，来自致动器的振动触觉刺激模拟在扫描波状表面时激活的皮肤变形。相反，为了降低纹理表面的粗糙感，高频振动触觉刺激抵消了触觉机械感受器的活动水平。此外，Imaizumi 等[19]还开发了一种横向振动的纹理触觉交互设备，其依据的基本原理是，当人摩擦以 3 ～ 10 Hz 的频率横向振动且振幅为 1 mm 的接触器时，摩擦力被感知为大于接触固定接触器时感觉到的摩擦力。为了验证此现象，他们开发了横向振动引起的摩擦瞬时增加的纹理触觉交互设备，如图 7-5 所示。

从以上介绍可以看出，振动纹理触觉交互易于实现，振动致动器体积小且技术成熟。然而，人直接触摸物体时人能感受到频率为 0 ～ 1000 Hz 的振动信息，其中的频率细微且复杂，若要想复现真实触感引起的手指振动，那么对振动电机的性能要求极高，单纯通过机械振动很难为用户带来更逼真的触觉交互。

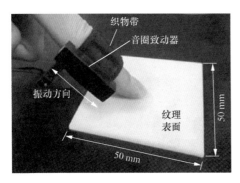

图 7-4　穿戴式振动纹理触觉交互设备

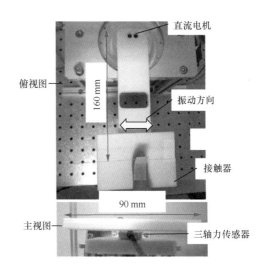

图 7-5　横向振动的纹理触觉交互

7.3.2　基于调节表面摩擦力的纹理触觉仿真方法

2001 年，Gabriel 等 [20] 通过调节手指与接触物体间的摩擦力产生了"凹凸"形状的感觉。此研究奠定了基于调节表面摩擦力的纹理触觉仿真方法的基础。目前调节手指与接触物体间的摩擦力的工作原理有挤压空气膜效应和静电振动效应两种。

1. 挤压空气膜效应

挤压空气膜效应可以减小手指与触摸表面间的摩擦力，其原理如图 7-6 所示 [21]。

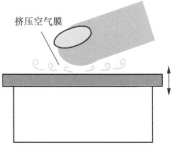

图 7-6　挤压空气膜效应原理

挤压空气膜效应最早应用在挤压空气膜轴承，用以减小轴承内部摩擦和磨损。1995 年，日本学者 Watanabe 和 Fukui[22] 把挤压空气膜效应应用于生成表面触觉交互，如图 7-7 所示。他们使用压电致动器使振动板表面产生频率为 75.6 kHz、振幅为 2 μm 的高频振动，在设备振动板表面与手指表面间形成高压空气垫，对手指产生托举作用，被试手指在触摸振动板表面滑动时能够感受到光滑的感觉，通过控制高频振动的间断时间还能够让被试产生"凸起"的感觉。2007 年，美国西北大学的 Winfield 等 [23] 研制开发了 T-Pad 纹理交互设备，用压电陶瓷致动器驱动一个直径为 25 mm 的圆盘产生频率为 33 kHz 的超声振动以产生挤压空气膜效应，如图 7-8 所示。2010 年，美国西北大学的 Marchuk 等 [24] 在 T-PaD 纹理交互设备基础上，探索了基于挤压空气膜效应的大尺寸纹理交互设备 LATPaD，该设备触摸板尺寸为 7.62 cm×7.62 cm×0.32 cm，如图 7-9 所示。LATPaD 通过控制振动频率在其表面上变化（见图 7-10），当手指在节点位置滑动时滑动摩擦力保持不变，在非节点位置滑动时滑动摩擦力减少，通过控制节点的空间位置就可产生丰富的纹理。2012 年，法国里尔大学的 Giraud 等[25-26] 把挤压空气膜效应应用于透明玻璃上（见图 7-11），实现了在商用电子设备上增加基于减少摩擦力的纹理触觉交互功能，其触摸面积达到了 9.3 cm×6.5 cm。随后基于该设备探索了驻波和行波等多种振动模态，以产生更加丰富的纹理触觉交互效果[27-29]。

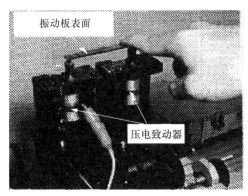

图 7-7　挤压空气膜设备

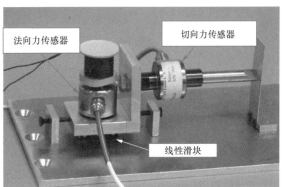

图 7-8　T-PaD 纹理交互设备

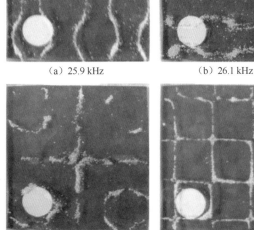

（a）25.9 kHz　　　　（b）26.1 kHz

（c）27.8 kHz　　　　（d）36.1 kHz

图 7-9　LATPaD 大尺寸纹理交互设备

图 7-10　LATPad 谐振模式节点

图 7-11　法国里尔大学开发的透明纹理触觉交互设备

依据挤压空气膜效应的纹理触觉交互设备能产生被动切向力，也就是说只有手指与设备表面产生相对滑动，才能产生纹理触感。2010 年，Chubb 等 [21, 30] 研制了一种主动施加切向力的纹理触觉交互设备 ShiverPaD，如图 7-12 所示。该装置以 T-PaD 为基础，在水平面上以 854 Hz 的频率振荡，同时在相同频率的低摩擦和高摩擦之间交替，具体来讲，当 T-PaD 触摸板沿一个方向移动时，挤压空气膜被打开，摩擦力减小，当 T-PaD 触摸板沿相反方向移动时，挤压空气膜关闭，摩擦力增加。时间维度上的静平均切向力不为零，从而使手指受到主动切向力作用，测量结果显示该纹理触觉交互设备可以产生 80 mN 的主动切向力。ShiverPad 切向方向以 854 Hz 的频率振动，会产生较大的噪声，为此 Dai 等 [31] 在 2012 年利用压电超声波振动器设计出了一种水平方向超声振动的主动切向力纹理触觉交互设备 LateralPaD，如图 7-13 所示。该设备最大可以产生 70 mN 的主动切向力。2013 年，美国西北大学基于 LATPaD 研制出了一种新的纹理触觉交互设备 ActivePaD[32]，如图 7-14 所示。此设备结合了可变摩擦装置和阻抗控制平面机构，它允许控制静摩擦状态下的摩擦力、控制动摩擦状态下的力的方向，以及在两种状态之间的过渡。

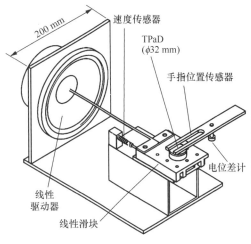

图 7-12　纹理触觉交互设备 ShiverPaD

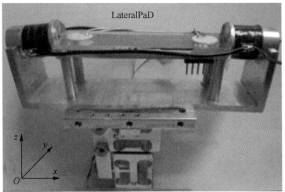

图 7-13　触觉交互设备 LateralPaD

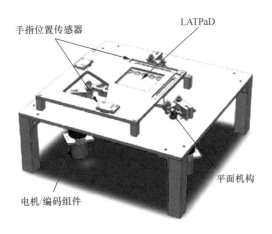

图 7-14 纹理触觉交互设备 ActivePaD

2. 静电振动效应

静电振动效应（electrovibration）是指通过施加交变电信号使手指与接触面间产生静电吸引力，增大作用在手指上的法向力，手指滑动过程中表现为摩擦力增大，从而使手指感觉到"凹凸""粗糙"等纹理触感。静电振动现象或由电场引起的两个接触表面间吸引力增加的现象，可以追溯到 19 世纪末 20 世纪初 [33]。迄今为止，它已经在某些具体场景得到应用，如半导体单晶硅片的夹持 [34-39]、机器人末端的夹持装置 [33] 和表面触觉交互设备 [34-39]。

根据静电振动效应在触觉交互中交互方式的不同，静电振动可以分为裸指触摸式和间接交互式。裸指触摸式的静电振动是指手指直接接触设备表面，此时静电力直接作用在手指表面，能够使手指获得感受丰富的触觉感受。但裸指触摸式的静电振动容易受到环境因素和个体差异的影响。例如，环境湿度大将大大降低静电振动生成的纹理触觉的感受强度。此外，人体电阻和手指角质层厚度也会在一定程度上影响静电振动的纹理触觉感受强度。静电振动效应在触觉交互设备的应用可以追溯到上世纪七十年代 [39]。21 世纪初随着触摸屏的普及，开启了静电振动纹理触觉交互设备研究的热潮。最具代表性的是 Linjama 和 Mäkinen 等在透明玻璃上实现了静电振动效应并将技术移植到了平板电脑上，研制出了所触即所见的纹理触觉交互设备 Senseg，如图 7-15 所示，操作者用手指划过它表面时就会感觉到触感。

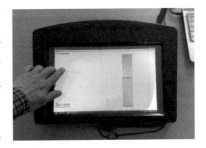

图 7-15 纹理触觉交互设备 Senseg

间接交互式的静电振动是指在手指与设备表面间增加一个绝缘垫，手指按在绝缘垫上带动绝缘垫一起滑动。在静电振动设备施加激励信号后，静电力不直接作用于手指表面，而是通过绝缘垫间接使手指受到变化的摩擦力作用。间接交互式的静电振动纹理触觉交互设备中的电回路不包括人体，这避免了手指角质层阻抗变化等个体差异对静电吸引力的影响。但由于手指不直接触摸设备，交互效果的丰富程度会受到限制。20 世纪初，Yamamoto 等 [40] 为避免人体差异对静电振动纹理触觉交互效果的影响，开发了一款间接交互式的静电振动纹理触觉交互设备，如图 7-16 所示。此设备导电层是由叉指电极构成，并在叉指电极上覆盖一层绝缘层，绝缘层上有一自由绝缘垫，手指按在绝缘垫上可以带动绝缘垫在设备表面自由滑动，通过控制叉指电极的激励信号，就可以产生粗糙光滑的触感。随后，有研究者在此基础上进一步增加了绝缘垫的数量和功能 [41-42]，研制了一种多手指操作的间接交互式的静电振动纹理交互设备，如图 7-17 所示，操作者可以通过多个手指按住绝缘垫在设备表面滑动同时感受纹理触觉交互。

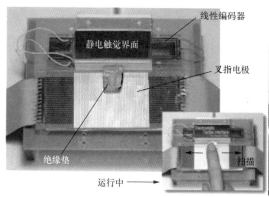

图 7-16　间接交互式的静电振动纹理触觉交互设备　　　图 7-17　多手指操作的间接交互式的静电振动
纹理反馈设备

基于挤压空气膜效应的纹理触觉仿真方法要求设备产生超声振动挤压手指与设备表面的空气膜，以对手指产生托举作用减小摩擦力，由于需要带动整个面板超声振动，功耗问题限制了它的进一步应用。相比于挤压空气膜效应，基于静电振动效应的纹理触觉仿真方法通过静电吸引力增加滑动摩擦力，具有低功耗、易与触摸屏相结合和可应用于柔性介质的特点。

7.3.3　基于改变表面形貌的纹理触觉仿真方法

改变表面形貌的纹理触觉仿真方法就是通过一种设备形成纹理触觉所对应的物理纹理的表面形貌。此种方法简单直接，然而受限于驱动原理，其应用有限，分辨率也不高。目前，主要是通过单独控制分布排列的驱动器来形成凹凸表面形貌。基于驱动原理的不同，该方法主要分为气压驱动、静电力驱动、压电陶瓷振动驱动、电机驱动、电磁驱动和形状记忆材料等几大类。

气压驱动的触觉交互方法一般是通过气压驱动设备表面局部发生预设的形变。例如，Caldwell 等 [43] 通过气压单独控制 16 个间距为 1.75 mm 的顶针，顶针可升降，也可以在 20 ～ 300 Hz 的频率范围内振动。在文献 [44] 中，硅树脂制成的 25 个腔室内的压力得到控制，允许垂直于皮肤的腔室最大延伸 0.7 mm。这种方法，仅达到 5 Hz 的带宽，并且相邻接触点之间的距离约为 2.5 mm。2009 年，Harrison 等 [45] 开发了一种利用气压驱动的触觉交互设备。此设备在具有特定形状孔洞的基板上覆盖一层可延展的柔性层，基板上的孔洞与柔性层形成特定形状的气囊，通过向设计好形状的气囊充气或抽气，气囊会凹陷或者顶起以达到改变表面形貌的特点。

　　静电力驱动的触觉交互方法一般通过静电吸引力迫使柔性材料发生形变，以达到改变表面形貌的目的。例如，Jun 等[46]在 2018 年开发了一种静电力驱动迫使表面发生形变的纹理触觉交互设备。此设备在弹性体空腔下侧布置了一整块石墨烯电极，在每个弹性体空腔上侧表面布置独立纳米银电极，通过控制每个电极的电压，使弹性体空腔上侧表面的纳米银电极与下侧的石墨烯电极产生静电吸引力，作用在纳米银电极上的静电力迫使其弹性体空腔凹陷，达到了改变触摸表面形貌的功能。该设备的切向分辨率在 1 mm 左右，施加 13 V/μm 的电压时，可以产生 100 μm 深的凹陷。

　　压电陶瓷振动驱动的触觉交互方法是一种常用驱动方式，一般用在驱动顶针阵列的振动或升降[47-50]。其基本原理是通过负压电效应产生振动或者位移，负压电效应产生的振动或位移很小，通常需要用悬臂机械结构放大，迫使顶针阵列产生上下振动或升降的宏观动作。例如，压电材料以双压电晶片配置使用，压电陶瓷通过绝缘层隔开布置（见图 7-18），整个双压电晶片在施加电压时弯曲，双压电晶片的一侧被夹紧以利用偏转并控制双压电晶片另一侧的力。基于此种驱动方式，Allerkamp[48]开发了两种纹理触觉交互设备，如图 7-19 所示。

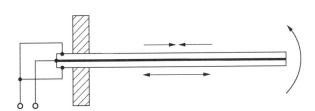

图 7-18　压电陶瓷片的布置结构

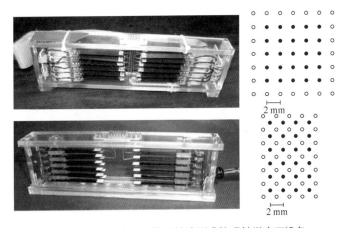

图 7-19　压电陶瓷驱动的顶针阵列式纹理触觉交互设备

机械装置通过电机驱动阵列式顶针的升降也是一种改变设备表面形貌以模拟纹理触觉的方

法。例如，微软研究院通过伺服电机作为动力源，齿轮齿条机构单独驱动 4×4 顶针阵列的上升 / 下降，开发了一种手持式纹理交互设备，目标是应用于商业化的 VR 设备中，如图 7-20 所示。

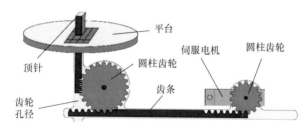

图 7-20　手持式纹理交互设备

电磁驱动的触觉交互方法是指通过电磁力驱动顶针或者通过磁场改变磁流变液等物质迫使设备表面形貌重构。通过电磁力驱动顶针需要设计特殊的结构，配合通电线圈或永磁铁，利用同极相斥的原理驱动运动元件（顶针）产生宏观位移。例如，Yang 等[51] 利用螺线管与永磁体之间的电磁力推动顶针顶起，通过弹簧回复力使顶针复位，就实现了表面形貌的改变。图 7-21 所示为使用螺线管和弹簧的触觉交互结构，由弹性弹簧、接触器、永磁体和螺线管组成。螺线管通电时，顶针被顶起，断电后弹簧回复力又迫使顶针复位，从而实现了表面形貌的改变。与 Yang 等[51] 提出的方法不同，Na 等[52] 利用气动迫使螺线管断电后让顶针复位，如图 7-22 所示。此外，Han 等通过电磁力驱动磁流变液产生形变，也达到了改变表面形貌的目的，如图 7-23 所示。

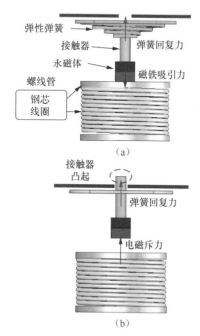

图 7-21　电磁驱动原理

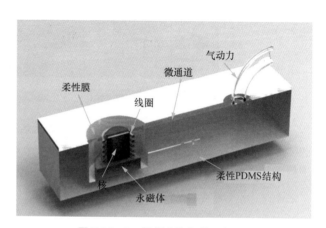

图 7-22　Na 等提出的电磁驱动原理

图 7-23 电磁力驱动磁流变液

通过形状记忆材料的触觉交互是指初始状态的材料在外界条件（如热、电、光、化学感应等）的刺激下，材料某些特性可以发生塑性变化，在外界条件恢复后又可恢复其初始材料的特性。形状记忆材料想应用于改变设备表面形貌的纹理触觉交互设备，需要具备在外界刺激下产生快速性能变化的特性。Besse 等 [53] 利用热敏型形状记忆聚合物材料的刚度会随温度急剧变化的特性设计了一种 32×24 个控制单元的纹理触觉交互设备，如图 7-24 所示。他们把这种热敏性聚合物覆盖在一种储存了一定压力空气的空腔表面（空腔边长为 3 mm），该聚合物在加热后刚度会急剧减小，弹性会增大，腔内空气压强会顶起空腔表面形成凸包，从而达到改变设备表面形貌的目的。Sawada 等 [54] 利

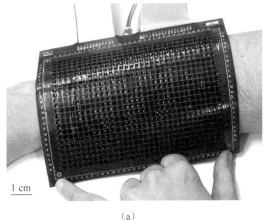

（a）

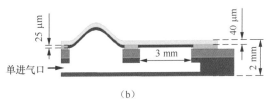

（b）

图 7-24 热敏型形状记忆合金的纹理触觉交互设备

用形状记忆材料设计了另一种结构，驱动顶针上下振动以达到改变表面形貌的目的，其原理如图 7-25 所示。他们通过采用根据形成直径为 50 μm 的小型形状记忆合金线的收缩和膨胀的特性，驱动顶针产生微振动来改变设备的表面形貌。

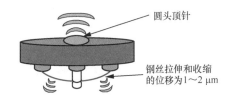

图 7-25 基于形状记忆合金线驱动顶针的原理

尽管可以通过各种不同的驱动原理达到改变设备表面形貌的目的，但单独控制设备某一单元

发生形变且各个单元的形变程度不同则需要较为复杂的结构，这限制了高分辨率的纹理触觉交互。

7.3.4 基于电刺激的纹理触觉仿真方法

电刺激的纹理触觉仿真方法通过模拟触觉感受器产生的电信号来实现纹理触觉生成。通过电刺激在手指上生成表面纹理触觉的技术可以追溯到 20 世纪 70 年代，Melen 和 Meindl 在分布式电极上生成了布莱叶盲文。随后，Kaczmarek 等 [55-58] 对基于电刺激的触觉交互进行了一系列的研究，研究结果显示在分布式电极表面滑动可以让人感受到触觉图案，但触觉图案的识别效果与多种因素有关，包括电极的分布形式、电流波形等。随着触摸屏的普及，Altinsoy 和 Merchel[59-60] 设计了一种使用光学透明电极产生电激励的触觉交互设备，如图 7-26 所示。该设备第一层是光学透明电极 1，其放置在触摸屏（手持设备的前侧）上。电极 2 是导电涂层，其可以是器件的金属后面板。当操作者手持设备时，操作者与金属后面板（电极 2）有大面积接触，用手指接触触摸屏（电极 1），局部电流将激励手指内部触觉感受器，产生触觉交互。通过调节电流大小和频率可以增加操作者感受到的粗糙感。然而，在和真实物体粗糙度进行匹配时，低频高强度电流产生的触觉交互使操作者感觉更接近实际的粗糙度。Yoshimoto 等 [61] 提出了一种穿戴式的电触觉增强技术。操作者将两个刺激电极连接到手指的中节指骨和手指根部，以唤起神经活动，如图 7-27 所示。当手指在真实物体表面滑动时，通过控制电刺激的幅值、频率等，可以调节感受纹理触觉的粗糙度。此外，他们还验证了真实材料粗糙度调制的电触觉增强，结果显示振动提示的感知频率可以通过电触觉刺激的脉冲频率来控制；电触觉增强会根据调制增益改变细微粗糙度感觉并抵消宏观粗糙感；真实材料的机械刺激使得由电刺激引起的纹理感觉更自然。

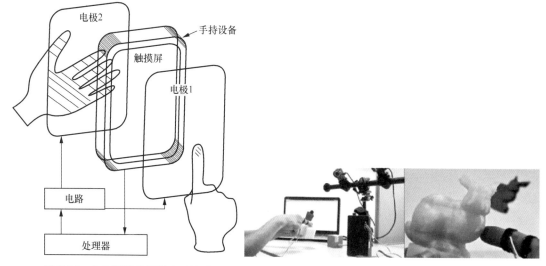

图 7-26　电刺激触觉粗糙度反馈原理　　　　　图 7-27　穿戴式粗糙度触觉交互

电刺激的方式中的电极经历了从分布式电极到透明电极再到穿戴式电极的发展历程，但不变的都是通过微电流直接刺激人体皮肤内的触觉感受器产生动作响应。与使用人工机械刺激的触觉仿真方法相比，电刺激方案简单，成本低且耐用。但是电刺激纹理仿真方法跳过了人与纹理交互过程中物理刺激的过程，直接施加电流在人体上，会存在一定的安全性问题，这限制了它的应用。

基于多模态信息联合反馈的纹理触觉仿真方法的技术特点是覆盖了更多的人体触觉感受维度，与触摸真实纹理时的触觉感受维度更加相像，不仅吸引了学术界的目光也得到了商业公司的关注，但目前有效融合多模态触觉信息的方法还需进一步研究。

小　结

本章根据人对物理纹理的感受过程，系统化介绍了纹理触觉仿真方法，包括基于机械振动的纹理触觉仿真方法、基于调节表面摩擦力的纹理触觉仿真方法、基于改变表面形貌的纹理触觉仿真方法、基于电刺激的纹理触觉仿真方法等。

尽管纹理触觉交互取得了长足的发展，但对于裸指触摸的柔性材质纹理触觉的强真实感呈现技术依然存在极大挑战。对于基于机械振动的纹理触觉仿真方法，更高性能的振动器可能是其进一步发展的关键。针对基于改变表面形貌的纹理触觉仿真方法，有效提高纹理触觉反馈的空间分辨率是难点。基于电刺激的纹理触觉仿真方法的安全问题是限制其发展的关键问题之一。相比以上方法，基于调节表面摩擦力的纹理触觉仿真方法和基于多模态触觉信息融合反馈的纹理触觉仿真方法具有很多新的研究机遇，在纹理触觉交互领域具有广阔的应用空间。

思考题目

（1）相比于力觉交互研究，纹理触觉交互研究还处在初级阶段，并没有形成通用的标准和评价指标。请参考本章内容，尝试总结纹理触觉交互的几种通用评价指标，并阐明原因。

（2）纹理触觉交互方法多种多样，请选择 1～2 个典型纹理触觉交互系统，从需求分析、系统设计、装置设计、纹理触觉渲染算法和系统性能评测等方面，分析评估该典型纹理触觉交互系统的应用前景。

（3）应用需求对触觉交互的深入研究至关重要，请基于市场需求和技术实现两方面构思未来纹理触觉交互的重要应用场景。

参考文献

[1]　刘晟楠. 消费者虚拟触觉研究: 成因与结果[D]. 大连: 大连理工大学, 2011.

[2]　LEDERMAN S J, KLATZKY R L. Haptic perception: a tutorial[J]. Attention, Perception, & Psychophysics, 2009, 71（7）: 1439-1459.

[3] ZHOU D. Texture analysis and synthesis using a generic Markov–Gibbs image model[D]. Auckland: The University of Auckland, 2006.

[4] HOLLIINS M, FALDOWSKI R, RAO S, et al. perceptual dimensions of tactile surface texture: a multidimensional scaling analysis[J]. Perception & Psychophysics, 1993, 54(6): 697–705.

[5] HOLLINS M, BENSMAÏA S, KARLOF K, et al. Individual differences in perceptual space for tactile textures: evidence from multidimensional scaling[J]. Perception & Psychophysics, 2000, 62 (8): 1534–1544.

[6] PICARD D, DACREMONT C, VALENTIN D, et al. Perceptual dimensions of tactile textures[J]. Acta Psychologica, 2003, 114(2): 165–184.

[7] SOUFFLET I, CALONNIER M, DACREMONT C. A comparison between industrial experts' and novices' haptic perceptual organization: a tool to identify descriptors of the handle of fabrics[J]. Food Quality and Preference, 2004, 15(7–8): 689–699.

[8] BALLESTEROS S, REALES J M, DE LEON L P, et al. The perception of ecological textures by touch: does the perceptual space change under bimodal visual and haptic exploration?[C]//First Joint Eurohaptics Conference And Symposium On Haptic Interfaces For Virtual Environment And Teleoperator Systems. World Haptics Conference. Piscataway, USA: IEEE, 2005: 635–638.

[9] SHIRADO H, MAENO T. Modeling of human texture perception for tactile displays and sensors[C]// First Joint Eurohaptics Conference and Symposium On Haptic Interfaces For Virtual Environment And Teleoperator Systems. World Haptics Conference. Piscataway, USA: IEEE, 2005: 629–630.

[10] YOSHIOKA T, BENSMAIA S J, Craig J C, et al. Texture perception through direct and indirect touch: an analysis of perceptual space for tactile textures in two modes of exploration[J]. Somatosensory & Motor Research, 2007, 24(1–2): 53–70.

[11] OKAMOTO S, NAGANO H, YAMADA Y. Psychophysical dimensions of tactile perception of textures[J]. IEEE Transactions on Haptics, 2012, 6(1): 81–93.

[12] SHIN S, CHOI S. Geometry–based haptic texture modeling and rendering using photometric stereo[C]//2018 IEEE Haptics Symposium. Piscataway, USA: IEEE, 2018: 262–269.

[13] TIAN L, SONG A, CHEN D. Image–based haptic display via a novel pen–shaped haptic device on touch screens[J]. Multimedia Tools and Applications, 2017, 76(13): 14969–14992.

[14] CULBERTSON H, KUCHENBECKER K J. Importance of matching physical friction, hardness, and texture in creating realistic haptic virtual surfaces[J]. IEEE Transactions on Haptics, 2016, 10 (1): 63–74.

[15] ROMANO J M, KUCHENBECKER K J. Creating realistic virtual textures from contact acceleration data[J]. IEEE Transactions on Haptics, 2011, 5（2）: 109–119.

[16] LIM J M, JEONG H T. Force and displacement analysis of a haptic touchscreen[C]//2015 IEEE International Conference on Consumer Electronics. Piscataway, USA: IEEE, 2015: 589–591.

[17] ASANO S, OKAMOTO S, MATSUURA Y, et al. Toward quality texture display: vibrotactile stimuli to modify material roughness sensations[J]. Advanced Robotics, 2014, 28（16）: 1079–1089.

[18] ASANO S, OKAMOTO S, YAMADA Y. Vibrotactile stimulation to increase and decrease texture roughness[J]. IEEE Transactions on Human–Machine Systems, 2014, 45（3）: 393–398.

[19] IMAIZUMI A, OKAMOTO S, YAMADA Y. Friction perception resulting from laterally vibrotactile stimuli[J]. Robomech Journal, 2017, 4（1）: 1–13.

[20] ROBLES–DE–LA–TORRE G, HAYWARD V. Force can overcome object geometry in the perception of shape through active touch[J]. Nature, 2001, 412（6845）: 445–448.

[21] CHUBB E C, COLGATE J E, PESHKIN M A. Shiverpad: a glass haptic surface that produces shear force on a bare finger[J]. IEEE Transactions on Haptics, 2010, 3（3）: 189–198.

[22] WATANABE T, FUKUI S. A method for controlling tactile sensation of surface roughness using ultrasonic vibration[C]//1995 IEEE International Conference on Robotics and Automation. Piscataway, USA: IEEE, 1995, 1: 1134–1139.

[23] WINFIELD L, GLASSMIRE J, COLGATE J E, et al. T–PaD: tactile pattern display through variable friction reduction[C]//Second Joint EuroHaptics Conference and Symposium on Haptic Interfaces for Virtual Environment and Teleoperator Systems. Piscataway, USA: IEEE, 2007: 421–426.

[24] MARCHUK N D, COLGATE J E, PESHKIN M A. Friction measurements on a large area TPaD[C]//2010 IEEE Haptics Symposium. Piscataway, USA: IEEE, 2010: 317–320.

[25] GIRAUD F, AMBERG M, LEMAIRE–SEMAIL B, et al. Using an ultrasonic transducer to produce tactile rendering on a touchscreen[C]//2014 Joint IEEE International Symposium on the Applications of Ferroelectric/ International Workshop on Acoustic Transduction Materials and Devices & Workshop on Piezoresponse Force Microscopy. Piscataway, USA: IEEE, 2014: 1–4.

[26] GIRAUD F, AMBERG M, LEMAIRE–SEMAIL B. Design of a transparent tactile stimulator[C]//2012 IEEE Haptics Symposium. Piscataway, USA: IEEE, 2012: 485–489.

[27] GHENNA S, VEZZOLI E, GIRAUD–AUDINE C, et al. Enhancing variable friction tactile display using an ultrasonic travelling wave[J]. IEEE Transactions on Haptics, 2016, 10（2）: 296–301.

[28] HUDIN C, LOZADA J, HAYWARD V. Localized tactile feedback on a transparent surface through

time-reversal wave focusing[J]. IEEE Transactions on Haptics, 2015, 8（2）: 188-198.

[29] GHENNA S, GIRAUD F, GIRAUD-AUDINE C, et al. Preliminary design of a multi-touch ultrasonic tactile stimulator[C]//2015 IEEE World Haptics Conference. Piscataway, USA: IEEE, 2015: 31-36.

[30] CHUBB E C, COLGATE J E, PESHKIN M A. ShiverPad: a device capable of controlling shear force on a bare finger[C]//World Haptics 2009/Third Joint EuroHaptics conference and Symposium on Haptic Interfaces for Virtual Environment and Teleoperator Systems. Piscataway, USA: IEEE, 2009: 18-23.

[31] DAI X, COLGATE J E, PESHKIN M A. LateralPaD: a surface-haptic device that produces lateral forces on a bare finger[C]//2012 IEEE Haptics Symposium. Piscataway, USA: IEEE, 2012: 7-14.

[32] MULLENBACH J, JOHNSON D, COLGATE J E, et al. ActivePaD surface haptic device[C]// 2012 IEEE Haptics Symposium. Piscataway, USA: IEEE, 2012: 407-414.

[33] JOHNSEN A, RAHBEK K. A physical phenomenon and its applications to telegraphy, telephony, etc[J]. Journal of the Institution of Electrical Engineers, 1923, 61（320）: 713-725.

[34] QIN S, MCTEER A. Wafer dependence of Johnsen-Rahbek type electrostatic chuck for semiconductor processes[J]. Journal of Applied Physics, 2007, 102（6）. DOI: 10.1063/1.2778633.

[35] ASANO K, HATAKEYAMA F, YATSUZUKA K. Fundamental study of an electrostatic chuck for silicon wafer handling[J]. IEEE Transactions on Industry Applications, 2002, 38（3）: 840-845.

[36] GRAULE M A, CHIRARATTANANON P, FULLER S B, et al. Perching and takeoff of a robotic insect on overhangs using switchable electrostatic adhesion[J]. Science, 2016, 352（6288）: 978-982.

[37] PRAHLAD H, PELRINE R, STANFORD S, et al. Electroadhesive robots—wall climbing robots enabled by a novel, robust, and electrically controllable adhesion technology[C]//2008 IEEE International Conference On Robotics and Automation. Piscataway, USA: IEEE, 2008: 3028-3033.

[38] BEEBE D J, HYMEL C M, KACZMAREK K A, et al. A polyimide-on-silicon electrostatic fingertip tactile display[C]//The 17th International Conference of the Engineering in Medicine and Biology Society. Piscataway, USA: IEEE, 1995: 1545-1546.

[39] STRONG R M, Troxel D E. An electrotactile display[J]. IEEE Transactions on Man-Machine Systems, 1970, 11（1）: 72-79.

[40] YAMAMOTO A, ISHII T, HIGUCHI T. Electrostatic tactile display for presenting surface roughness sensation[C]//2003 IEEE International Conference on Industrial Technology. Piscataway,

USA: IEEE, 2003: 680-684.

[41] NAKAMURA T, YAMAMOTO A. Multi-finger electrostatic passive haptic feedback on a visual display[C]//2013 World Haptics Conference. Piscataway, USA: IEEE, 2013: 37-42.

[42] NAKAMURA T, YAMAMOTO A. Multi-finger surface visuo-haptic rendering using electrostatic stimulation with force-direction sensing gloves[C]//2014 IEEE Haptics Symposium. Piscataway, USA: IEEE, 2014: 489-491.

[43] CALDWELL D G, TSAGARAKIS N, GIESLER C. An integrated tactile/shear feedback array for stimulation of finger mechanoreceptor[C]/1999 IEEE International Conference on Robotics and Automation. Piscataway, USA: IEEE, 1999: 287-292.

[44] MOY G, WAGNER C, FEARING R S. A compliant tactile display for teletaction[C]// 2000 IEEE International Conference on Robotics and Automation. Piscataway, USA: IEEE, 2000: 3409-3415.

[45] HARRISON C, HUDSON S E. Providing dynamically changeable physical buttons on a visual display[C]//The 27th International Conference on Human Factors in Computing Systems. New York: ACM, 2009: 299-308.

[46] JUN K, KIM J, OH I K. An electroactive and transparent haptic interface utilizing soft elastomer actuators with silver nanowire electrodes[J]. Small, 2018, 14(35). DOI: 10.1002/smll. 201801603.

[47] ZENG L, WEBER G. Exploration of location-aware you-are-here maps on a pin-matrix display[J]. IEEE Transactions on Human-Machine Systems, 2015, 46(1): 88-100.

[48] ALLERKAMP D. Devices for tactile simulation[M]. Berlin, Heidelberg: Springer, 2010.

[49] BENALI-KHOUDJA M, HAFEZ M, ALEXANDRE J M, et al. VITAL: A new low-cost vibro-tactile display system[C]//2004 IEEE International Conference on Robotics and Automation. Piscataway, USA: IEEE, 2004, 1: 721-726.

[50] IKEI Y, WAKAMATSU K, FUKUDA S. Image data transformation for tactile texture display[C]// IEEE 1998 Virtual Reality Annual International Symposium. Piscataway, USA: IEEE, 1998: 51-58.

[51] YANG T H, KIM S Y, KIM C H, et al. Development of a miniature pin-array tactile module using elastic and electromagnetic force for mobile devices[C]//Third Joint EuroHaptics Conference and Symposium on Haptic Interfaces for Virtual Environment and Teleoperator Systems. Piscataway, USA: IEEE, 2009: 13-17.

[52] NA K, HAN J S, ROH D M, et al. Flexible latching-type tactile display system actuated by combination of electromagnetic and pneumatic forces[C]//2012 IEEE 25th International Conference on

Micro Electro Mechanical Systems. Piscataway, USA: IEEE, 2012: 1149–1152.

[53] BESSE N, ZÁRATE J J, ROSSET S, et al. Flexible haptic display with 768 independently controllable shape memory polymers taxels[C]//2017 19th International Conference on Solid–State Sensors, Actuators and Microsystems. Piscataway, USA: IEEE, 2017: 323–326.

[54] SAWADA H, ZHAO F, UCHIDA K. Displaying braille for mobile use with the micro–vibration of sma wires[C]//2012 5th International Conference on Human System Interactions. Piscataway, USA: IEEE, 2012: 124–129.

[55] KACZMAREK K A, HAASE S J. Pattern identification as a function of stimulation on a fingertip–scanned electrotactile display[J]. IEEE Transactions on Neural Systems and Rehabilitation Engineering, 2003, 11(3): 269–275.

[56] KACZMAREK K A, HAASE S J. Pattern identification and perceived stimulus quality as a function of stimulation waveform on a fingertip–scanned electrotactile display[J]. IEEE Transactions on Neural Systems and Rehabilitation Engineering, 2003, 11(1): 9–16.

[57] KACZMAREK K A, TYLER M E, BACH–Y–RITA P. Pattern identification on a fingertip–scanned electrotactile display[C]//The 19th Annual International Conference of the IEEE Engineering in Medicine and Biology Society. Piscataway, USA: IEEE, 1997, 4: 1694–1696.

[58] KACZMAREK K A, TYLER M E, BACH–Y–RITA P. Electrotactile haptic display on the fingertips: Preliminary results[C]//The 16th Annual International Conference of the IEEE Engineering in Medicine and Biology Society. Piscataway, USA: IEEE, 1994, 2: 940–941.

[59] ALTINSOY M E, MERCHEL S. Electrotactile feedback for handheld devices with touch screen and simulation of roughness[J]. IEEE Transactions on Haptics, 2011, 5(1): 6–13.

[60] ALTINSOY M E, MERCHEL S. Electrotactile feedback for handheld devices with touch screen—Texture reproduction[C]//2011 IEEE International Conference on Consumer Electronics. Piscataway, USA: IEEE, 2011: 59–60.

[61] YOSHIMOTO S, KURODA Y, IMURA M, et al. Material roughness modulation via electrotactile augmentation[J]. IEEE Transactions on Haptics, 2015, 8(2): 199–208.

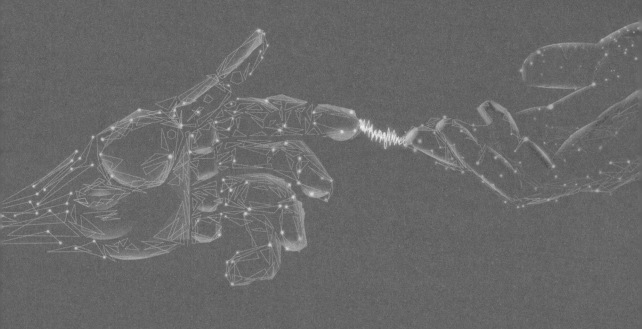

CHAPTER **08**

第 8 章

触力觉人机交互前沿

在日常生活和工作中，人们经常进行抓取、触摸等手部动作。为满足操作者高沉浸感的自然人机交互体验要求，研究可支持五指协调交互的精细动作输入和多元触觉信息融合呈现的穿戴式乃至裸手式触力觉交互设备十分有必要。

本章首先介绍穿戴式力觉交互的两个核心要素：穿戴式力觉交互设备（力反馈手套）和虚拟手力觉合成方法，接着对多元触觉交互涉及的多元触觉感知的生理学特性、多元触觉交互设备的定义和量化指标、多元触觉交互设备的分类、多元触觉信息融合交互的研究进展、多元触觉交互的未来发展趋势进行介绍。

8.1 穿戴式力觉交互

8.1.1 穿戴式力觉交互设备

在 VR 时代，操作者通过自己的身体直接与虚拟环境中的虚拟物体进行交互。一个最重要的交互方式是通过人手来控制虚拟环境的虚拟手与虚拟物体进行交互操作。为了满足虚拟环境中移动交互的需求，可穿戴的力反馈手套为增强操作者的体验提供了新的可能。利用力反馈手套，操作者可完成虚拟环境中物体的抓取、移动、旋转等动作，亲自"触碰"虚拟世界，并在与由计算机制作的三维物体进行互动的过程中真实感受到物体的反馈力。目前已经有一些穿戴式力反馈手套（如 CyberGrasp）投入商用。

在过去几十年里，不少实验室和公司研制了多种力反馈手套。按照安装基座的固定位置不同，现有的力反馈手套可以分为桌面式 [1-2]、手腕式 [3-6]、手掌式 [7-9] 和拇指式 [10-12] 四种。它们的工作原理与使用方式各不相同，所实现力反馈的方式也不同，下面进行简要介绍。

1. 桌面式力反馈手套

底座固定在地面或桌子上的力反馈手套称为桌面式力反馈手套。图 8-1（a）所示的 HIRO III 是一个外部接地的桌面式力反馈手套 [1]。它由六自由度机械手臂和五指力觉机械手（每个手指具有三个自由度）组成，可以给每个手指指尖提供力反馈。机械手通过手指支架和磁性关节连接到操作者的手上。HIRO III 具有较大的输出力，可以提供多方向的力以及模拟物体的真实重力。其缺点是工作空间相对较小，并且由于与人手连接的机械手有一定的运动限制，故无法完全适应人手的所有动作。

图 8-1（b）所示的 SPIDARMF（space interface device for artificial reality multi-finger）[2, 13] 使用 20 根线缆将扭矩从电机传输到五个手指指尖帽，因此它可以通过连接每个指尖的四根线缆提供给人的每个手指三自由度空间力反馈，同时该设备还可以模拟重力。

(a) HIRO III

(b) SPIDARMF

图 8-1　桌面式力反馈手套

桌面式力反馈手套的优点是能够模拟指尖上各种方向的力反馈和虚拟物体的重力，并且可以提供较大的反馈力，但是其缺点是体积庞大，使用场所固定在某一较小区域，而且不能在可穿戴和移动场景中使用。

2. 手腕式力反馈手套

手腕式力反馈手套是固定于操作者手背或手腕的可穿戴式外骨骼系统。20 世纪 90 年代，筑波大学开发了一种用于虚拟环境的外骨骼系统[14]。这是一个基于绳驱动的手腕式力反馈手套，手套重 0.25 kg，电机放在手的背侧，可以为食指和拇指提供高达 7 N 的反馈力。1997 年，东京大学开发了一款手腕式力反馈手套 Sensor Glove II[15]，手套有 20 个自由度，每个接头通过绳与电机相连，以减轻重量。

图 8-2 所示的 CyberGrasp 是一款设计轻巧而且有力反馈功能的手腕式力反馈手套，能够为每根手指施加反馈阻力。通过使用 CyberGrasp，操作者能够感受到计算机虚拟世界中 3D 物体的真实尺寸和形状。接触 3D 虚拟物体所产生的感应信号会驱动 CyberGrasp 特殊的机械装置产生真实的接触力，让操作者的手不会因为穿透虚拟的物体而破坏了虚拟环境的真实感。操作者手部用力时，力量会通过外骨骼传导至与指尖相连的肌腱。CyberGrasp 一共有五个驱动器，每根手指一个，分别进行单独控制，可避免操作者手指触摸不到虚拟物体或对虚拟物体造成损坏。另外，高带宽驱动器位于小型驱动器模块内，在用力过程中，每根手指的力均可以单独设定，并且手套的发力始终与手指垂直。

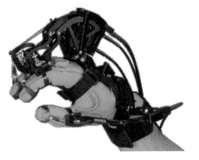

图 8-2　CyberGrasp 力反馈手套

其他手腕式力反馈手套使用的驱动方式各异，如被动弹簧和离合器驱动[16]、线驱动[17]、磁流变液体驱动[18]和微型液压驱动[19]。

手腕式力反馈手套的优点在于，它能够在指尖上模拟力反馈，并可以在可穿戴和移动场景中使用，缺点是施加的力很难呈现三向力，只是单向力，也无法模拟虚拟物体的重力。例如，当力反馈手套通过使用绳驱动产生力时，给操作者施加的力仅在绳拉动的方向上。所以，此种手套很难表现出微小的力量或虚拟物体的重量。但是也有一些例外，例如，Koyama 等[16]已经开发了可以在人的指尖上呈现三个方向力的外骨骼型力觉交互设备。他们使用串行连接机制在操作者的两个或三个指尖上呈现三向力。但是，由于该机构同样属于基于手腕式安装的可穿戴式外骨骼系统，安装在操作者的手上，因此难以呈现虚拟物体的重力，并且由于其重量较大而难以长时间使用。

图 8-3 所示为北京航空航天大学人机交互实验室（下面简称实验室）研制的多款穿戴式力觉交互设备。其中，图 8-3（a）所示的基于电机驱动绳传动的力反馈外骨骼通过控制钢丝绳使操作者手指指尖能感受到力反馈。这种手套的设计难点在于需要提供足够大的手指运动工作空间，在模拟自由空间和约束空间交互时提供所需的力反馈感觉，以及确保是一个轻量级的结构。

（a）电机驱动绳传动的力反馈外骨骼

（b）气压驱动连杆传动的力反馈手套

（c）可变刚度的被动力反馈手套

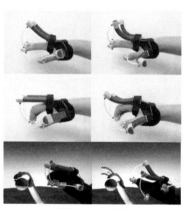
（d）软体驱动的力反馈手套

图 8-3　北京航空航天大学人机交互实验室研制的穿戴式力觉交互设备

为了保证力觉交互设备整体的轻便性，实验室研制了一种将气动驱动器安装在操作者手背侧的气压驱动连杆传动的力反馈手套[20]，如图 8-3（b）所示。该手套采用了一种凸轮连杆组合机构，利用带有弯曲滑槽和三个运动副的连杆将阻力从气缸活塞杆传递到指尖。为了得到操作者指尖反馈力的一个较大的法向分量，通过分析带有三个运动副的连杆上的力平衡，计算出了滑槽的轮廓。该五指力反馈手套样机的质量仅为 245 g，实验结果表明，该手套在自由空间模拟中的平均阻力小于 0.1 N，在约束空间模拟中的指尖力最大为 4 N。实验进一步证实，这种手套能够保证手指的自由移动以及模拟典型的抓取操作手势。

为了丰富 VR 的交互体验，给操作者更丰富的抓握体验，实验室又研制出一款基于杠杆轴调节机构的可变刚度的被动力反馈手套[21]，如图 8-3（c）所示。为了模拟自由空间操作，该机构的转动副在解锁状态下运动，允许操作者握紧拳头或充分伸展手指。为了模拟约束空间操作，该机构锁定了转动副，并在指尖产生被动反馈力。单指原型手套的总质量为 55 g。实验结果表明，手套在自由空间中的后驱动力小于 0.069 N，在约束空间中的指尖力高达 12.76 N。手套的刚度是通过改变其结构刚度来调整的，调整范围为 136.9 ～ 3368.99 Nmm/rad。

近年来，软体材料也被用于力反馈手套的研制。与刚性执行机构相比，柔性执行机构具有柔性变形和结构安全的特点。因此，它特别适合用于直接接触人类皮肤的设备，如康复设备和可穿戴式力觉交互设备。同时在同等体积下，软体驱动器的质量远小于刚性结构，可以大大减小康复设备和可穿戴式力觉交互设备的质量，提高穿戴舒适性和使用体验。

图 8-3（d）所示为一种基于纤维增强软体驱动器的三指力反馈手套[22]，它可以在操作者与 VR 环境交互时，提供力反馈体验，增强 VR 体验的真实性和交互性。该手套基于软体驱动器单侧形变的特性反向安装软体驱动器并结合刚性连杆给操作者提供较为真实的指尖力反馈。在自由空间的模拟中，预弯曲的理念使操作者在使用过程中几乎感觉不到阻力。为了保证手套有足够大的工作空间，在与操作者手无任何干涉的前提下，手套刚性连杆的设计保证了手指的完全伸展与弯曲。手套采用模块化的设计理念，其质量只有 93.7 g，远远低于目前商用的力觉交互设备。对于自由空间模拟，手套整体阻力小于 0.48 N。对于约束空间仿真，其最大反馈力为 4.09 N，可模拟较为丰富的抓握体验。同时该手套穿戴十分方便，可以与现有的数据手套结合。

3. 手掌式力反馈手套

为了突破手腕外骨骼力反馈手套的局限性，一些研究者探索了在手指和手掌之间直接提供力来模拟手掌抓握过程。这种类型的系统归类为手掌式力反馈手套。

为了进一步减轻穿戴式力觉交互设备的质量，Zhang 等[23]研制出了一种基于薄膜挤压阻塞原理的气压驱动力觉交互手套，如图 8-4 所示。在模拟自由空间时，薄膜柔软且易于变形，使得手指关节能够在较小的阻力下自由移动。在模拟约束空间时，薄膜变硬，可提供阻力力矩来防止手指关节旋转。

RMII-ND(见图 8-5)是由美国罗格斯大学人机界面实验室开发的面向手部康复训练的穿戴式力觉交互设备。该设备使用在手掌上分布的线性气动活塞来提供手掌和手指之间的反馈力[7]。活塞直接固定在手指上，可为每个指尖提供高达 16 N 的力，采用石墨玻璃活塞可显著降低自由状态的反馈力，有助于提高手套模拟自由空间的真实性。虽然设备的工作部分很轻（仅重约 100 g）并且穿着舒适，但由于手掌中的活塞会限制手指移动，从而导致设备工作空间受到限制。另外，反馈设备所需的压缩空气也会增加空气压缩机的重量。

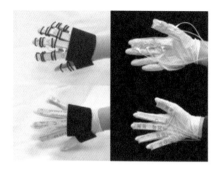

图 8-4　基于薄膜挤压阻塞原理的气压驱动力觉交互手套

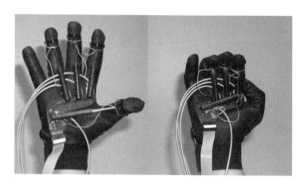

图 8-5　面向手部康复训练的穿戴式力觉交互设备(RMII-ND)

Zubrycki 等 [8] 和 Simon 等 [24] 研究了运用粒子阻塞原理来提供手指和手掌之间的阻力。In 等 [9] 研制了一个质量仅为 80 g 的无缝手掌外骨骼，其外壳由沿手指运行的管和导线组成，将导线连接手掌，为操作者提供力反馈。

Sarakoglou 等 [25] 研制了一个三手指的外骨骼系统，通过一个六自由度运动铰链在指尖上施加一个反馈力。运动铰链允许手指在其全部工作空间内任意运动，方便了传感器对系统指尖位置的高分辨率追踪。同时，欠驱动的机构也允许在指尖施加双向反馈力。

4. 拇指式力反馈手套

目前已经有一些拇指式力反馈手套被开发出来，可以直接在拇指和其余手指之间提供反馈力来模拟抓握状态。

Zhang 等 [10] 使用电活性聚合物致动器来设计可以在拇指和食指之间提供力的手套。虽然手套重量轻，但是只允许手指在有限的范围内运动。Choi 等 [11] 开发了一种低成本和轻量化的手套——金刚狼系统，该系统可以在拇指和其余三根手指之间直接产生力量，相对精确地模拟人手抓握物体的状态。通过使用低功率制动锁定滑块，系统可以承受每个手指与拇指之间超过 100 N 的力。金刚狼系统可以提供大的运动范围和高阻力，但是它不能模拟变刚度的抓握状态。

5. 穿戴式力觉交互设备的技术挑战和发展趋势

现有的穿戴式力觉交互设备尚不能满足用户高性能 VR 系统逼真交互体验的期望，未来的技术挑战需要进一步提高指尖力反馈的模拟效果，包括：如何满足自由空间的反向驱动性和约束空间的大阻抗范围的矛盾性指标需求；针对现有驱动和传动系统结构复杂和体积过大的现状，如何研制小尺寸、轻量化、无线传输和长寿命电池供电的便携式力反馈手套；针对具有不同手指长度和手掌尺寸的用户，如何实现快速、个性化的标定；如何在保证足够力觉交互逼真性的前提下降低手套的成本。

此外，在人操作物体时，力的作用点不仅仅在指尖，故还需要研究高密度分布式驱动器，并将其布置在手掌和手背，为全手掌施加分布式的力觉刺激。这种驱动器不仅需要提供足够大的输出力，还需要具备可变刚度的能力，即同时模拟自由空间和约束空间的力觉交互体验，而且刚度变化还要能够实时控制，从而满足力觉交互的高刷新频率要求。

8.1.2　虚拟手力觉合成方法

1. 虚拟手力觉合成方法的功能和性能需求

力觉交互设备与相应的力觉合成算法是推动力觉交互繁荣发展的两个重要因素。早期三自由度和六自由度力觉合成算法[26-28]的蓬勃发展推动了桌面式力觉交互设备在基于工具的操作模拟（如牙科手术模拟）的广泛应用。类似地，穿戴式交互应用（如虚拟装配、虚拟手术、高危工作环境模拟、职业技能培训等）的迫切需求促进了力反馈手套的迅速发展[29]，而沉浸式的穿戴式力觉交互应用场景的开发还需要高保真度的虚拟手力觉合成方法作支撑。

早期针对桌面式力觉交互设备开发的力觉合成方法主要支持三自由度和六自由度的力反馈，而虚拟手力觉人机交互涉及多种操作手势、接触点较多并且自由度超过 20 个，这些特点给虚拟手力觉合成带来了严峻的挑战：由于计算复杂度高，很难平衡虚拟手力觉合成的精度与效率；很难准确计算虚拟手的构型，以保证虚拟手与虚拟物体之间的非穿透性仿真。

图 8-6 所示为阻抗型虚拟手力觉合成的流程。首先通过手部运动捕捉装置对操作者的手进行实时跟踪（运动采集）。获得手部运动信息后，在预先构建的虚拟手和虚拟物体几何模型和物理模型的基础上，执行碰撞检测、碰撞响应和反馈力的计算以获得力觉合成的结果，包括满足接触约束的虚拟手的配置信息、虚拟物体的动态响应信息（如运动和变形），以及需要施加在操作者手部的反馈力信息。最后，操作者通过力觉交互设备（如力反馈手套）获得交互过程所需的反馈力，与此同时通过图形显示器观察虚拟场景相应的更新。

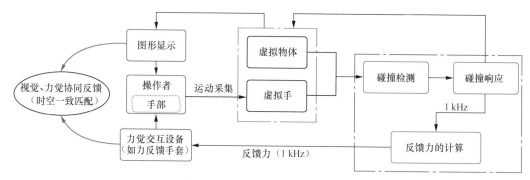

图 8-6　阻抗型虚拟手力觉合成的流程

为了实现逼真自然的穿戴式力觉交互，虚拟手力觉合成方法需要具有以下特点：（1）能够逼真模拟人手的解剖结构及运动特点，得到逼真的虚拟手，包括其几何模型、物理模型和运动学模型；（2）需要支持多种操作对象（刚体、弹性体、流体等）以及多种交互手势（指尖单点接触、多指抓取接触、滑动接触等）；（3）提供逼真稳定的视觉和力觉融合交互，包括虚拟手与虚拟物体间的非穿透模拟、交互操纵的稳定仿真（操作的稳定性、力反馈的稳定性）以及视觉和力觉交互的时空一致性匹配等；（4）整个力觉合成过程能够以 1 kHz 及以上的频率进行更新，包括碰撞检测、碰撞响应和反馈力的计算等。

2. 虚拟手力觉合成方法的现状概述

（1）虚拟手建模

在计算机图形学领域，对虚拟手的模拟主要集中于手拟人化的视觉逼真性，而对于穿戴式力觉合成，虚拟手建模不仅涉及表征手部外观属性的几何模型，而且需要准确描述虚拟手内部物理属性的物理模型。

几何模型用来描述虚拟手的三维形状、运动自由度以及手掌和多个手指的几何约束，以满足运动映射、碰撞检测、碰撞响应、反馈力计算以及图形渲染的需求。在虚拟手的几何建模中，通常采用简化模型（如骨架模型和球面模型）来应对力觉合成对高刷新频率的要求，这些简化模型也可以与其他几何模型相结合来表示虚拟手。Wan 等 [30] 利用圆球构建了虚拟手的几何模型，并将其细分为三角形网格 [见图 8-7(a)]，以便于控制手的运动及增强视觉显示效果，此外，还将获取的真实人手图像映射到几何模型上以提高虚拟手的逼真性。Yang 等 [31] 采用类似的策略，构建了包含骨骼层、肌肉层和皮肤层的三层虚拟手，其中皮肤层采用多边形网格模型以获得较佳的图形显示效果。Taylor 等 [32] 使用线性混合蒙皮法创建皮肤层，并将皮肤层附着于骨架上。然而，以上模型可能会出现不同层模型间的不匹配情况，致使虚拟手运动时的模型难以同步更新，影响视觉、力觉效果。

物理模型旨在描述虚拟手不同生理结构（骨骼、肌肉和皮肤）的物理特性，包括弹性模量、泊松比、非线性应力 - 应变特性等。人手由覆盖着软组织的多块骨骼和关节连接组成，具有各向异性和非线性，这给构建虚拟手的物理模型带来了很大的挑战。多刚体铰链连接构建的刚性虚拟手模型通常采用弹簧来驱动 [33]，该模型虽然计算效率高，但不能逼真模拟皮肤变形。层次可变形模型常用于变形对象建模，Garre 等 [34] 提出了刚柔耦合手 [见图 8-7（ b ）] 的构建方法，骨架采用铰接式模型，可变形肌肉（四面体网格）采用线性共转动有限元方法建模。Verschoor等 [35] 扩展了线性共转动有限元方法来模拟蒙皮的非线性行为，同时保持了线性材料的计算简单性。此外，多层策略可用于解决变形虚拟手精度与计算实时性之间的矛盾，Wan 等 [36] 提出了由皮肤层、运动学层、碰撞检测层和触觉层组成的四层变形虚拟手模型 [见图 8-7（ c ）]，Talvas 等 [37]构建了五层虚拟手模型 [见图 8-7（ d ）]：手部跟踪数据层、坐标简化模型层、刚性骨架映射层、可变形指骨层、表面碰撞层和视觉模型层。与刚性虚拟手模型相比，变形虚拟手模型更为逼真，但以上模型仍缺乏对个性化几何形状及物理参数的逼真刻画，并且多层模型之间的同步更新效果也有待提高。

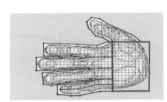

（a）网格几何模型　　　　　（b）刚柔虚拟手（左 - 骨架，中间 - 表面模型，右 - 弹性肌肉）

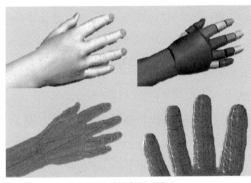
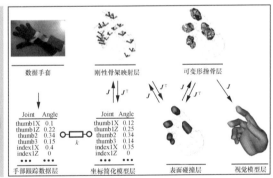

（c）四层柔性虚拟手模型　　　　　　　　　（d）五层虚拟手模型

图 8-7　虚拟手模型示例

（2）虚拟手力觉合成方法

虚拟手力觉合成方法主要分为三个研究阶段。第一阶段是基于经验的启发式力觉合成方法，其原理是首先对常用的操作手势进行定义，接着离线构造大量手势模型，并对基于虚拟手的简化几何模型和包围盒进行粗糙碰撞检测，最后按照实际手势和预定义分类库中手势的接近程度实现手势绑定的碰撞响应模拟。Zachmann 等使用手指指骨、拇指指骨和手掌之间的接触分布来区分抓取类型，然后根据物体相对手掌的相对位置和方向来保持抓握。Moehring 等 [38] 使用分层抓取策略，解耦虚拟手与虚拟物体之间的交互，随后他们将所有发生碰撞的手指定义为抓取对，以适用于多个手指、手和用户以及约束和非约束对象。基于启发式的方法主要用于抓取操作，且仅考虑了某些特定的抓取情况，极易造成虚拟手与虚拟物体之间产生不真实的接触（如相互穿透），导致仿真逼真性不高，这极大地限制了启发式方法在无约束环境下的实际应用。

第二阶段是基于刚性虚拟手建模的力觉合成方法。其主要原理是采用多刚体铰链链接模型构建虚拟手模型，基于层次表示的叶子几何元素执行精确碰撞检测，基于惩罚或约束方法求解多点接触下的碰撞响应。Borst 等 [33] 使用线性和扭转弹簧阻尼器系统来建立真实手位姿与虚拟手位姿的耦合模型，有效模拟了手指和手掌上的力反馈。Ott 等 [39-40] 通过使用虚拟线性弹簧和角弹簧来耦合虚拟手 [41] 和真实手，并将上述方法进行扩展以模拟双手力觉交互操作。Jacobs 等 [42] 通过扩展六自由度的上帝对象方法 [43] 建立了完全约束的模型，并利用高斯最小约束原理来求解人手与多刚体对象之间的相互依赖关系。以上基于刚性虚拟手的建模方法，计算效率较高，但由于这些方法未考虑虚拟手的变形行为，故不能正确地模拟虚拟手和虚拟物体之间的相对摩擦，导致力觉交互的稳定性高度依赖对摩擦参数和弹簧阻尼系数的选取。

第三阶段是基于变形虚拟手建模的力觉合成方法。该方法考虑了人手的生理结构（包括骨骼、肌肉和皮肤）、肌肉的非线性应力 - 应变特性，以及虚拟手手部和虚拟物体之间的局部变形对接触力的影响等细节生理现象。Garre 等 [34] 构建了一个包含骨骼和肌肉的变形虚拟手模型，采用基于约束的方法对变形虚拟手与虚拟物体间的接触进行建模，并通过扩展虚拟耦合算法 [44] 来提高力反馈的稳定性。Perez 等 [45] 研究了非线性皮肤的仿真方法，将应变限制约束与接触约束相结合集成于一个约束动力学求解器中。Talvas 等 [37] 引入聚合约束（aggregate constraints）来模拟变形虚拟手的灵巧抓取操作，该方法可以模拟接触点的法向接触力、摩擦力矩和接触力矩。上述方法在一定程度上能够实现手部与物体之间相对运动的自然模拟，但是这些方法仅支持变形虚拟手与刚性对象的交互模拟，并且由于变形虚拟手交互模型的复杂度较高，使得计算过程远远达不到力觉交互对高刷新频率（1 kHz）的要求。

（3）力觉交互的接触处理

与基于惩罚的接触处理方法相比，基于约束的接触处理方法是精确和全局的，该方法通常通过求解一个线性互补问题（LCP）来精确地处理对象间的接触情况，得到的系统可以采用直接求解器进行求解，也可以采用迭代求解器对接触进行循序处理。当前已经有研究提出处理铰接对象接触约束的方法，但复杂接触的约束处理仍比较困难，例如，涉及可变形物体的接触场景往往会产生大量的接触点，从而导致求解 LCP 时的计算效率不高。

　　求解同时涉及多种接触类型的大型 LCP 的一种有效方法是将接触约束分为刚体 - 刚体约束集、变形体 - 变形体约束集和刚体 - 变形体约束集，并对这些约束集进行单独处理。接触降维和聚类方法也可用于提高力觉交互的接触处理效率[46]，首先进行预处理，在碰撞检测时生成最少冗余的接触，再使用接触聚类方法进一步减少接触点数量，例如，使用接触点之间的欧氏距离，每个聚类有一个单独的加权接触点和接触法线，接触点的最大穿透深度保持在该类中。然而，可变形对象需要在整个接触面上进行精细采样，故该方法仅适合刚性对象间的相互作用。

　　减少接触过程中产生的约束也可有效处理复杂交互场景，该方法将接触建模为体积约束，而不是点约束。具体而言，该方法不再将接触约束定义为大量的穿透距离，而是将其定义为需要求解的穿透体积的数量，该数量由任意分辨率的规则网格来定义。此外，该方法还将不同接触点处的摩擦框架按体积约束聚为同一框架。尽管该方法在计算效率方面具有优势，但在进行抓握模拟时忽略了平面、曲面或锐边的接触差异，导致在所有接触点的压力都是均匀的，为了保留物体之间的压力分布需要增加体积约束的数量，这反过来又会降低计算效率。Talvas 等[37]为模拟灵巧抓取引入了新的体积约束，为每个指骨制定聚集约束，约束的数量与接触指骨的数量成比例，通过将接触面内非均匀分布的力整合到体积约束中，得到了与多个体积接触约束方法相似的结果，进一步减少了约束的数量。在现实中，手掌的底层骨骼结构比较复杂，然而上述方法未考虑手掌，这会影响整手抓握的逼真性与稳定性，并且约束的聚合针对的是每一个指骨，缺乏自适应。

　　（4）虚拟手力觉合成方法的评估和验证

　　现有的虚拟手力觉交互的相关研究大多还处于虚拟手交互的建模分析阶段，并且仅给出了视觉效果的展示，缺乏定量指标来评估这些方法在力觉交互方面的性能。对于力觉交互的稳定性 / 连续性，Ott 等[39-40]采用的方法在某些特定的情况下会出现力觉不连续的情形；Garre 等[34]指出由于视觉线程更新相对缓慢，他们采用的方法的力觉体验会受到过度平滑的影响；Verschoor 等[35]表示他们的方法实现了虚拟手稳定的抓取操作，并且虚拟手运动平稳。杨文珍等[47]构建了手指抓持力测量平台，测量了静力抓持物体时的手指作用力，分析和评价了基于物理模型的虚拟手静力抓持力觉合成方法是否可以生成逼真的力觉。

　　在虚拟手力觉交互过程中，通过手部位姿的获取、碰撞检测、接触处理、反馈力计算等步骤，最后一个环节需要穿戴式力觉交互设备提供所需的交互力，这对力反馈手套提出了严峻的挑战。缺乏可用的商业化力反馈手套是研究和评估虚拟手力觉合成方法的瓶颈，目前仅有少数虚拟手力觉合成方法在力反馈手套上进行了验证[33, 36, 40, 45]。其中采用最多的是一款经典的商业化力反馈手套 CyberGrasp，该手套仅支持对手指垫正压力的反馈，并且由于该手套采用电机驱动，电机提供的力通过传动机构直接作用于手指，存在安全隐患。幸运地是，近年来力反馈手套的快速发展为虚拟手力觉合成方法的研究和性能评估带来了机遇。

3. 虚拟手力觉合成方法面临的技术挑战和发展趋势

力觉交互设备的技术进步以及穿戴式 VR 交互的应用需求促进了力觉合成方法的发展。Perez 等 [48] 提出了一种力觉交互的算法用在穿戴式力觉交互设备上，如图 8-8 所示，该设备的一个平板和人手指直接接触，但接触点位置和接触方向可以实时调整。作者建立了优化模型来求解设备平板的位姿以及逼近虚拟世界中手指和物体的接触面，通过实时调整设备刺激的接触面方向和接触点位置，给用户产生触摸的感觉体验。该方法的创新在于考虑了手指的弹性非线性变形对接触面的影响。Kim 等 [46] 提出了穿戴式力觉交互生成算法，如图 8-9 所示，用来模拟抓持弹性虚拟物体时的力觉感受，该模型考虑了手指多关节骨骼结构运动和手指肌肉局部变形对于抓持力反馈的影响，有望用于双手协调操作的力反馈精细操作模拟。力觉合成方法近年来研究热点是如何将力觉和触觉交互的感受有机结合，研制触力觉交互一体化设备和相应的合成方法，使得用户体验到两者的无缝融合。

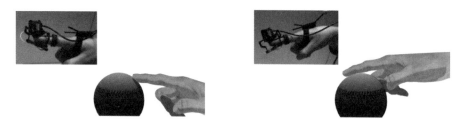

图 8-8　用在穿戴式力觉交互设备的力觉合成算法

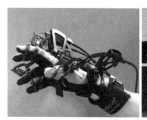

图 8-9　虚拟手多点交互的穿戴式力觉合成算法

在虚拟手的力觉交互过程中，穿戴式力觉交互设备的最后一步是为用户提供了所需的力。由于高性能力觉交互设备的缺乏，导致现有虚拟手力觉合成方法缺乏力觉合成效果（如反馈力的稳定性或连续性）的主观评价。虚拟手和虚拟物体之间的接触力可能覆盖用户的手掌。然而，大多数力反馈手套只能在指尖提供力反馈。因此，如何将分布于人手整个手掌上的接触力映射到手套执行器的位置（如指尖）是一个需要解决的问题。由于手部操作行为的不同，虚拟手与虚拟物体的接触状态也不同，导致指尖力分解模型也会有所不同。

虚拟手模型不仅会影响虚拟手交互仿真的视觉真实感，还会影响力觉的高效逼真合成。为了实现逼真自然的虚拟手力觉交互仿真，不仅要对柔软的手指进行建模，还要对包括柔软手掌在内的整只手进行非线性建模。对于个性化交互应用中手的建模，可以使用数据驱动的方法[49]，根据用户自身的特点对虚拟手的指节长度和宽度进行自适应参数化。如何有效地耦合整只手的刚柔两部分以提供稳定的力反馈也是需要解决的问题。此外，现有的虚拟手交互研究大多只支持与刚性对象（通常是单个刚性对象）的交互，支持与非刚体（如弹性体、塑性体、流体等）的交互仍然极具挑战。

现有的虚拟手力觉合成方法大多仅支持简单的抓取操作，难以模拟比较精细的操作，例如，使用三根手指（拇指、食指和中指）操纵铅笔的行为。未来还需要研究支持更多样化、自然和直观的交互方式，以实时准确模拟涉及复杂接触状态的交互操作，例如单个手指与虚拟对象之间的多点接触（定点静态接触和滑动触点等），多个手指间协同操作的多点接触，以及虚拟手与特殊形状（如薄壁对象和细线）虚拟物体间的接触。近年来，数据驱动的力觉合成得到了快速发展[50-51]，这可能是复杂接触状态下虚拟手力觉合成的一种解决方案。

模拟相对运动的动态行为对于确保精细操作的准确性和稳定性非常重要，然而为精细操作合成精细的力反馈极具挑战：虚拟手交互过程中的动态行为（如旋转操作）较为复杂，难以对相对运动进行动态建模；求解约束动力学方程的计算开销较大，导致数据更新率较慢，影响力觉的交互体验。对于复杂的精细操作，需要准确模拟细微的操纵行为，实时准确检测接触点的细微变化，并且需要逼真地模拟接触点物理状态的细微变化，包括反馈力的细微变化和视觉效果的变化。此外，当两只虚拟手协同操纵同一个虚拟物体时，还需要模拟这两只手的耦合力学行为。随着耦合约束数量的增加，耦合的复杂性也随之增加，交互式模拟的难度也将会增加。在与虚拟物体交互的过程中，两个虚拟手还可能会发生碰撞。因此，除了单独处理每只虚拟手的交互行为之外，还需要增加两只虚拟手碰撞所产生的视觉效果和力觉交互效果的模拟。

目前，由于缺乏被广泛接受的力觉合成软件框架，使得开发不同的仿真场景和比较不同的力觉合成技术非常困难。为了方便开发虚拟手力觉合成应用，软件框架应满足的要求有：（1）支持多元触觉交互，包括柔软、摩擦、纹理、振动、温度等；（2）方便接入不同的硬件设备，如不同的穿戴式力觉交互设备；（3）支持多元触觉和沉浸式视觉反馈的时空一致匹配；（4）支持便捷开发医疗、商业、娱乐等不同应用领域的 3D 交互场景。由低更新速率的物理引擎层（如 Unity 等）、高更新速率的力觉合成层和硬件控制层组成的三层架构可能是满足上述需求的潜在解决方案。

8.2 多元触觉交互

人的触觉感知是一个复杂的系统，它由多种运动感受器和触觉感受器组成，这些感受器的共同作用使人能够感知外部世界。传统的力觉或触觉交互设备主要通过刺激某个感受器，使用户感知相应的触觉体验，无法同时唤醒复合触感，即无法同时呈现虚拟物体的柔软度、纹理、温度、三维形状和重量等多元触觉属性。

本节将介绍多元触觉感知的生理学特性，多元触觉交互设备的定义、量化指标和分类，多元触觉信息融合交互的研究进展以及多元触觉交互的未来发展趋势。

8.2.1 多元触觉感知的生理学特性

了解多元触觉的感知特征是研发有效的多元触觉交互设备的前提。一方面，需要探索具有嵌入式、分布式的传感和控制技术的新型材料和驱动方法，以提供与人体皮肤受体分辨率相适应的高空间分辨率多元触觉刺激。另一方面，多元触觉交互设备的研究和发展促进了人类对人体多元触觉感知机制的理解。例如，探究一种触觉与另一种触觉结合时，其中一种触觉的检测与辨识阈值会如何变化。

Okamoto 等在不考虑物体形状的情况下，总结了触觉感知的五个维度，包括宏观粗糙度（不平整 / 平坦）、精细粗糙度（粗糙 / 光滑）、温度（冷 / 暖）、柔软度（硬 / 软）和摩擦（湿 / 干、黏 / 滑）。在粗糙度、柔软度和温度这三个触觉感知的基本维度中，柔软度和粗糙度比温度更重要，尽管它们的贡献在不同的研究中有所不同。例如，Bensmaïa 和 Hollins[52] 的研究表明，是粗糙度和柔软度导致了材料之间的感知差异，而不是温度。

虽然，触觉感知的机理已经得到了广泛而深入的研究，但仍有一些方面的感知机理尚不清楚。粗糙度可分为宏观粗糙度和精细粗糙度两种类型，这两种粗糙度的感知在人类皮肤中是由不同的机制引发的。按照材料表面结构来划分，宏观粗糙度和精细粗糙度之间的几何尺度分割界限大约为 200 μm[52]。

摩擦是由指腹的皮肤感知的，皮肤的拉伸或指腹与纹理之间的黏附被认为是引发摩擦感知的原因，一种观点认为指腹与纹理之间的黏滑现象影响摩擦感知[53]，另一种观点怀疑摩擦和精细粗糙度的维度是相同的。然而，摩擦力的感知主要基于与纹理相关的皮肤拉伸，而精细粗糙度的感知主要基于指腹的振动。

冷 / 暖的感觉归因于物体和手指皮肤之间的传热特性[54-57]。游离神经末梢上的瞬时感受器电位（TRP）离子通道是人体感知温度的冷热感受器[58-59]。例如，TRPV1 对 43℃ 以上的热刺激有反应，TRPV2、TRPV3 和 TRPV4 对高于人体温度的刺激也有反应。这些离子通道在不同的温度波段被激活，低于人体温度的感知是由受体引起的，如 TRPA1 和

TRPM8。

柔软度或弹性的感知可归因于触觉提示[60-61]。尽管材料的弹性常数与力信号有关，但在柔软度的感知中，指腹与目标物体之间的接触面积是很重要的。在文献 [62] 中，作者采用一种触觉柔软度设备来控制接触器和指腹之间的接触区域。但是，目前还尚不清楚在柔软度的感知中，是接触区域的压力分布、接触区域的时间变化还是其他某种信息占主导地位。

幻触效应已被广泛应用以满足多元触觉交互设备对空间布局的紧凑性需求。一种典型的方式是利用桌面式触觉交互来模拟动觉感觉（如重量感觉）。人手臂中的肌肉纺锤体和高尔基肌腱部位可以感知本体的重量[63]，指腹的机械感受器[64]通过侧向受压或扭曲来感知重量。结合本体感受和触觉交互，人类可以自然地感受到重量。然而，用于产生本体感受重量的触觉交互设备需要通过多连杆与桌面连接，此类设备的体积和质量相对较大。因此，如果只使用触觉交互来产生重量感觉将会是一个非常有吸引力的解决方案。Minamizawa 等[65]研究了本体感受和触觉交互在重量模拟中的作用，研究结果表明，无本体感觉的触觉交互可以提供一定的感知提示以帮助用户区分重量。此外，研究人员还尝试使用不接地的可穿戴设备，利用皮肤拉伸来模拟虚拟物体的重量[66]。

另一种机理是热烤效应，该效应是指用户触摸交错的冷热棒时所产生的灼痛感[67-68]。当手掌交替感知无伤害性的热（36℃～42℃）冷（18℃～24℃）刺激时，用户会产生疼痛的烧灼感。这种幻触效应可以用于在不使用大型冷却装置的前提下，为用户模拟寒冷的感觉。

感知突变是一种著名的包含皮肤错误定位的空间触觉欺骗方式。在这种触觉欺骗中，皮肤上三个不同位点连续传递的一系列短脉冲被视为一种刺激，这种刺激在皮肤上逐步移动，就像一只小兔子从第一个刺激器平稳地跳跃到第三个刺激器[69]。这种错觉可以在最少2 次轻拍和最多 16 次轻拍时发生。刺激之间的时间间隔也会影响错觉的强度，最佳时间间隔为 20 ～ 250 ms。随着刺激间隔时间的缩短，刺激点的间隔在空间上被感知得越来越近，当时间间隔为 20 ms 或更短时，用户无法感知到任何空间间隔[70]。当时间间隔为 300 ms或更长时，刺激点被精确定位[71]。这种幻触效应可用于模拟振动流的感觉，以及有助于在设计中减少振动器的数量。

关于多元触觉刺激之间的幻触效应也有相关研究。例如，热 / 重量[72]、尺寸 / 重量、材料 / 重量[73]等许多与重量感知相关的错觉，以及"高尔夫球"幻触效应[74]已经被研究。这些与重量感知相关的幻触效应可以为新的多元触觉交互设备的研发提供一定的指导。

单一模态的分离和聚合是人类感知系统的内在机制[75]。了解不同刺激类型之间的交互效应，可以为新的多元触觉交互设备的研发提供指导。例如，热刺激对振动刺激感知的影响已经得到了广泛的研究，触觉感知灵敏度和触觉刺激的感知强度受到交互设备温度和皮肤本身温度的影响。

当触觉交互设备的尖端或边缘被加热时，用户的两点和间隙检测阈值会降低（即灵敏度增强）[76]，这种效应被称为热锐化。相比之下，当皮肤温度降低时，皮肤的感知灵敏度下降，具体表现为对压力、粗糙度和频率为 150 ～ 250 Hz 的触觉振动刺激的敏感性下降。

皮肤温度升高对触觉灵敏度的影响较小。皮肤温度升高会导致皮肤感知 80 Hz 以上振动频率的阈值略有增加，但 Bolanowski 等 [77] 的实验结果显示，当皮肤温度从 30℃增加到 40℃时，皮肤对于频率为 15 ～ 500 Hz 的振动灵敏度感知没有变化。还有研究探究了低温对振动刺激感知的影响，结果表明，在四种不同的机械感受器中，只有环层小体通道会受皮肤温度降低的影响。上述研究表明了物体或皮肤温度对触觉感知的影响，另外一些研究则探究了触觉刺激对热感知的影响。Singhal 和 Jones[78] 研究了热信号和触觉信号在同时作用于用户时，是否会提高用户的感知性能，以及这两种感觉信号是否可以独立或交互处理。

8.2.2　多元触觉交互设备的定义和量化指标

多元触觉交互设备是指能够产生包括力、振动、热和形状等多元触觉的设备。该设备能够支持人手使用多种手势进行精细操作，同时刺激人体触觉通道的多种感受器。为了保证上述触感的真实，用于刺激不同受体的激励源应保持空间和时间的一致性，即多种刺激之间的空间耦合误差和时间延迟要小于人的识别阈值。通过多元触觉交互设备，用户能够在 VR 应用中感知虚拟物体的多种属性。

图 8-10 所示为触摸虚拟丝绸枕头的场景，该交互场景涉及多元触觉交互的三个方面，即物体属性、操作手势（触探流程 [79]）和感知受体 [80]。由于丝质枕头具有多属性，当人采取不同的交互动作时，会产生不同的触感。例如，捏枕头时可以感觉到柔软的感觉，手指沿着丝绸面料滑动时可以感觉到光滑的感觉，手指在刺绣区域滑动时可以感觉到小的突起、边缘和刺绣的纹理。此外，当用户与丝绸以相对静止的状态接触时，还可以感受到丝绸的冰凉感。

1. 虚拟对象的多属性

物体的可感知属性包括三大类：材料属性、几何属性和混合属性。材料属性主要包括柔软度（硬 / 软）、温度（暖 / 冷）、宏观粗糙度（不平整 / 平坦）、精细粗糙度（粗糙 / 光滑）、摩擦（湿 / 干、黏 / 滑）五个方面 [81]。几何属性通常包括形状（包括全局形状和局部几何特征）和大小（如面积、体积、周长、限定盒体积等）[80]。重量是反映物体材料（如密度）和结构（如体积）的混合属性。

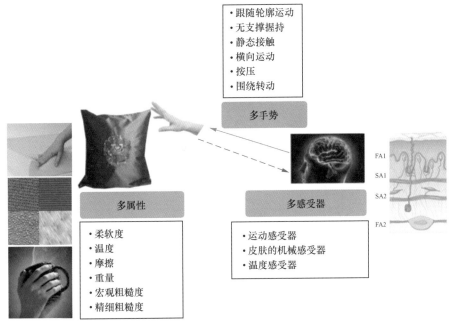

图 8-10　多元触觉交互的场景

2. 用于触觉交互的多手势

对表面和物体属性的触觉感知与接触的本质紧密相关。例如，手指挤压在物体上还是随着时间去触探该物体，以及采取何种方式进行触探。Lederman 和 Klatzky[79] 采用一种触探流程来描述触探和对象属性之间的关系。触探是一种人工探索的刻板模式，人们被要求在没有视觉的情况下自愿地探究物体的某一特定属性。

例如，与温度有关的触探交互是一个"静态接触"，即尺寸较大的一块皮肤与物体表面相互接触并保持相对静止。其他触探交互包括"按压"（与柔软度相关）、"无支撑握持"（重量）、"围绕转动"（体积、粗糙形状）、"横向运动"（纹理）和"跟随轮廓运动"（精确形状）。在自由触探期间，与某一特性相关联的触探会被发现是最优的，因为它沿给定的维度提供了最精确的辨识。

3. 人类触觉通道的多感受器

人体触觉通道多感受器的特性对多元触觉交互的刺激提出了不同的要求。这些感受器以一种完整的方式工作，使人类能够感知外部世界，且具有空间分辨率、辨识阈值和时间带宽等不同的特性。触觉感受器在人体中的位置、感知特性及特征敏感度指标如表 8-1 所示。

表 8-1　触觉感受器在人体中的位置、感知特性及特征敏感度指标

感受器种类	感受器名称	位置	感知特性	特征敏感度[80]
皮肤的机械感受器	梅克尔盘	基底表皮和毛囊	模式、纹理	● 对低频敏感（<5 Hz） ● 指尖点定位阈值：1～2 mm
	鲁菲尼氏小体	皮肤组织	手指位置和稳定抓握	—
	触觉小体	无毛发皮肤	低频振动	● 感知暂时性皮肤变形（5～40 Hz）
	环层小体	皮下组织	高频振动	● 感知暂时性皮肤变形（40～400 Hz）
温度感受器	δ 纤维	背根神经节	寒冷	● 在 5 ℃～45 ℃ 温度范围内响应 ● 区分材料所需的最小热扩散率差异为 43%
	C 纤维	在躯体感觉系统的神经中	温暖	
痛觉感受器	δ 纤维	背根神经节	刺痛感	—
	C 纤维	在躯体感觉系统的神经中	灼痛感	—
运动感受器	肌梭	在肌肉的腹部	肌肉长度的变化、肌肉长度的变化率，以及力	—
	肌腱伸张感受器	肌肉纤维和肌腱之间的连接处	力	● 在 0.5～200 N 的范围内，力的平均差值为 7%～10%，当力小于 0.5 N 时，差值增加到 15%～27%
	关节感受器	关节囊和韧带	关节位置与运动	● 肢体运动的差异阈值为 8%（范围：4%～19%） ● 肢体的位置差异阈值为 7%（范围：5%～9%）

通过刺激多种感受器，多元触觉交互过程激活了动觉和触觉。动觉包括力觉（法向接触力、切向接触力、重力、惯性力）、转矩（弯曲扭矩和扭转扭矩）、动觉刚度（力与位移之比）、运动感觉或本体感觉。触觉包括表面接触（如轻微的触摸、压力、振动）引起的感觉由生理特征（如摩擦、纹理、肌肤延展以及与接触区域内皮肤的不均匀局部变形有关的触觉刚度）引起的感觉、由几何特性（如 3D 形状、凸起、槽、轮廓、边缘等）引起的感觉、冷热感和疼痛感。

8.2.3　多元触觉交互设备的分类

多元触觉交互设备按触觉的数量、支持的手势和形态要素等的不同有不同的分类方式。在本节中，多元触觉交互设备根据形态要素不同可以被分为桌面式、手持式和可穿戴式。

1. 桌面式多元触觉交互设备

桌面式力觉交互设备极大地促进了触感技术的推广与发展。最具有代表性的商业产品包括

Phantom、Omega 等，这些设备大多数只能模拟力反馈。通过添加一个定制的末端执行器，扩展这些设备的功能可以实现皮肤的触觉反馈。Kammermeier 等 [82] 提出了动觉和触觉子系统机械耦合的两种基本方法：一种是并联机构，形成一个多手指反馈装置产生振动触觉、热和腕 / 手指动觉刺激；另一种是串联机构，利用单指动觉显示器与触觉驱动器阵列相结合的样机验证了上述方法的有效性，该阵列用于提供指尖上空间分布的触觉形状显示。

2. 手持式多元触觉交互设备

为了给用户提供一个更大的工作空间以实现大范围运动，研究人员研发了手持式多元触觉交互设备，其显著优势是不用穿戴。然而，目前的这些设备还只能提供振动反馈。

3. 可穿戴式多元触觉交互设备

使用手持式多元触觉交互设备，用户可以便捷地握持使用，而不需要将设备绑定在用户手上。但是，当用户使用手持式多元触觉交互设备与虚拟物体交互时，由于用户是手握持设备，从而限制了手部姿势。因此，需要研发可以提供更加自然交互方式的触觉交互设备。穿戴式多元触觉交互设备与手持式相比，可以支持不同的手部姿势，并提供更自然的交互体验。

8.2.4　多元触觉信息融合交互的研究进展

在人们感受真实物体纹理的过程中，有多种触觉信息（如粗糙度、柔软度、温度等）同时被皮肤内感受器感知编码。因此，研究者类比感受真实物体时的多元触觉信息，探索了多种多元触觉信息融合交互的方法。

目前已有多种纹理和柔软度相结合的触觉交互方法。2007 年，Yokota 等利用拉伸机械结构控制柔性静电振动纹理触觉交互设备的张紧程度，实现了纹理触觉和柔软度触觉的融合交互，如图 8-11 所示。2012 年，Mansour 等 [83-84] 提出了一种可用形状记忆合金实现柔软度和纹理的触觉交互方法，如图 8-12 所示。该设备简单使用由形状记忆合金制成的弹簧控制顶针的上升和下降，呈现了物体的纹理形状和柔软度。除了桌面式的纹理和柔软度触觉交互方式，一些学者还开发了应用于目前商业化 VR 眼镜的手持式纹理和柔软度触觉交互方法。2015 年，Bianchi 等 [85-86] 实现了与柔软度反馈类似的原理，结合柔性介质的机械振动实现了多元触觉信息融合的交互。2016 年，Nakamura 等 [87] 对间接交互的静电触觉交互设备的绝缘垫的结构进行了改造，实现了摩擦力和柔软度的同时呈现，以达到多元触觉信息融合交互仿真，绝缘垫（见图 8-13）分为两个扇叶状的模块。当手指按压绝缘垫会迫使两个扇叶模块相对旋转以实现柔软度模拟；当手指带动绝缘垫滑动时，间接交互的静电振动效应实现摩擦触觉交互，从而实现了纹理触觉交互。同年，Hashizume 等尝试结合磁流变液实现了柔软度和摩擦融合的触觉交互，如图 8-14 所示，他们使用磁力线圈产生可调制磁场来控制磁力线圈上侧的磁流变液的刚度，以实现摩擦和柔软度融合的触觉交互。例如，Choi 等 [88]2018 年在手柄上基于小型机械臂和机械振动相结合的方式提供纹理和柔软度触觉交互（CLAW），如图 8-15 所示；2018 年，Whitmire 等 [89] 开发了 Haptic Revolver，如图 8-16 所示。该设备通过可更换材质的滚轮实现不同纹理的触觉交互，同时该滚轮可以向下移动以提供柔软度触觉交互。

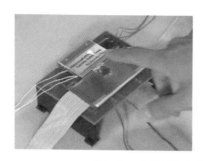
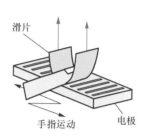

图 8-11　纹理触觉和柔软度触觉的融合交互

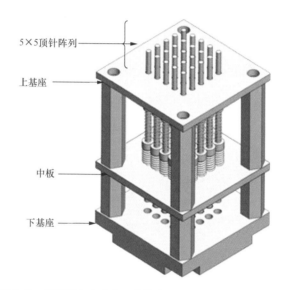

图 8-12　形状记忆合金实现柔软度和纹理的触觉交互方法

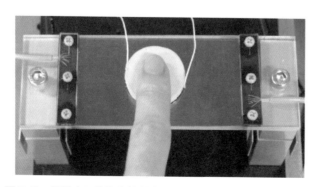

图 8-13　间接交互的静电触觉交互设备的绝缘垫结构的改造方法

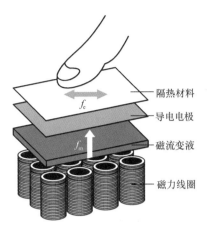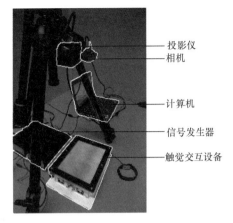

图 8-14　磁流变液实现柔软度和摩擦融合的触觉交互方法

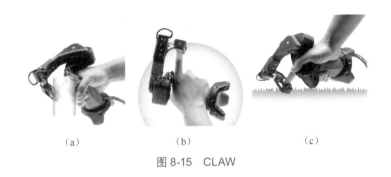

（a）　　　　　　　　（b）　　　　　　　　（c）

图 8-15　CLAW

图 8-16　Haptic Revolver

　　人在直接触摸物理纹理的过程中，温度信息一般情况下会一直伴随着纹理感知过程。目前已经有一些温度和纹理融合的触觉交互方法被研究。Yang 等 [90-91] 首先开发了能够在指尖提供纹理和热反馈的设备，如图 8-17 所示。纹理由 6×5 顶针阵列生成，该顶针阵列由 30 个压电双晶片驱动。温度反馈信息由 Peltier 元件和水冷系统组成。2011 年，Hribar 和 Pawluk[92] 开发了一种类似计算机鼠标的温度纹理触觉交互设备，他们把 Yang 等人开发的桌面式温度触觉交互设备置于鼠标中，通过 Peltier 元件提供了 2×4 的顶针阵列和热信息的纹理。为了提高远程操作的质量，2015 年，Gallo 等 [93] 研发了一种灵活的触觉交互设备，可提供图案和热刺激，如图 8-18 所示。其通过混合电磁气动驱动来实现，以操作 2×2 阵列的触觉模块。设备表面的温度由连接到风冷散热器的 Peltier 元件控制。2018 年，Murakami 等提出了一种可以在皮肤上提供振动和热反馈的触觉模块，该模块有一个小型振动器和四个 Peltier 元件。但他们并没有描述基于该振动器生成纹理触觉交互方法。

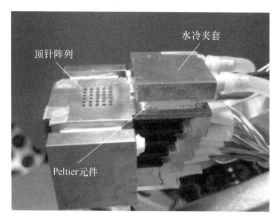

图 8-17　温度与顶针式纹理融合的触觉交互方法

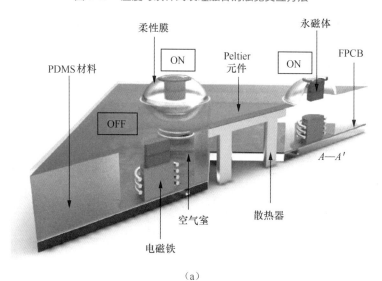

（a）

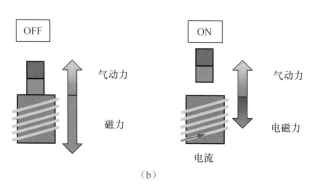

（b）

图 8-18　温度与图案纹理相融合的触觉交互方法

（c）

图 8-18　温度与图案纹理相融合的触觉交互方法（续）

　　除二元触觉交互设备外，Murakami 等还开发了一种指尖穿戴式的三元触觉融合的触觉交互设备，如图 8-19 所示。设备中两个微型直流电机和包裹手指的皮带可以产生垂直和剪切力。当两个电机分别顺时针和逆时针旋转时，可以向指尖输出垂直压力。此外，一个电机独立地旋转带动皮带水平移动可以向手指输出剪切力。温度触觉交互通过放置在电机下方的 Peltier 元件与用户的指甲和指甲下方的皮肤接触进行。法向力的触觉交互可以用于模拟柔软度，切向力用于模拟纹理，温度触觉交互可以给用户提供冷 / 暖感觉。

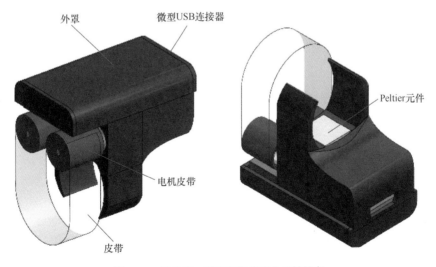

图 8-19　柔软度、纹理和温度联合反馈设备

从以上分析可以发现，多元触觉信息融合的交互方法近年来受到了广大学者和商业公司的

关注。多元触觉信息融合的交互方法的技术特点是覆盖了更多的人体触觉感受维度，与触摸真实纹理时的触觉感受维度更加相像，能够产生更加丰富真实的触觉交互设备，但有效融合多元触觉信息的交互设备大多需要复杂装置。

8.2.5　多元触觉交互的未来发展趋势

现有多元触觉交互设备与理想的多元触觉交互设备相比还存在差距。在触觉感知维度方面，目前只有少数设备能够同时模拟三种触觉感知维度（柔软度、摩擦和温度），还没有设备可以同时模拟五种触觉感知维度（柔软度、摩擦、温度、形状和重量）。

表 8-2 总结了现有多元触觉交互设备中模拟各种触觉的驱动方法。每种触觉由不同类型的驱动器来实现，各个驱动器都占有一定的体积。当多元触觉集成时，不同驱动器空间布局导致的空间干扰是一个亟待解决的难题。例如，在一个温度触觉交互设备中，大尺寸的制冷单元妨碍了该设备与其他触觉交互设备集成在一个紧凑的空间内。

表 8-2　不同触觉感知维度的驱动方法

触觉感知维度	驱动方法
柔软度	气动、变形触摸垫、铁磁性流体、形状记忆弹簧、弹力带
粗糙度	顶针阵列、静电吸附、电振动、电磁式、音圈电机、触觉滚轮、电机和弹力带、压电超声驱动器阵列
温度	帕尔贴
形状	颗粒状态、顶针阵列、电磁和气动、移动式平台、触觉滚轮、压电超声驱动器阵列、介电弹性体驱动器、气动
振动	线性共振电机、音圈电机、直流电机、压电电机
皮肤延展	触觉阵列、机械式
接触与压力	伺服电机、移动平台、触觉阵列、气动、介电弹性体驱动器、机械式、音圈电机、直流电机
重量与惯性	蒙皮拉形
力／力矩	移动平台、伺服电机、触觉滚轮、弹力带、气动、直流电机

在现有的多元触觉交互设备中，一个尚未探索的问题是如何量化所有触觉的空间配准误差和时间一致性水平。根据皮肤受体的高空间分辨率和不同的时间带宽，高保真触觉交互设备需要产生与目标感受器的时间特性相匹配的高空间分辨率的触觉刺激。

在支持手势方面，现有的大多数设备可以模拟的手势不超过四种。由于不同的手势可能产生不同的触感，因此，在机器人遥操作和 VR 购物场景中，为了保证交互任务的真实感，需要设备支持更多的手势。虽然，支持所有的手势识别不是一个完不成的任务，但其依旧是一个巨大的挑战。

在现有的大多数设备中，都采用简化方法来减少需要跟踪的手势数量，或者减少手的跟踪自由度。例如，在 Claw 中定义了三种交互模式（触摸、抓握和扣动扳机模式），基于集成在控制器上的一个光学接近传感器，来检测拇指的运动以实现模式的切换。Grabity 也采用了类似的方法，通过采用一组手势（即食指、中指和拇指之间的对握）来实现有效的运动跟踪[94]。在手势跟踪上通过使用这种简化方法，得以在模拟逼真性和设备的紧凑性之间取得平衡。

小　结

本章介绍了穿戴式力觉交互设备和虚拟手力觉合成方法，为构建穿戴式力觉交互系统提供了基本支撑。在此基础上，结合人的多元触觉融合感知特性，给出了多元触觉交互设备的定义和量化指标、多元触觉交互设备的分类、多元触觉信息融合交互的研究进展以及多元触觉交互的未来发展趋势等。高性能的多元触觉交互设备是目前触觉交互领域的前沿课题，有赖于新型材料、微纳制造、柔性电子等领域的交叉融合创新。

触力觉人机交互涉及机械、电子、计算机、材料、心理学、脑科学等学科交叉，研究难度大。经过近 30 多年的研究，仍然存在很多难题有待解决。1965 年，Ivan Sutherland 教授提出"终极显示"的概念，其中阐述了触力觉人机交互的重要性，50 多年后的今天，触力觉人机交互的逼真性仍然没有达到理想效果。对图形图像逼真性的不懈追求成就了计算机图形学的迅猛发展，对触力觉人机交互逼真性的持续需求也将促进触力觉人机交互的进步，促成未来的"终极显示"的实现。

参考文献

[1] ENDO T, KAWASAKI H, MOURI T, et al. Five-fingered haptic interface robot：HIRO III[J]. IEEE Transactions on Haptics, 2009, 4（1）：14-27.

[2] LIU L, MIYAKE S, AKAHANE K, et al. Development of string-based multi-finger haptic interface SPIDAR-MF[C]//2013 23rd International Conference on Artificial Reality and Telexistence. Piscataway, USA：IEEE, 2014：67-71.

[3] BLAKE J, GUROCAK H B. Haptic glove with mr brakes for virtual reality[J]. IEEE/ASME Transactions on Mechatronics, 2009, 14（5）：606-615.

[4] KANG B B, LEE H, IN H, et al. Development of a polymer-based tendon-driven wearable robotic hand[C]//2016 IEEE International Conference on Robotics and Automation. Piscataway, USA：IEEE, 2016：3750-3755.

[5] TADANO K, AKAI M, KADOTA K, et al. Development of grip amplified glove using bi-articular mechanism with pneumatic artificial rubber muscle[C]//2010 IEEE International Conference on Robotics and Automation. Piscataway, USA：IEEE, 2010：2363-2368.

[6] HO N S, TONG K Y, HU X L, et al. An EMG-driven exoskeleton hand robotic training device

on chronic stroke subjects: task training system for stroke rehabilitation[C]//2011 IEEE International Conference on Rehabilitation Robotics. Piscataway, USA: IEEE, 2011. DOI: 10.1109/ICORR.2011.5975340.

[7] BOUZIT M, BURDEA G, POPESCU G, et al. The Rutgers Master II-new design force-feedback glove[J]. IEEE/ASME Transactions on Mechatronics, 2002, 7(2): 256-263.

[8] ZUBRYCKI I, GRANOSIK G. Novel haptic glove-based interface using jamming principle[C]//The 10th International Workshop on Robot Motion and Control. Piscataway, USA: IEEE, 2015: 46-51.

[9] IN H, KANG B B, SIN M K, et al. Exo-Glove: A wearable robot for the hand with a soft tendon routing system[J]. IEEE Robotics & Automation Magazine, 2015, 22(1): 97-105.

[10] ZHANG R, KUNZ A, LOCHMATTER P, et al. Dielectric elastomer spring roll actuators for a portable force feedback device[C]//2006 14th Symposium on Haptic Interfaces for Virtual Environment & Teleoperator Systems. Piscataway, USA: IEEE, 2006: 347-353.

[11] CHOI I, HAWKES E W, CHRISTENSEN D L, et al. Wolverine: a wearable haptic interface for grasping in virtual reality[C]//2016 IEEE/RSJ International Conference on Intelligent Robots and Systems. Piscataway, USA: IEEE, 2016: 986-993.

[12] LEONARDIS D, SOLAZZI M, BORTONE I, et al. A 3-RSR haptic wearable device for rendering fingertip contact forces[J]. IEEE Transactions on Haptics, 2016, 10(3): 305-316.

[13] WALAIRACHT S, ISHII M, KOIKE Y, et al. Two-handed multi-fingers string-based haptic interface device[J]. IEEE Transactions on Information & Systems, 2001, 84(3): 365-373.

[14] IWATA H, NAKAGAWA T, NAKASHIMA T. Force display for presentation of rigidity of virtual objects[J]. Journal Robotics Mechatronics, 1992, 4(1): 39-42.

[15] KUNII Y, NISHINO Y, KITADA T, et al. Development of 20 DOF glove type haptic interface device-sensor glove II[C]// IEEE/ASME International Conference on Advanced Intelligent Mechatronics. Piscataway, USA: IEEE, 2002. DOI: 10.1109/AIM.1997.653003.

[16] KOYAMA T, YAMANO I, TAKEMURA K, et al. Multi-fingered exoskeleton haptic device using passive force feedback for dexterous teleoperation[C]//2002 IEEE/RSJ International Conference on Intelligent Robots and Systems. Piscataway, USA: IEEE, 2002: 2905-2910.

[17] KOYANAGI K, FUJII Y, FURUSHO J. Development of VR-STEF system with force display glove system[C]//2005 International Conference on Augmented Tele-existence. New York: ACM, 2005: 91-97.

[18] WINTER S H, BOUZIT M. Use of Magnetorheological fluid in a force feedback glove[J]. IEEE

Transactions on Neural Systems and Rehabilitation Engineering, 2007, 15（1）: 2–8.

[19] LEE Y K, RYU D. Wearable haptic glove using micro hydraulic system for control of construction robot system with VR environment[C]//IEEE International Conference on Multisensor Fusion and Integration for Intelligent Systems. Piscataway, USA: IEEE, 2008: 638–643.

[20] ZHENG Y K, WANG D X, WANG Z Q, et al. Design of a lightweight force–feedback glove with a large workspace[J]. Engineering, 2018, 4（6）: 869–880.

[21] GUO Y, Wang D X, Wang Z Q, et al. Achieving high stiffness range of force feedback gloves using variable stiffness mechanism[C]//2019 IEEE World Haptics Conference. Piscataway, USA: IEEE, 2019: 205–210.

[22] WANG Z Q, WANG D X, ZHANG Y R, et al. A three–fingered force feedback glove using fiber–reinforced soft bending actuators[J]. IEEE Transactions on Industrial Electronics, 2019, 67（9）: 7681–7690.

[23] ZHANG Y R, WANG D X, WANG Z Q, et al. Passive force–feedback gloves with joint–based variable impedance using layer jamming[J]. IEEE Transactions on Haptics, 2019, 12（3）: 269–280.

[24] SIMON T M, SMITH R T, THOMAS B H. Wearable jamming mitten for virtual environment haptics[C]//2014 ACM International Symposium on Wearable Computers. New York: ACM, 2014: 67–70.

[25] SARAKOGLOU I, BRYGO A, MAZZANTI D, et al. HEXOTRAC: A highly under–actuated hand exoskeleton for finger tracking and force feedback[C]//2016 IEEE/RSJ International Conference on Intelligent Robots and Systems. Piscataway, USA: IEEE, 2016: 1033–1040.

[26] LIN M C, OTADUY M. Haptic rendering: foundations, algorithms, and applications[M]. Wellesley, Masschusetts: A.K. Peters, 2008.

[27] WANG D X, XIAO J, ZHANG Y R. Haptic rendering for simulation of fine manipulation[M]. Heidelberg, Berlin: Springer, 2014.

[28] XIA P J. New advances for haptic rendering: state of the art[J]. The Visual Computer, 2018, 34（2）: 271–287.

[29] ANG D X, SONG M, NAQASH A, et al, Toward whole–hand kinesthetic feedback: a survey of force feedback gloves[J]. IEEE Transactions on Haptics, 2019, 12（2）: 189–204.

[30] WAN H G, LUO Y, GAO S M, et al. Realistic virtual hand modeling with applications for virtual grasping[C]//2004 ACM SIGGRAPH International Conference on Virtual Reality Continuum and its Applications in Industry. New York: ACM, 2004: 81–87.

[31] YANG W Z, CHEN W H. Haptic rendering of virtual hand moving objects[C]//2011 International Conference on Cyberworlds. Piscataway, USA: IEEE, 2011: 113–119.

[32] TAYLOR J, BORDEAUX L, CASHMAN T, et al. Efficient and precise interactive hand tracking through joint, continuous optimization of pose and correspondences[J]. ACM Transactions on Graphics, 2016, 35(4): 1–12.

[33] BORST C W, INDUGULA A P. A spring model for whole–hand virtual grasping[J]. Presence: Teleoperators & Virtual Environments, 2006, 15(1): 47–61.

[34] GARRE C, HERNÁNDEZ F, GRACIA A, et al. Interactive simulation of a deformable hand for haptic rendering[C]//2011 IEEE World Haptics Conference. Piscataway, USA: IEEE, 2011: 239–244.

[35] VERSCHOOR M, LOBO D, OTADUY M A. Soft hand simulation for smooth and robus. Piscataway, USA: IEEE, 2018: 183–190.

[36] WAN H G, CHEN F F, HAN X X. A 4–layer flexible virtual hand model for haptic interaction[C]//2009 International Conference on Virtual Environments, Human–Computer Interfaces and Measurements Systems. Piscataway, USA: IEEE, 2009: 185–190.

[37] TALVAS A, MARCHAL M, DURIEZ C, et al. Aggregate constraints for virtual manipulation with soft fingers[J]. IEEE Transactions on Visualization and Computer Graphics, 2015, 21(4): 452–461.

[38] MOEHRING M, FROEHLICH B. Enabling functional validation of virtual cars through natural interaction metaphors[C]//2010 IEEE Virtual Reality Conference. Piscataway, USA: IEEE, 2010: 27–34.

[39] OTT R, DE PERROT V, THALMANN D, et al. MHaptic: a haptic manipulation library for generic virtual environments[C]//2007 International Conference on Cyberworlds. Piscataway, USA: IEEE, 2007: 338–345.

[40] OTT R, VEXO F, THALMANN D. Two–handed haptic manipulation for CAD and VR applications[J]. Computer–Aided Design and Applications, 2010, 7(1): 125–138.

[41] ZILLES C B, SALISBURY J K. A constraint–based god–object method for haptic display[C]//1995 IEEE/RSJ International Conference on Intelligent Robots and Systems. Piscataway, USA: IEEE, 1995: 146–151.

[42] JACOBS J, STENGEL M, FROEHLICH B. A generalized god–object method for plausible finger–based interactions in virtual environments[C]//2012 IEEE Symposium on 3D User Interfaces.

Piscataway, USA: IEEE, 2012: 43–51.

[43] ORTEGA M, REDON S, COQUILLART S. A six degree–of–freedom god–object method for haptic display of rigid bodies with surface properties[J]. IEEE Transactions on Visualization and Computer Graphics, 2007, 13（3）: 458–469.

[44] COLGATE J E, STANLEY M C, BROWN J M. Issues in the haptic display of tool use[C]// 1995 IEEE/RSJ International Conference on Intelligent Robots and Systems. Piscataway, USA: IEEE, 1995, 3: 140–145.

[45] PEREZ A G, CIRIO G, HERNANDEZ F, et al. Strain limiting for soft finger contact simulation[C]//2013 World Haptics Conference. Piscataway, USA: IEEE, 2013: 79–84.

[46] KIM Y J, OTADUY M A, LIN M C, et al. Six–degree–of–freedom haptic rendering using incremental and localized computations[J]. Presence: Teleoperators & Virtual Environments, 2003, 12（3）: 277–295.

[47] 杨文珍, 许艳, 颜传武, 等.虚拟手抓持力觉生成算法真实性的评价[J].中国图象图形学报, 2015, 20（2）: 280–287.

[48] PEREZ A G, LOBO D, CHINELLO F, et al. Soft finger tactile rendering for wearable haptics[C]//2015 IEEE World Haptics Conference. Piscataway, USA: IEEE, 2015: 327–332.

[49] WANG B, MATCUK G, BARBIČ J. Hand modeling and simulation using stabilized magnetic resonance imaging[J]. ACM Transactions on Graphics, 2019, 38（4）: 1–14.

[50] YIM S, JEON S, CHOI S. Data–driven haptic modeling and rendering of viscoelastic and frictional responses of deformable objects[J]. IEEE Transactions on Haptics, 2016, 9（4）: 548–559.

[51] ABDULALI A, ATADJANOV I R, JEON S. Visually guided acquisition of contact dynamics and case study in data–driven haptic texture modeling[J]. IEEE Transactions on Haptics, 2020, 13（3）: 611–627.

[52] BENSMAÏA S, HOLLINS M. Pacinian representations of fine surface texture[J]. Perception & Psychophysics, 2005, 67（5）: 842–854.

[53] NONOMURA Y, FUJII T, ARASHI Y, et al. Tactile impression and friction of water on human skin[J]. Colloids Surf B: Biointerfaces, 2009, 69（2）: 264–267.

[54] BIANCHI M, BATTAGLIA E, POGGIANI M, et al. A wearable fabric–based display for haptic multi–cue delivery [C]// 2016 IEEE Haptics Symposium. Piscataway, USA: IEEE, 2016: 277–283.

[55] JONES L A, HO H N. Warm or cool, large or small? the challenge of thermal displays[J]. IEEE Transactions on Haptics, 2008, 1（1）: 53–70.

[56] JONES L A, LEDERMAN S J. Human hand function[M]. New York: Oxford University Press, 2006.

[57] ZHANG Z, FRANCISCO E M, HOLDEN J K, et al. The impact of non-noxious heat on tactile information processing[J]. Brain Research, 2009, 1302: 97-105.

[58] BARRETT K E, BARMAN S M, BROOKS H L, et al. Ganong's Review of Medical Physiology[M]. 26th ed. New York: McGraw-Hill Education, 2019.

[59] SCHEPERS R J, RINGKAMP M. Thermoreceptors and thermosensitive afferents[J]. Neuroscience & Biobehavioral Reviews, 2009, 33(2): 205-212.

[60] SRINIVASAN M A, LAMOTTE R H. Tactual discrimination of softness [J]. Journal of Neurophysiology, 1995, 73(1): 88-101.

[61] TIEST W M B, KAPPERS A M L. Kinaesthetic and cutaneous contributions to the perception of compressibility[C]//International Conference on Haptics: Perception, Devices and Scenarios. London: Springer, 2008: 255-264.

[62] BICCHI A, SCILINGO E P, ROSSI D D. Haptic discrimination of softness in teleoperation: the role of the contact area spread rate [J]. IEEE Transactions on Robotics and Automation, 2000, 16(5): 496-504.

[63] HOUK J C, SIMON W. Responses of golgi tendon organs to forces applied to muscle tendon[J]. Journal of Neurophysiology, 1967, 30(6): 1466-1481.

[64] YOSHIOKA T, GIBB B, DORSCH A K, et al. Neural coding mechanisms underlying perceived roughness of finely textured surfaces[J]. The Journal of Neuroscience, 2001: 6905-6916.

[65] MINAMIZAWA K, KAJIMOTO H, KAWAKAMI N, et al. A wearable haptic display to present the gravity sensation – preliminary observations and device design[C]//IEEE Second Joint Eurohaptics Conference & Symposium on Haptic Interfaces for Virtual Environment & Teleoperator Systems. Piscataway, USA: IEEE, 2007: 133-138.

[66] SCHORR S B, OKAMURA A M. Fingertip tactile devices for virtual object manipulation and exploration[C]//2017 CHI Conference on Human Factors in Computing Systems. New York: ACM, 2017: 3115-3119.

[67] CRAIG A, BUSHNELL M. The thermal grill illusion: unmasking the burn of cold pain [J]. Science, 1994, 265(5169): 252-255.

[68] LEUNG A Y, WALLACE M S, SCHULTEIS G, et al. Qualitative and quantitative characterization of the thermal grill[J]. Pain, 2005, 116(1): 26-32.

[69] GELDARD F A, SHERRICK C E. The cutaneous "rabbit": a perceptual illusion[J]. Science, 1972, 178(4057): 178–179.

[70] GELDARD F A. The mutability of time and space on the skin[J]. The Journal of the Acoustical Society of America, 1985, 77(1): 233–237.

[71] GELDARD, FRANK A. Saltation in somesthesis[J]. Psychological Bulletin, 1982, 92(1): 136–175.

[72] STEVENS J C. Thermal intensification of touch sensation: further extensions of the Weber phenomenon[J]. Sensory Processes, 1979, 3(3): 240–248.

[73] ELLIS R R, LEDERMAN S J. The material–weight illusion revisited [J]. Perception & Psychophysics, 1999, 61(8): 1564–1576.

[74] ELLIS R R, LEDERMAN S J. The golf–ball illusion: Evidence for top‐down processing in weight perception[J]. Perception, 1998, 27(2): 193–201.

[75] SAAL H P, BENSMAIA S J. Touch is a team effort: interplay of submodalities in cutaneous sensibility [J]. Trends in Neurosciences, 2014, 37(12): 689–697.

[76] SARAKOGLOU I, TSAGARAKIS N G, CALDWELL D G. A compact tactile display suitable for integration in VR and teleoperation [C]//2012 IEEE International Conference on Robotics & Automation. Piscataway, USA: IEEE, 2012: 1018–1024.

[77] BOLANOWSKI S J, GESCHEIDER G A, VERRILLO R T. Hairy skin: psychophysical channels and their physiological substrates[J]. Somatosensory & Motor Research. 11(3): 279–290.

[78] SINGHAL A, JONES L A. Perceptual interactions in thermo–tactile displays [C]//2017 IEEE World Haptics Conference. Piscataway, USA: IEEE, 2017: 90–95.

[79] LEDERMAN S J, KLATZKY R L. Hand movements: a window into haptic object recognition [J]. Cognitive Psychol0gy, 1987, 19(3): 342–368.

[80] LEDERMAN S J, KLATZKY R L. Haptic perception: a tutorial[J]. Attention, Perception, & Psychophysics, 2009, 71(7): 1439–1459.

[81] YAMADA Y, OKAMOTO S, NAGANO H. Psychophysical dimensions of tactile perception of textures [J]. IEEE Transactions on Haptics, 2013, 6(1): 81–93.

[82] KAMMERMEIER P, KRON A, HOOGEN J, et al. Display of holistic haptic sensations by combined tactile and kinesthetic feedback[J]. Presence: Teleoperators & Virtual Environments, 2004, 13(1): 1–15.

[83] MANSOUR N A, EL–BAB A M R F, ABDELLATIF M. Shape characterization of a multi–modal

tactile display device for biomedical applications[C]//2012 First International Conference on Innovative Engineering Systems. Piscataway, USA: IEEE, 2012: 7–12.

[84] MANSOUR N A, EL–BAB A M R F, ABDELLATIF M, et al. Design of a novel multi–modal tactile display device for biomedical applications[C]//2012 4th IEEE RAS & EMBS International Conference on Biomedical Robotics and Biomechatronics. Piscataway, USA: IEEE, 2012: 183–188.

[85] BIANCHI M, SERIO A. Design and characterization of a fabric–based softness display[J]. IEEE Transactions on Haptics, 2015, 8（2）: 152–163.

[86] BIANCHI M, POGGIANI M, SERIO A, et al. A novel tactile display for softness and texture rendering in tele–operation tasks[C]//2015 IEEE World Haptics Conference. Piscataway, USA: IEEE, 2015: 49–56.

[87] NAKAMURA T, YAMAMOTO A. Extension of an electrostatic visuo–haptic display to provide softness sensation[C]//2016 IEEE Haptics Symposium. Piscataway, USA: IEEE, 2016: 78–83.

[88] CHOI I, OFEK E, BENKO H, et al. Claw: A multifunctional handheld haptic controller for grasping, touching, and triggering in virtual reality[C]/2018 CHI Conference on Human Factors in Computing Systems. New York: ACM, 2018: 1–13.

[89] WHITMIRE E, BENKO H, HOLZ C, et al. Haptic revolver: Touch, shear, texture, and shape rendering on a reconfigurable virtual reality controller[C]//2018 CHI Conference on Human Factors in Computing Systems. New York: ACM, 2018: 1–12.

[90] YANG G H, KYUNG K U, SRINIVASAN M A, et al. Development of quantitative tactile display device to provide both pin–array–type tactile feedback and thermal feedback[C]//Second Joint EuroHaptics Conference and Symposium on Haptic Interfaces for Virtual Environment and Teleoperator Systems. Piscataway, USA: IEEE, 2007: 578–579.

[91] YANG G H, KYUNG K U, SRINIVASAN M A, et al. Quantitative tactile display device with pin–array type tactile feedback and thermal feedback[C]//2006 IEEE International Conference on Robotics and Automation. Piscataway, USA: IEEE, 2006: 3917–3922.

[92] HRIBAR V E, PAWLUK D T V. A tactile–thermal display for haptic exploration of virtual paintings[C]//The 13th International ACM SIGACCESS Conference on Computers and Accessibility. 2011: 221–222.

[93] GALLO S, SON C, LEE H J, et al. A flexible multimodal tactile display for delivering shape and material information[J]. Sensors and Actuators A: Physical, 2015, 236: 180–189.

[94] CHOI I, CULBERTSON H, MILLER M R, et al. Grabity: A wearable haptic interface for simulating weight and grasping in virtual reality[C]//The 30th Annual ACM Symposium.New York：ACM, 2017：119-130.

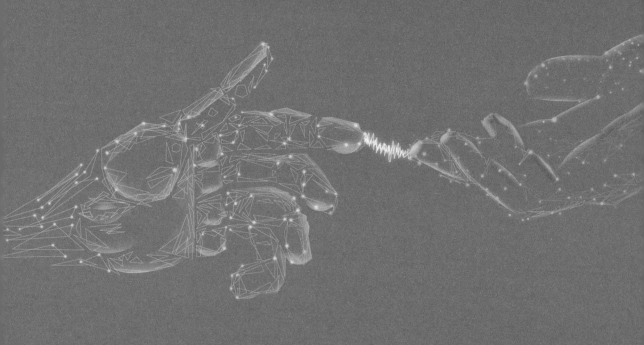

附录

附录A　研究课题库

触力觉人机交互是一门学科交叉、实践性很强的课程，为了理解所涉及的多学科内容，需要通过研究实践来加深对知识的理解和灵活运用。为强化对实践能力和科研创新能力的训练，下面给出了一些研究课题的实例，课题类型包括物理样机研制、力觉交互编程、研究创意构思和实践等。针对每种类型课题，给出了课题要求、预期结果等，可以用于检验课程学习效果。

A.1　桌面式力觉交互设备设计课题

本节给出了桌面式力觉交互设备的典型设计课题，每个课题包括目标、功能、指标、工作内容、预期结果等。

课题一　一维转动力觉交互设备的研制

参考美国斯坦福大学医疗触觉与机器人协作（CHARM）实验室网站上的 Haptik 设计教程，以附图 1 所示的一维转动力觉交互设备为对象，开展需求分析、指标定义、概念设计（机械系统概念设计、控制系统概念设计）、详细设计（结构设计、元器件选型、绘制零件图和装配图、控制程序编制）、虚拟样机仿真（ADAMS 运动和工作空间仿真）、物理样机制作（元器件采购、3D 打印、加工装配）、实验数据测量（测试预期的性能指标是否达到）、演示 demo 开发（构思新颖的应用场景、开发 GUI）。

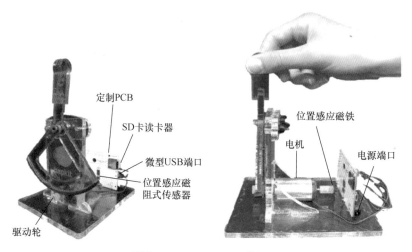

附图 1　Haptic Paddle 样机

课题二　一维平动力觉交互设备的研制

参考北京航空航天大学 iFeel 力觉交互设备的设计思路，以附图 2 所示的一维平动力觉交互设备为对象，开展需求分析、指标定义、概念设计、详细设计、虚拟样机仿真、物理样机制作、实验数据测量、演示 demo 开发。

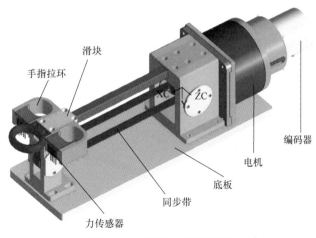

手指拉环　滑块

XC　ZC

编码器

电机

底板

同步带

力传感器

附图 2　一维平动力觉交互设备

课题三　二维力觉交互鼠标的研制

参考 Immersion 公司力觉交互鼠标的设计思路，以附图 3 所示的二维力觉交互鼠标为对象，开展需求分析、指标定义、概念设计、详细设计、虚拟样机仿真、物理样机制作、实验数据测量、演示 demo 开发。

功能要求：二维运动跟踪、二维力觉交互。性能指标：工作空间为 100 mm×100 mm；位置测量精度小于 0.1 m；力输出范围为 0 ～ 10 N。

要求完成水平平面串联机构构型设计、工作空间分析和可视化仿真、传感器分辨率计算、电机力矩计算。提交结果包括 Word 设计报告、Solidworks 模型、ADAMS 运动仿真、物理样机和实验数据分析。

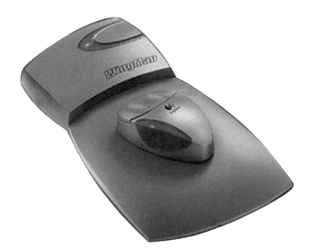

附图 3　二维力触觉交互鼠标

课题四　三维力觉交互设备的研制

以附图 4 所示的三维平动（或二维平动加一维转动）力觉交互设备为对象，开展需求分析、指标定义、概念设计、详细设计、虚拟样机仿真、物理样机制作、实验数据测量、演示 demo 开发。

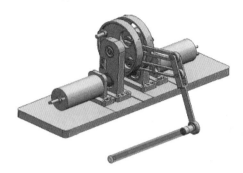

附图 4　三维力觉交互设备

课题五　五指力觉交互手套的研制

开发五指力觉交互手套模拟虚拟手抓握物体的力反馈，开展需求分析、指标定义、概念设计、详细设计、虚拟样机仿真、物理样机制作、实验数据测量、演示 demo 开发。

指标如下：实现五个手指指尖的独立控制力反馈、自由空间阻力不大于 0.5 N、约束空间最大可模拟阻力大于 5 N、手套本体重量小于 500 g。

课题六　触屏式触觉交互设备的研制

基于挤压空气膜效应或静电振动效应，研制裸指交互的触觉交互设备物理样机，开展需求分析、指标定义、概念设计、详细设计、虚拟样机仿真、物理样机制作、实验数据测量、演示 demo 开发。

A.2　力觉合成方法开发课题

（1）基于 Phantom Omni 力觉交互设备和 OpenHaptics SDK 的入门编程函数库 HL，编制虚拟墙交互程序、虚拟小球交互程序、立方体盒子内部交互程序、立方体盒子外部交互程序。

（2）基于 Phantom Omni 力觉交互设备和 OpenHaptics SDK 的专业编程函数库 HD，编制虚拟墙交互程序、虚拟小球交互程序、立方体盒子内部交互程序、立方体盒子外部交互程序。

（3）基于 Phantom Omni 力觉交互设备和 OpenHaptics SDK 的入门编程函数库 HL，编制动态虚拟环境交互（例如操作者通过力觉交互设备的点状化身来推动虚拟场景中的物体移动，要求能够模拟不同惯量的物体运动加速度的差异、不同地面摩擦的推动阻力差异或者托起不同物体感受其重量的差异）的程序。

（4）基于 Phantom Omni 力觉交互设备和 OpenHaptics SDK 的专业编程函数库 HD，编制虚拟乐器交互（例如用户敲击腰鼓、拨动琴弦、打击架子鼓）的视觉、听觉、触觉的融合呈现效果程序。

（5）基于 Phantom Omni 力觉交互设备和 OpenHaptics SDK 的专业编程函数库 HD，编制双手力反馈交互（例如左右手协作夹持和搬运虚拟物体）的程序。在此基础上，进一步编制两人通过网络共享，执行双人双手协同触觉交互（collabrotive haptics）的演示程序。

（6）基于层次化球树模型、约束优化方法、Phantom Omni 力觉交互设备和 OpenHaptics SDK 的专业编程函数库 HD 构建六自由度力觉合成算法的精细操作任务场景，模拟具有复杂形状的虚拟工具与虚拟物体多点接触的力觉交互过程。

A.3　人体触觉心理物理学测量课题

（1）招募 20 名被试，设计一个心理物理学实验，基于 Phantom Omni 构建实验平台，采用第 2 章所述的感觉阈限测量方法测量人对于虚拟物体刚度感知的 JND。

（2）招募 20 名被试，设计一个心理物理学实验，基于 Phantom Omni 构建实验平台，采用第 2 章所述的感觉阈限测量方法测量人对于虚拟物体重量感知的 JND。

（3）招募 20 名被试，设计一个心理物理学实验，基于 Phantom Omni 构建实验平台，采用第 2 章所述的感觉阈限测量方法测量人对于虚拟物体力幅值感知的 JND。

A.4　力觉交互应用设计课题

本节给出综合性课题，要求将桌面式力觉交互设备、力觉合成算法和新型应用相结合，研发力觉人机交互系统。课题包括：

（1）开发单自由度力觉交互的机器手腕，将一维转动力觉交互设备和 HTC 公司的头盔显示设备结合，研制 VR 虚拟场景下的虚拟人掰手腕游戏，要求虚拟对手的力量和发力模式（可多样化设定，包括儿童、成年人、女性或男性等）。

（2）对上述系统进行扩展，构建双人通过网络通信掰手腕的力觉交互游戏。

（3）基于 HTC 或 Oculus 公司的头盔和 Phantom Omni 力觉交互设备，设计手眼协调操作的力觉精细操作游戏。例如，构建虚拟毛笔书法的力觉交互系统，可以模拟用户书写毛笔书法的过程。当用户的实际轨迹偏离预设的标准字体轨迹时，力觉交互设备会输出作用力将用户的笔尖拉回到标准字体轨迹上。

（4）针对上述毛笔书法系统，可以构建双手协调操作的力觉精细操作任务。即支持用户双手分别控制一个虚拟毛笔进行写字，获得双手力反馈。要求左右手同时绘制不同的形状，并且压力、轨迹、速度均满足设定的误差范围。该任务场景可用于进行精细控制能力以及注意力的训练。

附录B 相关视频素材（手机扫码观看）

第 3 章视频：iFeel 6-BH80、iFeel 6-BH1500。

iFeel 6-BH80　　　　　　　　　iFeel 6-BH1500

第 4 章视频：刚体与弹性体多点接触交互、两个刚体多点接触力觉交互、牙齿单点交互、牙石去除交互。

刚体与弹性体多点接触交互　两个刚体多点接触力觉交互　　牙齿单点交互　　　牙石去除交互

第 5 章视频：口腔手术模拟器。

口腔手术模拟器

第 7 章视频：静电吸附触摸屏设备。

静电吸附触摸屏设备

第 8 章视频：纯软体力反馈手套、刚柔耦合外骨骼力反馈手套、刚性外骨骼力反馈手套、裸手交互柔软度 - 纹理联合呈现设备。

纯软体力反馈手套　刚柔耦合外骨骼力反馈手套　刚性外骨骼力反馈手套　　裸手交互柔软度 - 纹理联合呈现设备